建筑信息化服务技术丛书

# 建筑信息化设计

北京绿色建筑产业联盟　指导编写

李　晨　张　秦　编著

中国建筑工业出版社

**图书在版编目（CIP）数据**

建筑信息化设计/李晨，张秦编著；北京绿色建筑产业联盟指导编写．—北京：中国建筑工业出版社，2019.11

（建筑信息化服务技术丛书）

ISBN 978-7-112-24179-8

Ⅰ．①建…　Ⅱ．①李…②张…③北…　Ⅲ．①建筑设计-计算机辅助设计-应用软件　Ⅳ．①TU201.4

中国版本图书馆 CIP 数据核字（2019）第 202264 号

本书涵盖 BIM 建筑设计全流程（正向）的基本知识及技术，包含（1）建筑信息技术大环境下的 BIM 技术与相应的建筑设计流程相关知识概念概述；（2）BIM 技术在建筑设计前期的应用与相应的技术知识要点；（3）BIM 技术在方案设计阶段的应用与相应的技术知识要点；（4）BIM 技术相关的参数化与可视化编程技术在建筑设计中的应用与相关技术知识要点；（5）BIM 技术在建筑设计深化阶段（扩大初步设计阶段、施工图设计阶段）的多专业相关技术知识要点；（6）BIM 技术在建筑设计深化阶段（扩大初步设计阶段、施工图设计阶段）多专业协作与配合相关技术要点；（7）BIM 信息的传递交付与后续应用简介（施工、运维阶段）。

责任编辑：毕凤鸣　封　毅
责任校对：芦欣甜

建筑信息化服务技术丛书
**建筑信息化设计**
北京绿色建筑产业联盟　指导编写
李　晨　张　秦　编著

\*

中国建筑工业出版社出版、发行（北京海淀三里河路 9 号）
各地新华书店、建筑书店经销
北京红光制版公司制版
北京建筑工业印刷厂印刷

\*

开本：787×1092 毫米　1/16　印张：24¼　插页：1　字数：597 千字
2020 年 1 月第一版　　2020 年 1 月第一次印刷
定价：**58.00** 元
ISBN 978-7-112-24179-8
（34703）

# 丛书编委会

编委会主任：陆泽荣

编委会副主任：李 晨 张 秦 陆一昕 陈玉霞 张中华

编委会成员：（排名不分先后）

杨 鸣 陈丹燕 陈凌辉 程 伟 董 皓

芦 东 王泽强 王晓琴 张宝龙 张 磊

范明月 张治国 周 健 赵士国 孙 杰

金永超 费 恺

主 审：刘占省 线登洲 张现林 孙 洋

# 丛 书 序 言

几年前几乎是一夜之间，建筑信息模型（BIM）火了。随着我们在生产实践中对建筑信息模型（BIM）相关技术的不断尝试与应用，业内已经越来越意识到建筑信息模型（BIM）对于建筑生产的巨大作用，并逐步意识到建筑信息模型（BIM）技术所从属的、更广阔的建筑信息化技术群将为建筑生产带来的巨大可能性与推动。在这种背景下，建筑信息技术的发展上升为国家战略，被认为是建筑业下一代生产模式中颠覆性的核心技术，或将彻底改变整个建筑业的生产组织与信息数据处理传递方法。学界评论建筑信息技术相关应用的巨大应用前景时，认为建筑信息技术能够解决制约建筑生产力进一步发展的信息不对称问题，实现多个主体之间的协作信任与一致行动。透过这句话，我们可以清晰地感知到时代的又一重大变化以及这种变革给我们所处行业带来的巨大冲击。

当我们分析一个产业未来的变化时，我们经常会用经济、社会、科技等几个维度去预测未来产业可能产生的变化。现在，在信息化社会高速发展的大趋势下，整个社会的这几个维度都在面临巨大的转型。转型就意味着行业的游戏规则将改变，一些工作岗位或许会消失，一些新的工作岗位会产生，生产的工作模式会改变，这都意味着个体之间竞争所需的核心能力会发生改变——我们的工作或将被重新定义，人才需要重新培养，而组织则需要自我颠覆与再造。

这不是一个无关建设行业的话题。审视自身，我们该如何面对？

首先，我们需要去预测未来的工作变化是什么。建筑信息化是目前来看解决建筑业在新的信息化社会发展背景下产生的一系列的数据与信息相关问题的比较优秀的方案。例如，其中的信息模型作为高效承载、传递数据的信息载体，已经被许多学界与业界人士认为必将成为未来建筑技术上的关键节点。又比如，对建筑业企业、监管部门以及咨询机构而言，建立质量控制体系是一大难题，管理部门往往发现监管成本很高。如果把建筑信息技术运用在每个建造环节或每个审核环节，管理难度和监管成本将大幅降低。在不久的将来，建筑信息技术与传统的建筑技术必然会进行完全融合，以全新的生产模式与方法服务现代工程项目，因此建设行业应该提前做好相应的思维与技术上的准备。

其次，我们需要解决如何培养符合未来信息化社会下建筑工作需要的人才，打造适合未来信息化社会背景下行业人才的组织环境这一问题。工作的内容变了，从业人员自然也需要及时改变以与工作相匹配。这就需要我们在人才选拔、职业教育、技能培训上进行全方位的调整。我们需要基于新的工作内容去重新定义专业技术人员的岗位能力模型，从过去的"资格推动"到"变革推动"，不仅要有专业、系统的建筑技术知识，更要有"信息化思维"能力。并且从人员招募、培训、评估、激励等各个维度都按照新的能力模型进行流程再造，以驱动变革的落地。这是个很有挑战的任务，但也是必须成功的任务，是建筑业信息化变革实现的价值体现。

最后，最重要的一点，即使没有建筑信息技术这样的新技术刺激，建设行业的人力资源问题也是普遍存在的难题，但在社会快速发展变革的时候，更难的是立场角度和认识的局限。建筑信息化技术与建设行业的彻底融合，形成全面、完整的建筑信息化生产模式或许日前还只是刚刚起步，许多方面还存在于概论和设想阶段，未来还有很长的路要走。就实际而言，观念的改变常常起决定性作用，我们应该秉持的理性态度是——看到未来的发展趋势，并做好相应的人才储备。

《建筑信息化设计》《建筑信息化协作管理与技术应用》《建筑信息化运维策划与管理》《建筑信息化施工技术应用》这套丛书的出版发行，是北京绿色建筑产业联盟为了满足建设行业人才储备的技能知识需求，组织行业专家团队，在已经出版发行的 BIM 技术系列丛书的基础上，以建筑信息技术应用升级迭代为导引，倾力打造的且符合当前建筑信息化应用发展需求的、覆盖更广泛更全面与更深入的升级版。这套丛书内容以模块化的形式呈现了建筑信息化生产中各项工作与各种应用技术，让读者可以选择性地学习自身需要掌握的技术技能知识，用最少的时间集中精力学习某一阶段的生产工作内容与某一项关键的技术方法，达到精确学习的目的，从而满足建设行业对新型信息化技术人才储备相应技能培训用书需求。这种模式也使得本丛书更加适合各高职院校职业教育教学用书，以及职业技能培训用书。

感谢本丛书以李晨、张秦、陆一昕等为代表的各位编委们，在极其繁忙的日常工作中抽出时间撰写书稿。感谢北京工业大学、中国建筑科学研究院、中国建筑设计研究院、百高教育科技集团、盈嘉互联（北京）科技有限公司北京中智时代信息技术公司、河北省文凯职业教育培训学校等单位，对本套丛书编写的大力支持和帮助，感谢中国建筑出版传媒有限公司为这套丛书的出版所做出的大量的工作。

北京绿色建筑产业联盟执行理事长　陆泽荣

2020 年 1 月

# 前言——拥抱信息化

在信息化技术高速发展的今天，一场新的信息化产业革命已经拉开帷幕并正在快速发展。信息化生产为整个社会带来巨大的优势，它能最大限度的调动和使用全社会各行业的技术发展成果，组合交叉之后，形成对各种行业的再次巨大推动。

以云技术为代表的信息化生产技术正在快速的改变我们身边的生活，而更深刻的改变则发生在我们的生产中。不久的将来，持续了几十年的以个人电脑（PC）为主要生产承载的数字化生产模式将被以云为主要生产承载的信息化生产模式所取代。信息化的生产模式将让我们的生产过程更加的自由、更加的流畅，我们处理信息的能力将获得飞跃，计算机与我们在工作中的配合也会更加"默契"。

在建筑领域里，传统的 BIM 技术是以个人电脑（PC）为基础的建筑数字化生产流程，在信息化快速发展的今天，BIM 流程正在快速的与其他信息化技术融合，形成新的建筑信息化生产模式。这种融合了 BIM 技术、计算机编程（可视化编程技术）与云技术的新型生产模式就是本书将要带给读者的建筑信息化设计生产流程。

建筑信息化设计是比传统的 BIM 建筑设计概念更大也更接近建筑信息化生产本质的概念。在信息处理上，建筑信息化设计的范畴更大；在信息处理的方式上，建筑信息化设计除了传统 BIM 技术外还包含可视化编程技术和云技术等，更加符合信息化生产的本质，因而效率更高；在未来发展前景上，建筑信息化设计是 BIM 技术最终将融入的范畴，当云技术普及，今天的 BIM 建筑生产流程的信息化程度更高、系统性更强的时候，BIM 生产流程最终将发展成为建筑信息化生产流程的一部分。

今天，人类追求最大化的利用信息带来的优势。信息化设计的目的绝非让技术或者计算机代替我们去设计，恰恰相反，信息化设计的目的是能够最大化的解放设计工作者，将他们从追赶日新月异的新的计算机技术、掌握新的设计工具的过程中解脱出来。信息化的生产模式其实是社会的再次分工，将复杂的计算机技术分配给专业的计算机人员。建筑信息技术的发展最终将让我们的软件使用"傻瓜化"，就如同工程师将照相机的所有功能预设从而创造出傻瓜相机一样。"傻瓜化"的软件使用最终可以让设计师和工程师不必再被软件技术所困然，更加自由和专注的去从事自己的专业工作。

建筑信息化设计带来的是更本质的生产流程、管理组织与思维模式的改变。无论是对于已经被提及多年的 BIM 技术还是本书所讲述的建筑信息化设计，生产流程与思维方式、处理和管理问题的方式、看待建筑设计过程的角度的变化这些都是更重要或者说更本质的事。也正因为如此，如果不在思维方式与生产流程上作出适应信息化生产的改变，而仅仅是采用各种新型数字软件更换我们原本所使用的工具，如使用 Revit 来替代 Autodesk CAD 这样的行为，往往不但不会提高我们的效率，反而会造成额外的负担。

在本书中，我们以建筑信息系统（Building Information System）相关理论作为依据，以 BIM 技术、可视化编程技术、云技术为基础，融合多种信息技术，从更大的领域更适合的角度，更合理的面向各种层级的建筑从业者详细的阐释新型建筑数字信息生产流程的全貌，即建筑信息化设计全流程。

全书即涵盖先进的信息化相关概念及建筑信息相关理论及工作组织，又触及目前先进的数字化工具的应用组织与具体实践（如 Autodesk 公司的 Revit，BIM 360，Navisworks，Recap，Civil 3D，InfraWorks 等）。立足于建筑设计与信息化相关原理，从建筑设计、信息化设计的角度依托具体的应用实例去进行信息化设计本身的深入讲解，而非以往各类图书以某种建筑数字工具为主体的对工具的设计应用的讲解。

本书与以往的数字工具应用类图书的区别在于讲述内容为建筑信息化设计，而非建筑设计中的信息化工具应用。这也使得本书的读者群体面向对建筑设计、建筑信息化设计、建筑设计中的信息化工具应用模式、建筑信息化设计组织、建筑信息化设计相关数字工具开发等方面感兴趣的学生或相关从业人员。

本书共分为五章，全面的介绍了建筑信息技术发展的背景以及未来发展的前景，全面的介绍了建筑信息化设计的基本原理以及建筑信息化设计全流程的工作内容、阶段分工组织、阶段工作与技能要点等。对于建筑信息化设计全流程的讲解分三个阶段展开——即建筑信息化设计前期阶段、建筑信息化设计方案设计阶段、建筑信息化设计建筑设计深化阶段，符合理论与实践应用中建筑信息化设计相应的工作阶段划分。

其中，在建筑信息化设计前期阶段（本书第二章）主要讲述了建筑信息化设计中建筑设计前期的概念定义与信息处理，同时也将介绍许多信息处理的基本知识与原理，是针对信息化设计中信息相关的理论与技法的重要介绍。

在建筑信息化设计的方案设计阶段则主要讲述了将思维信息转化为建筑信息系统的主干信息相关的知识，以及一个思维信息进入构建建筑信息系统主要结构的过程等相关内容，是"建筑"这一信息范畴经历从无到有的建立过程。在方案设计阶段结束的时候，建筑信息模型中的几乎所有子系统的结构已经完成，整个模型信息的逻辑层级（hierarchy）主结构基本确定。

在建筑信息化设计的建筑设计深化阶段则深入介绍了建筑信息化设计各阶段内的工作内容与传统设计阶段的巨大不同，以及在全新的设计深化阶段中需要完成的工作内容及相应技巧。

建筑信息化设计生产模式是未来，是不可避免的生产力发展趋势。

# 目　　录

第一章

# 建筑数字技术与建筑信息化设计

## 第一节　建筑数字技术概述（BIM，可视化编程，云技术）

在建筑信息处理技术中，BIM 技术是最早产生的，建筑领域的可视化编程技术和云技术的发展都是以 BIM 技术为依托而实现的。因此当我们希望了解建筑数字信息技术的发展历程时，就需要从 BIM 技术开始。

BIM 产生于信息化技术高速发展之前，甚至早于个人 PC 的普及，因此 BIM 产生的伊始其实是一种寻找如何将电子计算机应用于建筑的理论探索，而非今天所理解的一种建筑数字应用技术。彼时的 BIM 技术比今天更接近于我们的建筑信息化设计，当时的各种构想和理论范畴已经超过今天的 BIM 技术范畴，甚至很多理论都触及了 BIM、可视化编程和云技术三种信息化设计基本技术范畴相关的内容。

### 一、建筑信息化设计的开端——BIM 技术的发展历程

BIM 是因计算机技术而出现的新型建筑技术领域，在十分古老的建筑学中，BIM 是一个年轻的、新兴的范畴。它的发展时间虽然短暂，但进展却十分迅速，对建筑业的影响也越来越巨大。

最早提出 BIM 相关技术的是美国学术界。杰里·莱瑟琳（Jerry Laiserin）在《BIM 的历史》（History of BIM）一文中提到，关于 BIM 最早的理论研究源于 1975 年。在看到计算机对制造业生产效率的提升之后，为了可以像制造业一样将计算机引入建筑设计生产过程中，查理·艾特斯曼（也被称为查克·伊斯曼，Chuck Eastman）教授提出了"建筑描述系统"的概念（Building Description System）。在他发表的《使用计算机来替代建筑设计中的手绘》一文中虽然没有提出 BIM 这一概念，但是他提出的建筑描述系统，以及对这个系统做出的解释和设想已经具备了今天 BIM 系统的很多核心概念，因此被认为是 BIM 技术的起点。

随着计算机在人类社会生活和生产中的进一步广泛使用，关于计算机技术与传统建筑业结合的研究也在持续发展。到 1986 年的时候，《Building modeling：the key to integrated construction CAD》一文首次出现了"建筑模型"这一概念。又因为是基于计算机辅助设计（CAD）的建筑模型，所以可以理解为"计算机模拟建筑模型"，BIM 的概念此时已呼之欲出。该文同时也对计算机相关技术的实施进行了详细的构想——包括参数化对象、三维模型以及施工模拟等，今天很多 BIM 技术的成果在那时就已经出现在了人类的设想中。

随后的 1987 年，欧洲学者 Van Meregen 和 Van Dissel 发表的荷兰语论文《Bouw Informatie Models》中，将"信息"这一概念植入计算机建筑模型的定义中，形成了建筑信息模型（BIM）这一概念，建筑信息模型这一概念终于形成。

计算机作为 BIM 技术的重要依托，其软硬件技术的发展对 BIM 技术的发展有着重大影响。早期的 BIM 技术由于受计算机硬件与软件技术的限制，以及计算机普及度的限制导致与 BIM 相关的各项技术研究及系统的构建绝大部分都停留在理论与研究课题层面，并没有过多地参与建筑生产实践。跨入 21 世纪后，随着计算机技术的飞速发展，PC 的大量普及以及网络信息化社会的形成与快速发展，在各项依赖的技术已经飞速发展成熟的背

景下，BIM 技术也终于迎来了跨越式的发展。

与此同时，欧特克公司对这项新兴技术进行了自己的解读，第一次将 Building Information Modeling（建筑信息模型）作为一个术语来对自己的产品进行定义，同时首次大范围地使用了 BIM 这一我们今天熟识的缩写（图 1-1-1）。

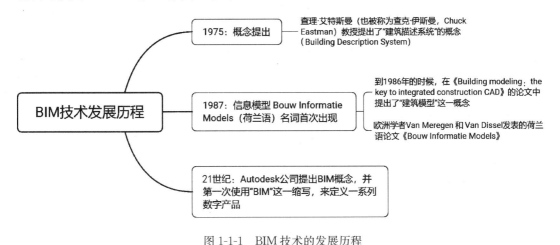

图 1-1-1　BIM 技术的发展历程

目前，BIM 作为单独的技术范畴已经发展的越来越完备，未来等待它的将是融入更为广泛的建筑信息数字设计领域，与可视化编程技术、云技术等新兴技术相结合，形成全新的建筑信息化设计技术领域的基础。

## 二、建筑信息化设计的依托工具

建筑数字/信息技术在其发展的过程中，因为计算机技术的限制，所依托的工具也有巨大变化，每次变化对于建筑数字/信息技术的发展均会产生巨大的影响。

（1）初期：依托于公司/科研计算机的非专门软件

通过 BIM 的发展历史，我们不难发现，建筑数字技术产生于 1975 年，那是一个 PC 还没有普及的时代。那个时候，电子计算机以公司和科研应用的大型计算机为主。

因此在这个时期，建筑数字技术的研究所依托的工具并非是我们今天所熟悉的各种 PC 上的相关软件，是在当时的公司/科研用计算机上的非建筑类软件。那个时期的建筑数字技术研究因受计算机发展的限制，只能停留在一种理论状态，发展缓慢。

（2）中期：依托于个人 PC 的专业建筑数字软件

随着个人 PC 的普及，建筑行业的工作也逐渐全面地采用了个人电子计算机。这个时期建筑数字/信息技术获得了相对快速的发展，尤其是进入到 21 世纪，以个人 PC 为基础的各类数字/信息软件的发展越发成熟，以 BIM 为代表的建筑数字/信息技术也开始广为人知。

这个时期个人 PC 是建筑设计和生产的主要工具，因此基于个人 PC 的各类单体软件也将是一段时间内建筑数字/信息技术依托的主要工具。

在这一时期的早期，主要是以独立的 BIM 软件为依托（如 ArchiCAD）；现在则是以 BIM 核心平台软件群为依托（如 Autodesk 以 Revit 和 Navisworks 为核心的 BIM 软件群）。

（3）未来：依托于云技术为基础的大规模信息处理与协作

在网络和信息化社会高速发展的背景下，云技术快速发展，许多领域的工作开始从个人 PC 转移到云端，随着计算机技术的快速发展和信息传递速度的大幅提升，新型的大规模信息集成的生产模式即将到来。

近些年的建筑数字/信息技术发展方向也反映了这一点，建筑数字技术已经从如何专注于"精致、细节、丰富"地呈现建筑的数字模型，转变为专注于建筑数字/信息技术实施过程中信息的流动与协同问题。

相应的 Autodesk 公司的 BIM360 云，GraphiSoft 公司的 BIMx 和 BIMCloud 等云技术和信息的集成处理生产技术成为各大建筑数字软件开发公司的重点。

同时各大公司也逐渐放缓了针对各种需求开发新软件的模式，进而尝试在云端建立更多的功能服务于建筑工作者，同时努力在移动端进行相应的 APP 开发（图 1-1-2）。

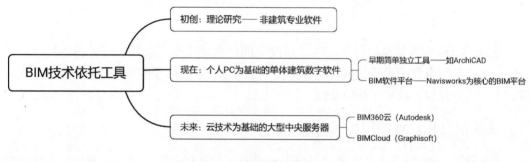

图 1-1-2　BIM 技术依托的工具

以云技术为基础的信息集成工作模式将成为建筑数字/信息技术的未来趋势。在不久的将来，建筑信息技术将完全依托于以中央服务器为基础的云技术搭建的信息化工作平台。

## 三、目前主流的建筑数字生产软件

作为依托于计算机的数字技术，建筑数字/信息技术的应用离不开专门的工作平台和软件。目前主流的建筑数字设计软件开发公司有——欧特克（Autodesk）、奔特利（Bentley，非汽车企业）、图软（Graphisoft）、Robert McNeel 公司等。

欧特克公司是全球最大的建筑数字软件服务商，其产品种类繁多，覆盖建筑领域的方方面面，如 Revit、Civil 3D、Navisworks、Dynamo 等。近些年来，欧特克公司已经开始注重信息化设计中越来越重要的可视化编程和云技术的应用，开发了 BIM360 云技术端并且开始将很多功能移植到云端。与此同时，注重软件的信息整合而非传统的开发多类型的软件，从这种转变可以看出欧特克公司已经开始调整自身的产品定位，以便将自身的 BIM 软件设计优势整合进未来以云技术为基础的信息化建筑生产模式（图 1-1-3）。

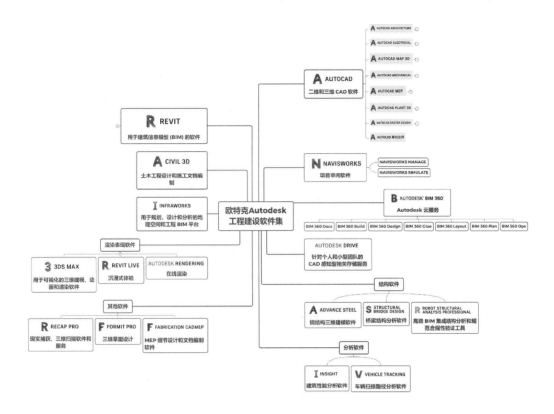

图 1-1-3　Autodesk 公司建筑数字软件

　　奔特利公司是一家研发智能建筑生产软件的企业，旗下的 MicroStation 更是早在 20 世纪就专注于三维数字模型的建立应用，以其为基础的大型厂房设计组件 PDS 至今仍被许多大型工业设计项目所采用。它的 BIM 设计软件 OpenBuildings Designer 也是一款强大的多专业 BIM 建筑信息化设计软件，而 ProjectWise 则是一款功能强大的协同管理软件，被国内一些大型企业所采用（图 1-1-4）。

　　图软（Graphisoft）的 ArchiCAD 软件是最早开始关注建筑信息模型和数字技术的软件之一，今天仍然被很多欧美建筑设计师所青睐（图 1-1-5）。

　　美国公司 Robert McNeel 开发的 Rhino 软件早期是服务于产品设计数字化制造的。后来，被发现应用于建筑设计效果良好。在建筑信息技术发展飞速发展的大潮下，Rhino 也开始越来越多地针对 BIM 和建筑信息技术增加相关的功能，其插件 Grasshopper 是一款强大的可视化编程软件，在建筑信息化设计过程的很多领域展现出非常强大的力量。

　　因为软件的种类繁多，这里我们将选取几个代表性的重点进行介绍，让读者在熟悉软件的过程中也可以初步了解 BIM 技术、可视化编程技术和云技术共同组成的建筑信息化设计生产的依托工具。

　　**1. Revit**

　　Revit 是最常用的 BIM 数字设计工具，也是 BIM 技术的重要代表工具之一，Revit 最主要的功能是创建并提供建筑信息，通过 Revit 设计师将思维想法转化为建筑信息。

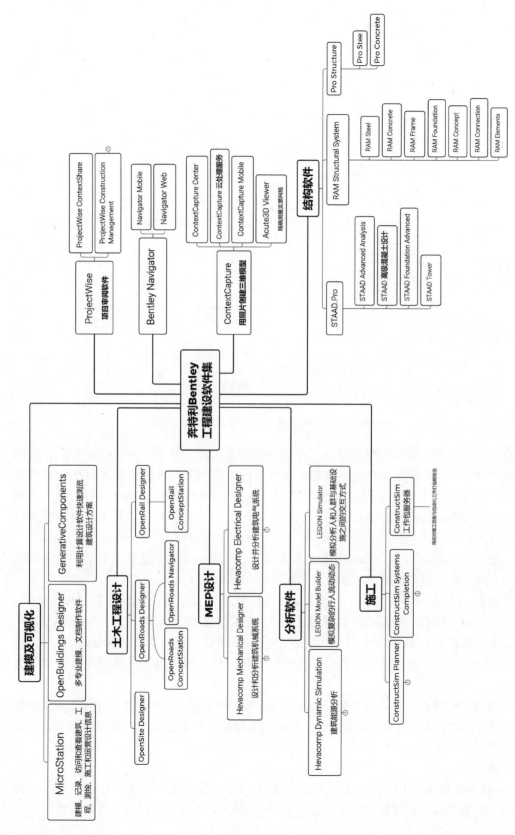

图 1-1-4 Bentley 公司建筑数字软件

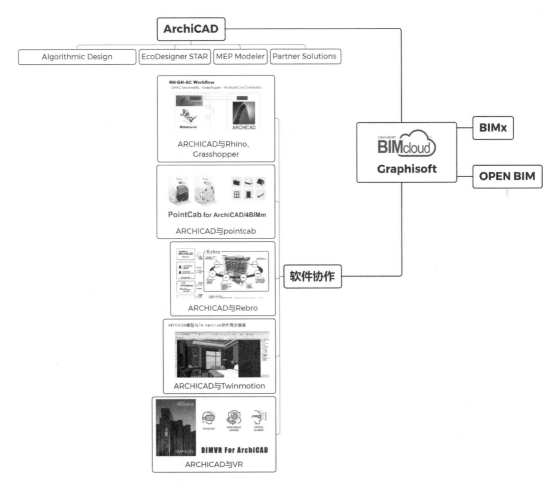

图 1-1-5　Graphisoft 公司建筑数字软件

　　Revit 是建筑信息的创造工具，建筑设计从业者可以创建各种数字化的建筑构件，并方便这些数据流动起来形成可以传递和处理的建筑信息，从而极大地提高协同工作（时间上、空间上）的效率并减少因为信息交互不畅（譬如，传统图纸三维信息的严重不足）造成的巨大误差（各专业协作产生的问题一直都是建筑设计中产生问题的重灾区）。与此同时，使用 Revit 可以大幅提高建筑设计的效率，BIM 的工作方式让很多原来需要经验判断的问题变得可以直观观察解决，从而降低了工作的难度。而信息流动产生的联动结果也使得许多设计成果可以在设计的过程中自然地产出，因而削减了许多成果产出的额外工作。同时，信息交互的顺畅避免了许多问题的产生（如最基本的管线碰撞问题），大幅度提高了效率并节约了建筑生产成本。

　　Revit 是一款功能强大的多专业建筑设计软件，其功能涵盖建筑、结构和设备三个领域多个专业工种的工作范围，可以有力地支持由多专业组成的建筑设计团队，实现信息化设计流程。Revit 也是我国设计单位大量广泛使用的软件，它在我国建筑市场中的跨企业交流性非常好。欧特克公司有大量的建筑数字信息化软件，可以和 Revit 很好地进行配合，极大地方便了各工种完成各自的深度设计需求（图 1-1-6）。

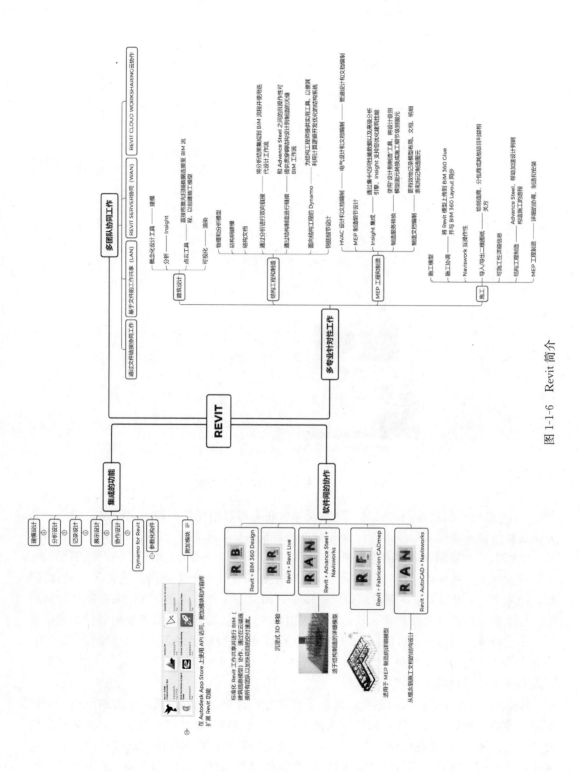

图 1-1-6　Revit 简介

**2. Navisworks**

Navisworks 是欧特公司出品的 BIM 建筑项目审阅软件，也是 BIM 综合信息整合平台软件。Navisworks 软件的优势在于可以整合多个不同 BIM 软件与系统提供的模型文件（可以兼容多种建筑软件格式），并将其进行大型综合汇总。

与此同时，Navisworks 可以方便建筑生产中的管理人员对项目的进度、项目的施工协作进行系统的把控与安排，并且可以更加方便地审阅建筑信息化项目。

Navisworks 服务于信息化的施工生产过程（图 1-1-7）。

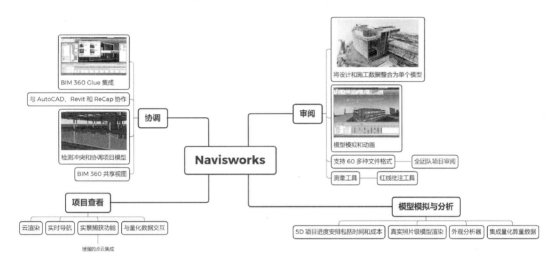

图 1-1-7　Navisworks 简介

**3. 可视化编程——Dynamo 与 Grasshopper**

Dynamo 与 Grasshopper 是建筑信息化设计中一种重要的支持技术——建筑可视化编程技术的依托工具。

在很多建筑从业人员的思维里，可视化编程是一种非常复杂的技术，甚至很多从业者都没有听说过这种"高级技术"。在许多建筑设计从业者的观念中，可视化编程技术是服务于"新、奇、特、怪"的后现代建筑形式的专门技术，与建筑生产的一般流程无关，在日常也不会用到，这其实是一种误解。在建筑信息化设计流程中，可视化编程技术十分重要，使很多问题的处理得以极大的简化，可以极大地扩展从业者的信息处理能力。

可视化编程技术其实并不神秘，甚至直接从字面上就可以理解。可视化编程技术是一种新型的编程技术，不仅应用在建筑领域，在许多计算机相关领域都有着广泛的应用。这种编程技术的优点是逻辑关系十分直观。

在可视化编程的环境下，计算机的基本代码都被制作成了一个个的"单元程序包"，实现某一种功能。在进行程序的编写时，只需要按照逻辑去链接这些程序包即可。对于建筑从业者来说，这样的操作模式带来了一个巨大的优势——不需要掌握计算机语言就可以实现基于编程的自定义操作能力，特异性、针对性地解决建筑问题的能力。

可视化编程可以让建筑工程师们方便地对软件进行能力的扩展，这其实是一种二次开发行为。它极大地扩展了建筑数字软件使用的自由性，同时也极大地扩展了建筑工程师能完成的信息化设计的广度和深度。可视化编程不是什么束之高阁的高端技术，它也是建筑信息化生产流程的重要组成部分，一种"基本的技术"（图 1-1-8）。

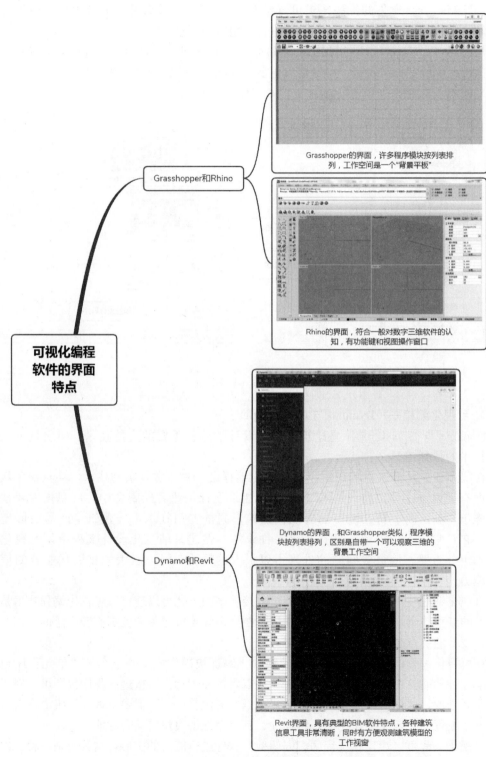

图 1-1-8　可视化编程工具

**4. InfraWorks**

InfraWorks 是欧特克公司出品的基础设施设计与信息模型构建软件。它可以十分方便地处理和配置设计前期数据文件（图 1-1-9）。

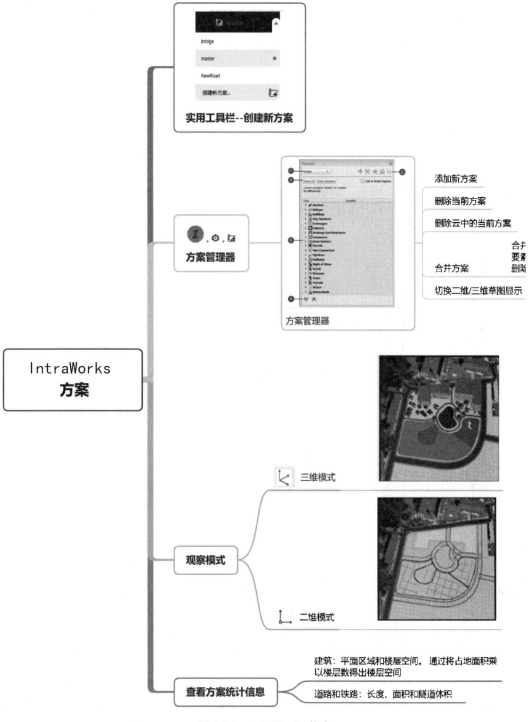

图 1-1-9　InfraWorks 简介

### 5. BIM360 云技术

BIM360 云技术提供了一个强大的共享相互平台，这个平台能对生产效率产生的提升远远大于单独的数字软件。BIM360 云技术极大地提升了建筑信息化生产中的信息化管理能力（图 1-1-10）。

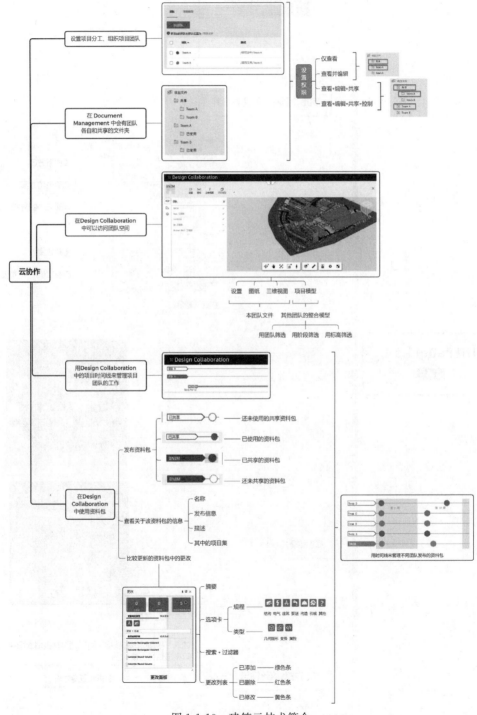

图 1-1-10　建筑云技术简介

　　因为篇幅问题，这里仅列举了生产中极具代表性的软件工具，也是目前各信息技术范畴内比较有代表性的软件工具。

　　建筑信息化设计相关软件种类繁多，这是因为建筑行业本身就是一个多专业多工种配合的复杂产业，其相关信息的复杂度是非常高的。因此，建筑信息化设计的第一步就是要认识这一复杂度极高的信息集合——建筑信息系统。

## 第二节　建筑信息化设计

### 导　言

　　建筑是牵扯多专业多工种协作的复杂生产过程，建筑生产信息化将要面对的是十分复杂的信息构成与十分巨大的信息丰度。在这种情况下，如果不预先对建筑信息之间的关系进行研究学习，不"窥"到整个建筑信息系统的全貌，是很难对建筑信息化设计流程中的各种技术与理论关节融会贯通的。因此，在进行建筑信息化设计全流程的学习之前，首先要了解使用建筑信息化技术所构建出的最终成果——建筑信息系统的相关知识。

### 一、建筑信息学（Building Informatics）与建筑信息系统（Building Information System）

　　对于很多读者而言，BIM 应该是一个已经熟悉的名词了，即使不了解 BIM 的具体概念与内容，但应该都听说过 BIM，在谈到 BIM 的时候很多人甚至还能介绍一番。而对于建筑信息学而言，可能很多人是第一次听说。但这个"新鲜的"概念却对于我们理解包含 BIM 技术在内的各种建筑数字/信息设计技术的本质以及未来的发展是十分重要的。

　　建筑信息学（Building Informatics）并非是一个新兴的概念，它已经在建筑数字化研究中产生一段时间了。这是一门建筑学和信息学的跨学科交叉范畴。从字面上我们就可以很容易地了解到这是一个处理建筑与信息相关问题的研究类别。

　　建筑信息学包含的范围很广，可以说一切和建筑信息的创建、存储、翻译、解读、传递与表达相关的领域都属于建筑信息学，除了我们之前提到的建筑信息化设计相关技术外，新兴的建筑 VR 技术，RFID 建筑施工装配和组织技术，先进的建筑智能运维技术（RFID 扫描、二维码扫描、MR 维护技术）等都属于它的研究范围。除此之外，凡是需要和建筑"交换信息"的技术理论上也都属于建筑信息学的研究对象。我们常说的 BIM 技术本质上是在建筑生产规程中发生的建筑信息化过程，是一个具有特定结构特点的信息系统创建的过程。从这个角度上讲，就不难理解为什么 BIM 技术也是建筑信息学研究的一部分。

　　在建筑信息学中，信息的处理十分重要，这也是建筑信息学的一个特点。通俗来说，建筑信息学是"用信息来诠释建筑"（图 1-2-1，图 1-2-2）。

　　近些年，越来越多地由其他领域产生的新型数字信息技术开始被与传统的建筑数字技术整合到一起，这些产生于完全不同领域的数字信息技术（如 VR）与原本的建筑数字技术对接时产生的"化学反应"，让我们意识到这些技术可以很好地服务于建筑信息生产、与原有的建筑数字软件具有良好相性的根本原因——它们的作用都是处理建筑信息与外界非建筑信息的交互，以及建筑生产过程内部的信息交互。

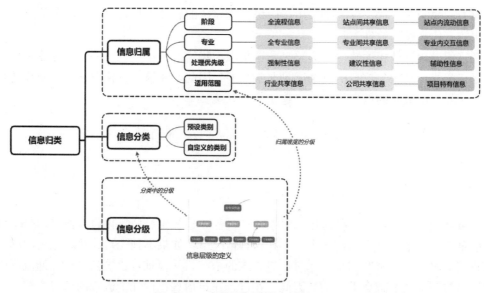

图 1-2-1　建筑信息学研究示例（1）

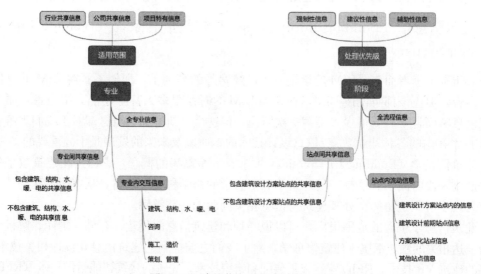

图 1-2-2　建筑信息学研究示例（2）

随着不断地深入思考研究，结合建筑信息学的理论知识，我们逐步认识到 BIM 技术、可视化编程技术、云技术以及许多建筑相关的数字技术，共同组成的建筑信息化的本质：

**建筑信息化是以信息技术为基础，构建建筑信息系统的逻辑层级（hierarchy）结构与建筑信息系统内信息之间的拓扑关系，以及处理建筑信息系统与系统外信息流之间的拓扑交互的过程。**

（注：①逻辑层级（hierarchy）结构是一种逻辑分层结构，确定信息之间的范畴、从属、依附和等级关系。②建筑信息的拓扑关系，在系统结构中信息之间的逻辑关系是唯一的、固定的联系。在建筑信息系统中两个信息之间只有联系逻辑是固定的，因此在整个工作流发生变化时，即使信息的位置发生巨大变化，在信息的逻辑关系不发生变化的情况下，最终整个系统和输出的结果也会保持不变，这种信息之间的关联模式就是建筑信息系统的拓扑关系。）

由此我们得到以下两个重要的概念。

（1）建筑信息系统：建筑信息模型中所有建筑信息组成的具有逻辑层级（**hierarchy**）结构的、信息之间具有拓扑关系性质的多维信息系统。

（2）建筑信息化设计：使用建筑数字/信息工具完成建筑信息系统创建的过程。

## 二、建筑信息化设计简介

首先我们要简单地解释一下建筑信息化设计的相关概念，方便读者理解。在实际应用中，读者并不需要对理论概念的方方面面都有透彻的理解，而只需要抓住其应用的重点。对于希望进行进一步深入研究的读者，也可以先从应用的重点入手，循序渐进最终达到对建筑信息化设计的深入理解。

对于建筑信息化设计，其应用的重点是什么？是信息。也就是大家经常听说的 BIM 一词中的"I"。即使是对于 BIM 技术来说，"Building"是行业范畴，"Modeling"是信息载体，"Information"也是最重要的核心。在学习了建筑信息学相关知识，了解了建筑信息化设计的概念之后，我们更不难理解，正是因为有这个可以传递、与外界交互、能够有序有效地应用的"I"，才使得目前采用信息化 BIM 工作流的建筑生产中多专业可以有效地进行信息交互协同，可以使建筑行业更好地与其他行业进行信息交互，从而以最高效率、最小错误率完成建筑项目的生产。而综合了 BIM 技术、可视化编程技术和云技术的建筑信息化设计流程将通过更好地对这个"I"信息的应用，达到更高的生产效率。

因此，作为信息化的建筑生产流程，建筑信息化设计的核心在于建筑信息的创建、传递、翻译、处理与管理，而不是许多人所理解的数字三维模型的创建，如果只有三维模型而没有信息流动的动态过程形成的建筑信息系统，那就只是简单的建筑数字化，只是一个对结果的简单应用，虽然也有很大帮助，但范围十分有限，并不能达到信息技术所能达到的对生产力的巨大推动。

读者一定要离开这样一个误区——信息化设计只是一两款软件的学习和一种新的技术手段。通过对之前所述问题的理解不难发现，这是完全不对的，建筑信息化设计流程并非是一个软件或者是一个简单的技术手段，而是一种新型的生产模式，它带来的是整个行业工作模式与管理模式的巨大改变（图 1-2-3）。

相信通过上图可以解决很多读者的另一个困惑——"信息化生产（或者说 BIM 技术）可以做什么？"。其实建筑信息化技术更像是今天的智能手机，其本身并不能完成我们不可企及的功能，但将所有功能集成在一个信息平台上，使信息交互集成，形成一个有序的系统，就可以创造巨大的生产飞跃。建筑信息化技术也是如此，它作为一个新型的信息化生产流程，并不能完成什么过去建筑业不能完成的事情。也并非没有建筑信息技术就不能进行建造，而是信息的集成处理和高度信息化的系统使得原本需要十几天甚至更久的任务可以在很短的时间内完成，同时可以方便地将信息输出，使得过去需要费很大力气获得的成果得以直接获得，同时极大地提高了管理的效率，因此产生了建筑生产效率的巨大提升。

通过上面的学习，读者应不难发现建筑信息化设计是比传统的 BIM 建筑设计概念更大，也更接近建筑数字化信息生产本质的概念。在信息处理上，建筑信息化设计的范畴更大；在信息处理的方式上，建筑信息化设计除了传统 BIM 技术外还包含可视化编程技术和云技术等，更加符合信息化生产的本质，因而效率更高；在未来发展前景上，建筑信息化设计是 BIM 技术最终将融入的范畴，当云技术普及，今天的 BIM 建筑生产流程的信息化程度更高、

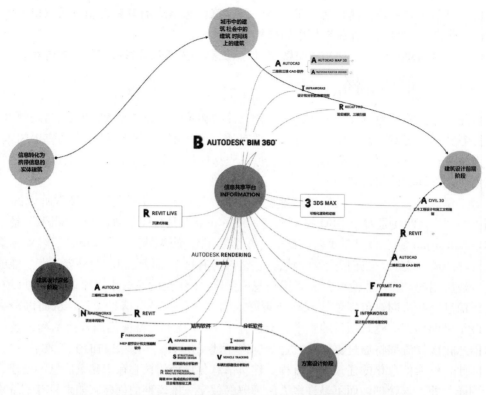

图 1-2-3　建筑信息化带来的是整个行业生产与管理模式的巨大变化

系统性更强的时候，BIM 生产流程最终将发展成为建筑信息化生产流程的一部分。

因此，我们将以 BIM 技术、可视化编程技术、云技术为基础、融合多种信息技术，从更大的领域、更适合的角度，更合理地阐释建筑数字生产流程的全貌，即建筑信息化设计全流程，取代以往仅以 BIM 技术的角度诠释建筑信息化设计的方式。

## 三、建筑信息化设计的优势

BIM 是建筑信息化设计的基础技术之一，因此建筑信息化设计具有 BIM 技术的所有优势。同时，建筑信息化设计与 BIM 相比则有着巨大优势。这种优势在目前的计算机和软件发展水平上（主要以 BIM 软件为载体）体现在工作流的组织自由度和信息处理的广度上（可视化编程的强大扩展与二次开发能力），建筑信息化设计因为是以建筑信息化的逻辑层级（hierarchy）结构与拓扑关系来组织信息，因此相比于 BIM 工作流的线形信息组织方式，更加自由，效率更高。

总的来说，建筑信息化设计具有以下的主要优势。

**1. 更加专注于专业设计工作——信息处理自由度的巨大优势**

传统的数字设计方式带来的固定的流程与软件间的信息交互方式，使得设计师很多时候要"依据软件的功能"来进行设计工作的组织，甚至要根据自己掌握软件的程度和软件的能力来决定设计的结果和程度。

这种模式给设计师带来了巨大的限制，也给计算机辅助设计带来了巨大的弊端——分散了设计师过多的精力在一些与专业无关的如计算机软件技术上，同时还限制了设计师能力的发挥。

建筑信息化设计过程则可以在目前的技术水平下，最大可能地解放设计师，使设计师与工程师可以更加专注专业部分，而不是被软件所束缚。

（1）衍生设计——自由简单的设计信息处理（图 1-2-4）

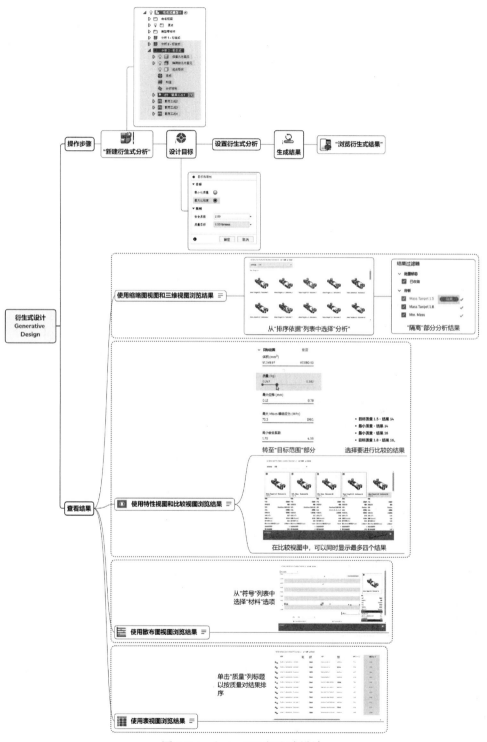

图 1-2-4　fusion360 衍生式设计

（2）多种的信息处理方式带来的选择自由度（图 1-2-5、图 1-2-6）

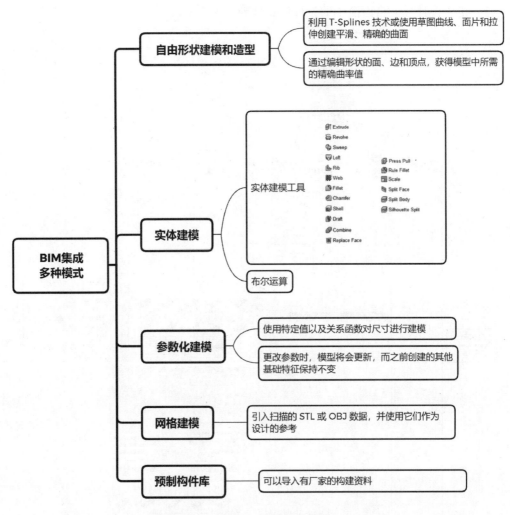

图 1-2-5 BIM 软件集成多种建模模式

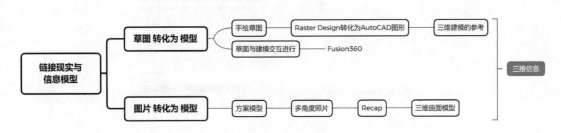

图 1-2-6 链接现实与信息模型

（3）设计过程的自由化

信息的拓扑结构可以使工程师可以在任何时间处理任何阶段的信息，而不必担心会带来的巨大后续修改，计算机会自动完成修改点所影响的所有关联信息的变化，生成新的结果（图1-2-7）。

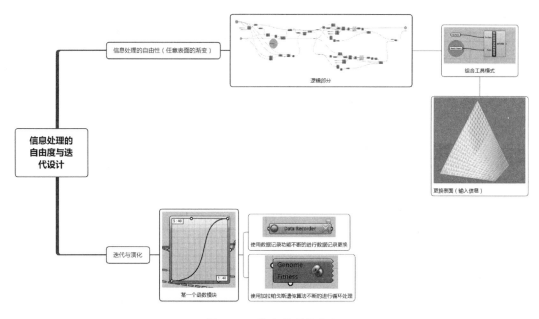

图 1-2-7　信息处理的自由

（4）多维的信息结构带来的工作组织的自由性（图 1-2-8）

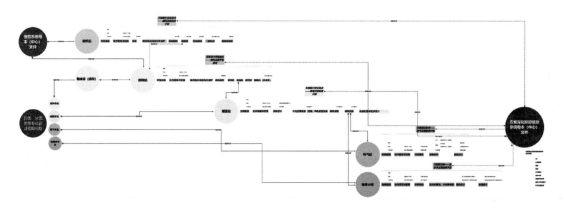

图 1-2-8　各站点综合组织

**2. 信息系统化分流、整合配置的优势**

信息化的设计流程在建筑设计开始时的前期阶段就可以将信息进行更加合理、系统化地分流整合，得益于建筑信息学对建筑信息关系之间的逻辑规则梳理，我们可以快速、有效、准确地组织和处理各种信息（图1-2-9、图1-2-10）。

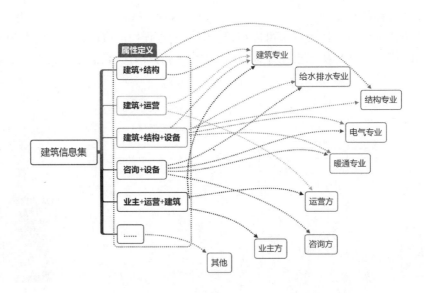

图 1-2-9　建筑信息的属性定义及定向分流

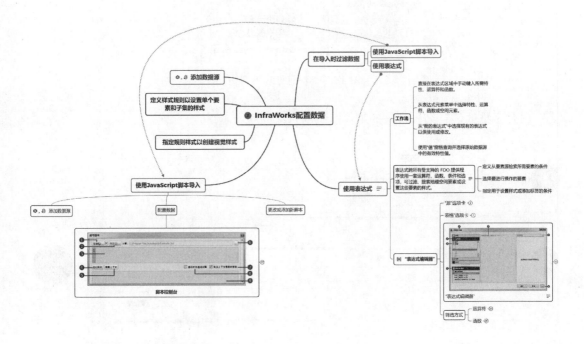

图 1-2-10　数据配置

### 3. 信息处理速度与广度的优势

依托建筑信息设计流程，信息处理的速度与广度均有大幅的提升。

（1）可处理的信息广度的巨大提升（图 1-2-11）

（2）可视化编程技术快速批量处理复杂信息（图 1-2-12）

图 1-2-11　BIM 工作流支持流入的格式

### 4. 信息化管理的巨大优势

因为系统之间信息的联动性（拓扑关系），使得我们可以根据这一逻辑特性更好地管理和安排工作。

（1）使用 Model Coordination 进行设计信息管理（图 1-2-13）。

（2）使用 BIM360 云进行设计信息比较处理（图 1-2-14）。

### 5. 云技术带来的巨大协作（信息交互）优势

建筑信息设计与信息整合集中处理的云技术有天然的联系，建筑信息设计最终将从现在的以 BIM 技术为基础走向未来的以云技术为基础，相比于传统的数字技术，建筑信息设计最终与云技术结合（现在已经开始，如 BIM360 云）将产生巨大的协作优势（图 1-2-15、图 1-2-16）。

图 1-2-16 已经展示了云技术带来的重大变革，我们可以从这三个方面来理解云端协同设计对我们的帮助，即工作内容，工作方法和工作效率，工作成果（图 1-2-17）。

### 6. 强大的信息应用与输出能力

依托于信息化设计对设计流程的系统整合，在采用建筑信息化设计流程的过程中，可以方便地应用信息输出许多成果。

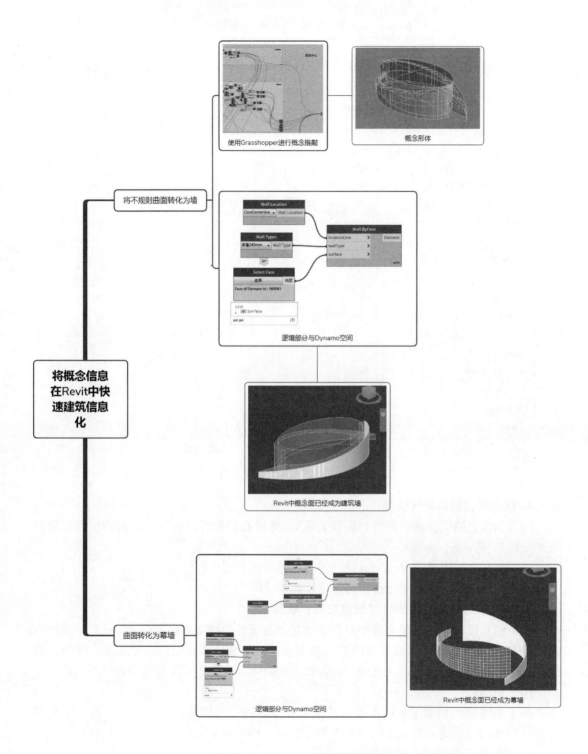

图 1-2-12　Dynamo 处理建筑信息

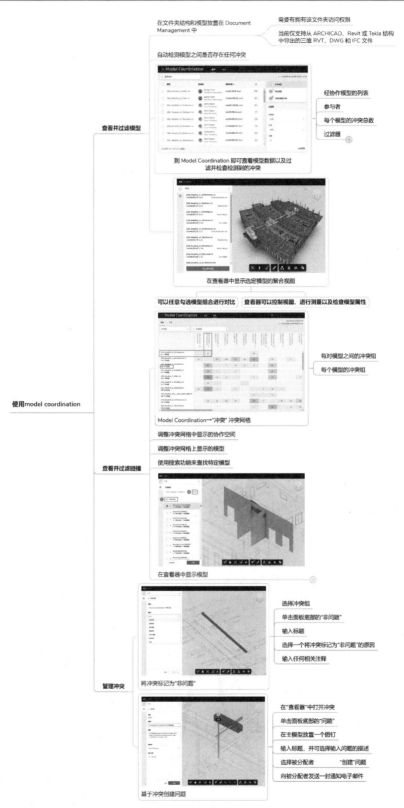

图 1-2-13　云端信息管理

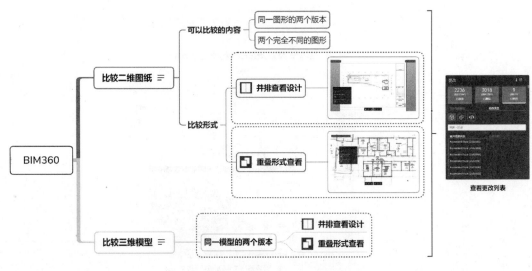

图 1-2-14　云端信息比较处理

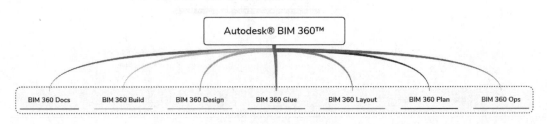

图 1-2-15　BIM360

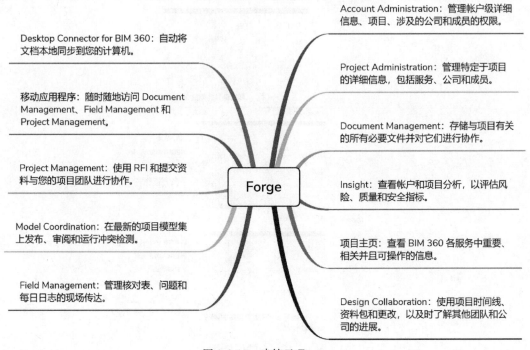

图 1-2-16　建筑云 Forge

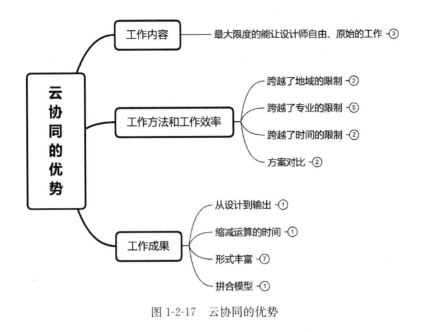

图 1-2-17 云协同的优势

（1）日照研究（图 1-2-18）。

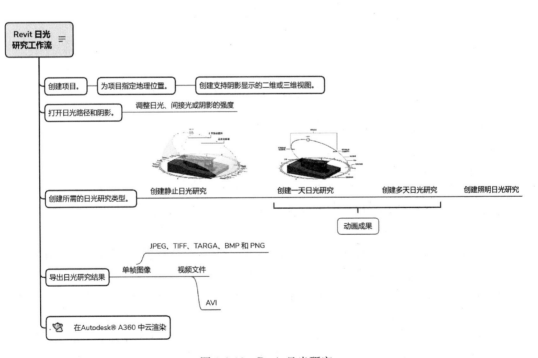

图 1-2-18 Revit 日光研究

（2）风环境模拟（图 1-2-19）

（3）云端渲染（图 1-2-20）

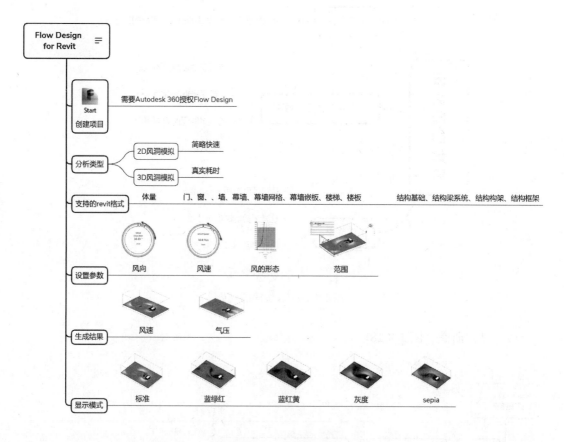

图 1-2-19　风环境分析

### 7. 强大的针对性复杂信息处理能力

依托可视化编程技术，使得建筑信息化设计具有强大的针对性，解决复杂建筑问题的能力。可视化编程技术除了自身具备强大的信息处理能力，还可以最大限度地发挥软件引擎的优势，其编程环境的特点也决定了可视化编程工具可以非常方便地进行各种功能的扩展，配合云端的各种信息库可以有针对性地解决许多棘手的复杂建筑问题，为建筑问题的解决带来多种可能性（图 1-2-21）。

建筑信息设计带来的优势还有很多，譬如建筑全生命周期的信息整合、VR 输出、跨国合作等，因为篇幅所限我们就不再一一举例了。总之，建筑信息设计会给我们的建筑生产带来巨大的生产力飞跃，这种飞跃不是一种技术上的推动，而是一种流程上、生产系统结构上的调整。

今天，虽然很多数字技术在建筑信息系统相关问题处理上还存在许多不足，但发展十分迅速。因此，建筑信息设计相关的配套技术完善可能还需要一段时间，现阶段的建筑信息设计流程还是以现有的 BIM 技术为基础，以可视化编程技术和云技术为辅进行的，但相对于传统的 BIM 范畴已经有了极大地扩展，具备了将原本单一流向的 BIM 生产工作流改变为多流向的建筑信息系统工作流的技术基础。

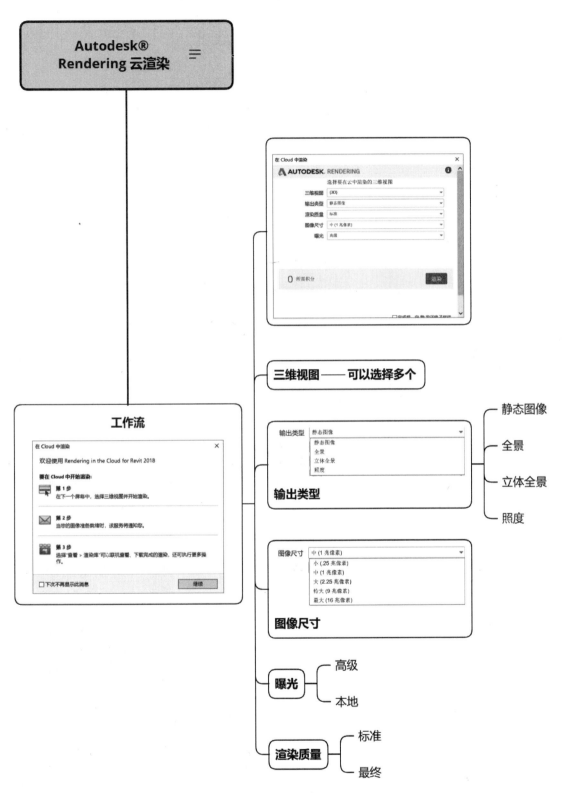

图 1-2-20 云渲染

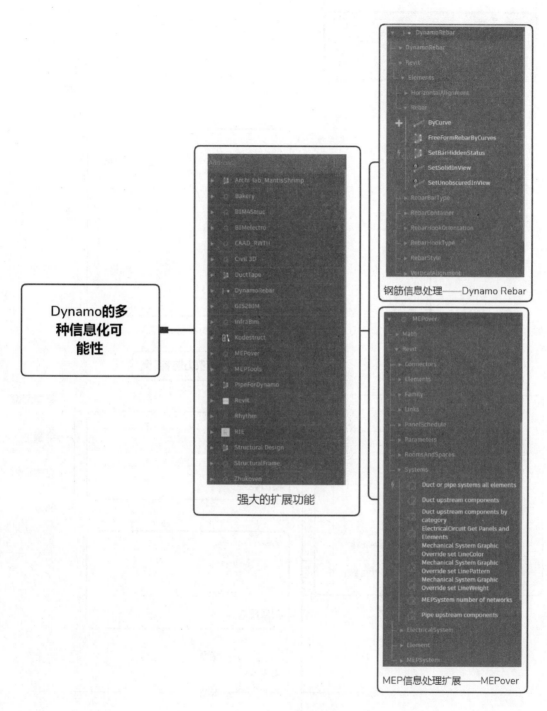

图 1-2-21　Dynamo 的多种信息化可能性

　　读者需要牢记的是，无论 BIM 技术还是未来整合完成的建筑信息技术，在提高生产力的同时，其最终目的都是将设计师从计算机软件的束缚中解放出来，所以读者在进行学习时一定要专注于信息化生产的本身和流程，而非某个特定软件的学习。

## 第三节　建筑信息化设计流程

### 一、建筑信息化设计流程概述

**1. 建筑信息化设计流程概念**

建筑信息化设计流程是建立在建筑信息系统理论基础上，以现今的 BIM 技术、可视化编程技术和云技术为基础的，新型优化更加适合未来大规模信息化建筑生产模式的新型设计流程。

建筑信息化设计流程在理解上比原本的 BIM 流程更进一步，原本的 BIM 流程对信息的理解还停留在线形的信息传递上，这样既无法发挥 BIM 技术本身的全部优势，也没有办法在生产组织上达到效率的最大化，更是不能与未来的云技术、云协作完美对接。

在建筑信息化设计流程里，建筑的每一步信息处理之间的关系都是拓扑关系，最终形成具有逻辑层级（hierarchy）结构的多维拓扑关系系统。在此基础上最大化地优化设计流程，让原本流程中割裂的各种信息数字流程可以整合起来，最终做到建筑全生命周期的信息化联动。

对比以往 BIM 技术应用专注于模型的误区，我们在正确的建筑信息设计流程中，要关注的是信息和信息之间的关系。

**2. 建筑信息化设计流程中的重要概念**

在了解和学习建筑信息化设计的整体流程之前，我们需要先熟悉几个相关的重要概念。

（1）建筑信息源

在我们的建筑设计开始前，我们需要从各种各样的部门和专业处获得建筑工作开始前的原始信息，我们的建筑信息建立是从引入这些信息开始的，所以这些信息就像是建筑信息设计流程这条大河的源头一样（图 1-3-1）。

建筑信息源是我们建筑信息系统建立的源头，也是建筑信息化设计流程的开端，因此对于信息源的处理，对于建筑信息系统的建立和整个建筑信息化设计流程十分重要。

（2）信息的筛选分流

面对建筑信息源的纷繁复杂信息的时候，我们首先要做的就是信息的筛选与分流。筛选是指对建筑信息源的信息进行分类与甄别，提取需要的信息进入建筑信息流（图 1-3-2）。

当建筑信息源的信息分类甄别完成后，在进入未来的建筑信息系统形成建筑信息流之前，要对信息进行删选与分流。这就与机场的安检流程一样，通过不同的软件将不同的非建筑信息引入建筑信息系统的同时，我们也为这些信息做了唯一的"标记"，同时将这些信息送入其应该的位置，定义了信息自身的属性与标记，并且定义了信息与其他信息的关系，这就为未来信息的拓扑关系建立准备了起点（图 1-3-3）。

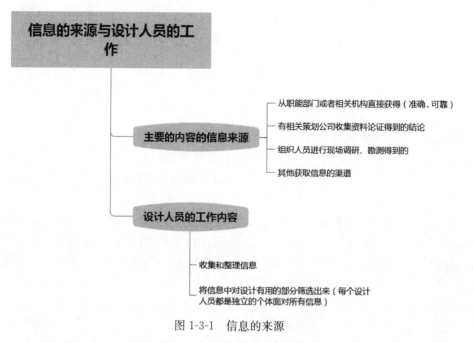

图 1-3-1 信息的来源

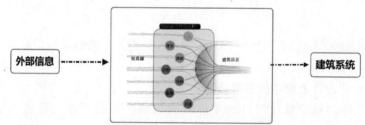

图 1-3-2 建筑信息系统的信息筛选

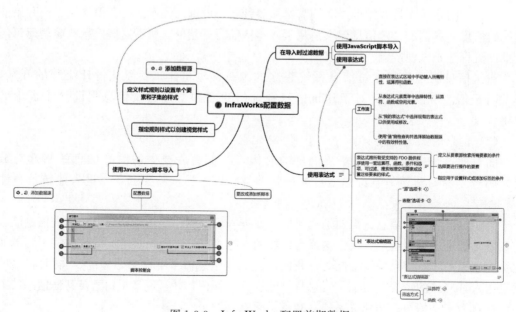

图 1-3-3 InfraWorks 配置前期数据

（3）建筑信息站点

建筑信息站点分为处理加工信息的建筑信息站点和负责筛选定性输出信息的建筑信息阀站。

A. 建筑信息站点

建筑生产是一种从无到有的创造，在这个过程中各专业的从业人员不断地将自己的专业信息增加至建筑中，这个过程就是设计的过程。在建筑信息设计流程中，设计就是信息的创建定性与信息的处理传递。无论是创造建筑信息系统的设计阶段，还是使用和进一步完善建筑信息系统细节的施工与运维阶段，对于信息的处理都是分步骤和范围来完成的。建筑信息站点就是处理建筑信息系统中一定范围内信息的工作集合。

**建筑信息站点：输入符合要求的信息，将信息进行加工处理，输出结果的工作站。**

举例来说，我们要在轴线上绘制所有的建筑外墙，这就是一个建筑信息站点，这部分的工作就是需要一个符合要求的信息输入——轴线，将信息进行加工——绘制墙体，输出结果——墙体信息。

由此不难发现，建筑信息站点就是我们原本的建筑设计流程中的各种分项工作在建筑信息设计过程中的对应形式。

对于建筑信息站点处理的信息范围划分不同，建筑信息设计流程也会发生相应的改变，这样就使得工作存在很大的弹性规划可能性。

建筑信息站点内部的信息结构是逻辑层级（hierarchy）的，信息的关系则是拓扑的，这点与建筑信息系统是一致的。譬如，对于整个建筑信息系统的某一部分，如方案设计期建筑专业站点，和方案设计期结构专业站点属于同一逻辑层级上。但建筑专业站点里又分为各种子站点，譬如一层工作站点、二层工作站点等，这些站点就属于次一级的逻辑层级，和上层的站点形成一种从属的拓扑关系。

**在建筑信息设计流程中，划分建筑信息站点的处理范围其实就是完成了传统工作中对应的工作分配，不同的是，会自动的形成相应的拓扑关系与流程。**

不同的划分站点方式也会形成专属于企业、个人和某个项目的最适合的工作流程组织方式。例如，概念信息建筑化站点（图 1-3-4）。

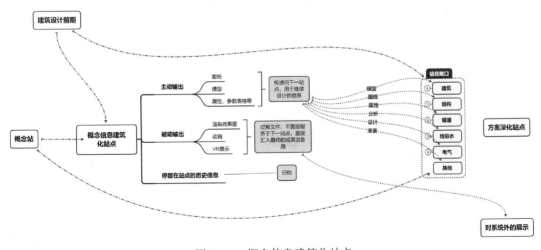

图 1-3-4　概念信息建筑化站点

B. 建筑信息阀站

当建筑信息流要从建筑信息设计流程中输出，转变为非建筑信息流（如 VR、图纸等），就需要针对专门的输出加工建筑信息，输出成非建筑信息的工作站，这种工作站就是建筑信息阀站。

与建筑信息站点不同，建筑信息阀站的信息流动是单向的，由系统内向系统外。例如，渲染输出站（图 1-3-5）。

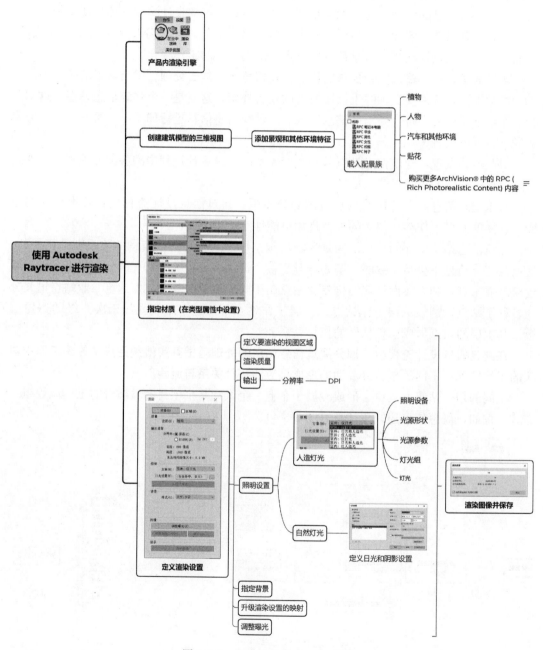

图 1-3-5　Autodesk Raytracer 渲染

**3. 建筑信息化设计流程的设计阶段**

建筑信息化设计最终会完成一个逻辑层级（hierarchy）结构的拓扑的建筑信息系统，因此理论上建筑信息系统的生成并没有一个固定的流程。但今天以 BIM 技术、可视化编程技术、云协同技术等实现的建筑信息化设计流程，并不能达到这样的理想状态，同时为了方便更广大的读者理解建筑信息化设计流程，我们依然按照大众的习惯，将建筑信息化设计流程分解为阶段讲解。

读者需要注意的是，虽然在讲解上我们区分了明确的阶段，但是信息本身并非是阶段割裂的，而是网状的拓扑链接的。

与传统的设计阶段不同的是，建筑信息化设计流程按照对信息处理的逻辑层级（hierarchy），分为三个阶段——建筑设计前期，方案设计阶段和建筑设计深化阶段。这三个阶段分别处理非建筑信息的建筑化，即最初的信息基础；建筑主干信息的创建与处理，即建筑信息系统的框架构建；建筑信息的进一步细化与处理，即建筑信息系统最终的逻辑层级（hierarchy）建立完成（图 1-3-6）。

图 1-3-6　建筑信息化设计阶段示意

**4. 建筑信息设计全流程图示（图 1-3-7）**

详图见本书折页。

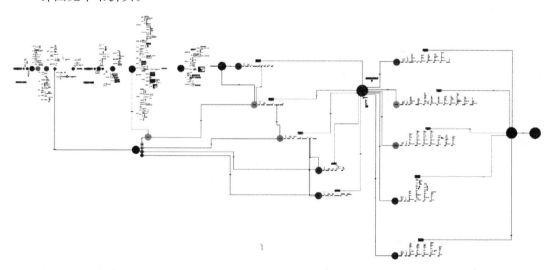

图 1-3-7　建筑信息化设计系统图

## 二、建筑设计前期

建筑设计前期是建筑信息工作流的开始，主要的工作是将非建筑的、建筑信息系统外的信息，筛选分流，引入建筑信息工作流中，同时对信息进行必要的建筑信息化处理，使得信息系统形成初步的逻辑层级（Hierarchy）结构雏形，信息之间的拓扑联系初步形成。

经过建筑设计前期的信息处理，许多前期信息被筛选定义处理之后，就可以在建筑信息工作流上方便地传递给方案设计阶段进行进一步的处理。

在建筑信息化设计流程（BIM 等技术基础）中，建筑设计前期的任务与主要内容为：

**使用 BIM、可视化编程、云平台技术完成信息的筛选导入，并对建筑信息进行分类及定义。**

若用一个生动的说法进行描述，建筑设计前期在建筑信息化设计流程中的位置就好像入口的闸机一样，将符合要求的信息导入建筑信息设计流程中，并对它们进行相应的处理和标记。

建筑设计前期也是建筑信息系统和更大的信息系统相连接的纽带，这是一个双向的闸机，既可以筛选信息进入，也可以筛选信息流出，未来的智慧城市、数字城市、信息化城市的大系统中，每个建筑都会与大的非建筑信息流相连接，互相影响，所以建筑设计前期除了是建筑信息化设计的起始阶段外，同时也负责建立一个完善的建筑信息系统与上游信息流之间的联系关系。

**这个阶段我们称之为——"准备生成建筑"。**

建筑设计前期作为一个整体，是建筑信息化设计流程中的最基本一级的信息站点，即建筑设计前期站点。在建筑信息化设计全流程中，建筑设计前期主要处理的是：

（1）信息的搜集与筛选。

（2）信息的导入与整理。

（3）信息的属性设置和信息的再分流。

（4）信息的分析与应用。

接下来我们就简单地介绍一下这些信息处理工作（详细介绍参照第二章——建筑设计前期）。

**1. 信息的搜集与筛选**

在理想情况下，对于建筑信息系统而言，其所需要的信息是相对固定的，所以大多数的筛选原则是可以通过 BIM 软件的云平台和二次开发程序进行预设的，也就是之前描述的云技术基础的建筑信息化设计流程的状态。但是现在的建筑信息化设计依托的现有的 BIM 技术和可视化编程技术还没有那么成熟，而且云端才刚刚起步，所以现在这种筛选大多是人为完成的，将外界的信息通过我们主观地选择，进而将建筑信息部分导向系统内部（图 1-3-8）。

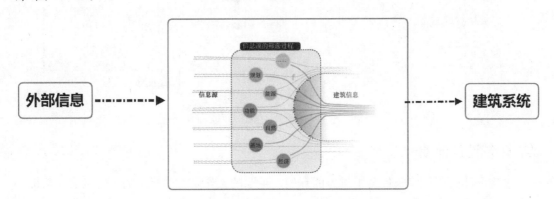

图 1-3-8  建筑信息系统的信息筛选

建筑设计前期的主要信息来源有：从职能部门或者相关机构直接获得，从有关策划公司收集资料论证得到的结论，从组织人员进行现场的调研、勘测获得和其他一些渠道获得

（图 1-3-9）。

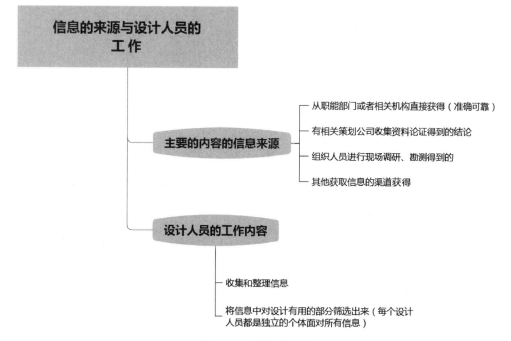

图 1-3-9　信息的来源

## 2. 信息的导入与整理

在筛选出需要进入建筑系统的信息流后，我们首先需要对信息进行分类，进而让它们开始成为组成建筑信息系统的第一部分，以此为基础开始整个的建筑信息化设计流程（图 1-3-10）。

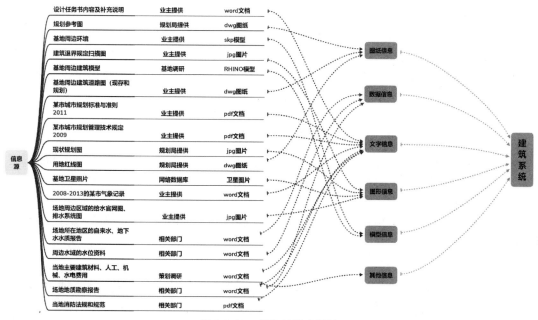

图 1-3-10　信息的导入筛选

**3. 信息的属性设置和信息的再分流**

对于建筑信息流的处理的原理和机场的分流是很像的。在导入的过程中伴随着我们对于作为信息 ID 的属性的设置，就好像我们每个人都有唯一的身份标识才可以进入机场一样，我们每一个人作为个体的身份是独一无二的。在建筑信息化设计流程中，进入到我们建筑信息系统的信息也一样，我们需要尽可能地为其创造出一个完整的独一无二的身份，从而使其可以被识别和定位。这也是建筑信息系统逻辑层级（hierarchy）结构的要求。

我们首先需要对每一个输入信息进行属性定义（属性定义等同于登机牌），而后拥有了定义的信息便可以通过我们所预设的规则而进入其所属的分类（图 1-3-11）。

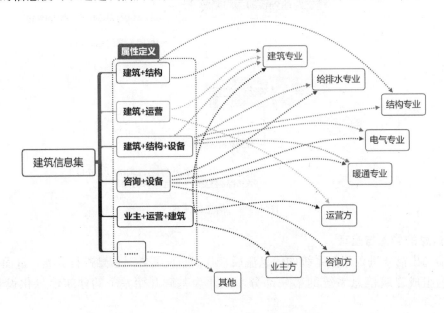

图 1-3-11　建筑信息的属性定义及定向分流

**4. 信息的分析与应用**

信息的分析与应用是建筑设计前期最重要的组成部分，其实是两个工作——信息的分析，信息的应用。但因为本质上对信息的处理关系是一样的，所以在建筑信息化设计流程中，我们将其放在一个范畴来介绍。

（1）信息的分析

在建筑信息化设计流程中，原则上建筑前期阶段还不涉及具体的设计任务和内容，所以在设计前期的建筑信息分析站点内部的信息分析更多地侧重于将我们收集来的间接信息转化为直接服务于设计的直接信息（图 1-3-12）。

（2）信息的应用

建筑设计前期的信息应用和信息分析是一样的，侧重于将信息转化为可以为后面的设计信息站点接收的形式，或者服务于设计的思考（图 1-3-13）。

在目前技术的应用情况下（BIM 技术，可视化编程技术，云协作），建筑信息化设计全流程中的建筑设计前期工作与传统的建筑设计前期的差别主要体现在信息收集的差别、信息筛选的差别、信息整理的差别、信息成果的差别、信息地位的差别。

关于建筑设计前期更多的细节与理论、实践，将在第二章中详细展开叙述。

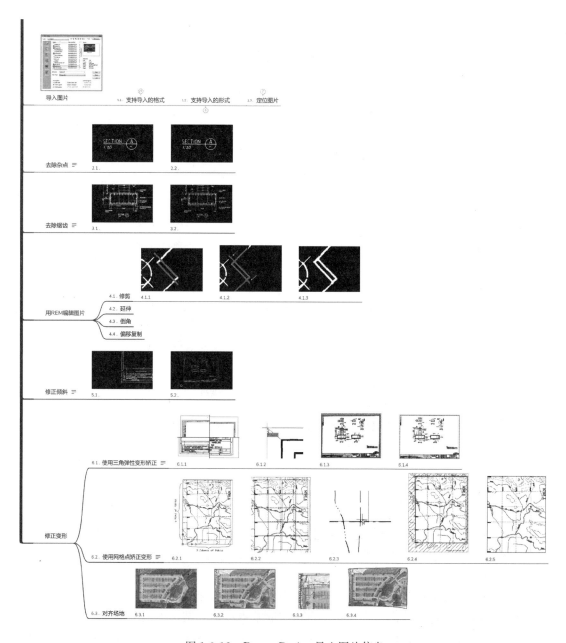

图 1-3-12 Raster Design 导入图片信息

## 三、方案设计阶段

建筑信息化设计的第二个阶段是方案设计阶段。方案设计阶段是重要的建筑信息处理阶段,它的主要工作是将思维信息转化为建筑信息系统的主干信息,这是一个思维信息进入构建建筑信息系统主要结构的过程。

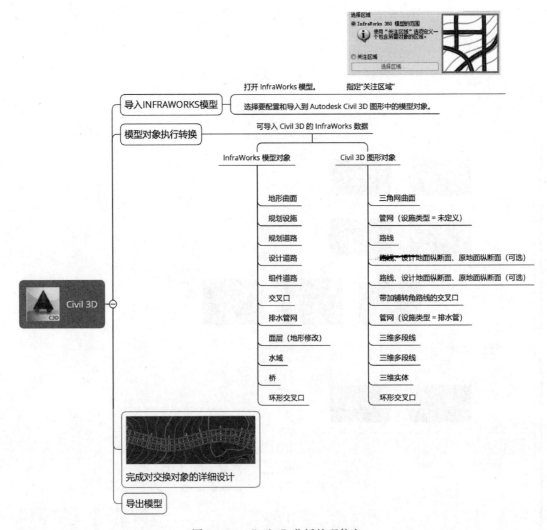

图 1-3-13 Civil 3D 分析处理信息

在方案设计阶段,"建筑"这一信息范畴经历了从无到有的建立,在方案设计阶段结束的时候,建筑信息模型中主要系统的结构已经完成的,整个模型信息的逻辑层级(hierarchy)主结构基本确定。

方案设计阶段使用建筑设计前期引入建筑信息化设计流程的基础信息,在设计人员的思维构思下一步步地构建出整个建筑信息系统的基本形态和结构。用美术绘画进行比喻的话,建筑设计前期阶段好比是准备了一张适合的画布,而方案设计阶段就是将一个人物的雏形绘制完备,让大家可以辨识出这个人物的几乎一切特征,剩下的只是进一步地将人物的细节细化,让整个画面更加精致。

在建筑信息化设计流程中(BIM,可视化编程,云协作基础),方案设计阶段的基本工作是:

处理并应用建筑设计前期准备的建筑信息,根据项目设立合理的二级信息站点构成与建筑信息化设计流程,将设计人员的思维信息转化为建筑信息,处理并传递建筑信息,形成具备完整的建筑信息系统结构的建筑信息载体（如信息模型），并将信息传递给建筑设计深化阶段或通过特定的建筑信息阀站输出阶段成果应用。

由此可见，相比于建筑设计前期，方案设计阶段既是一个信息加工的阶段，也是一个重要的信息输出阶段。

**这个阶段我们称之为"完全形成了建筑"。**

在方案设计阶段，处理信息的重点在于如何组建信息系统的结构，通俗地讲也就是如何处理工作的先后与分工，这一部分工作在建筑信息化设计流程中称为信息站点的设置。

在建筑信息设计流程中方案阶段的主要工作关系如图 1-3-14、图 1-3-15 所示。

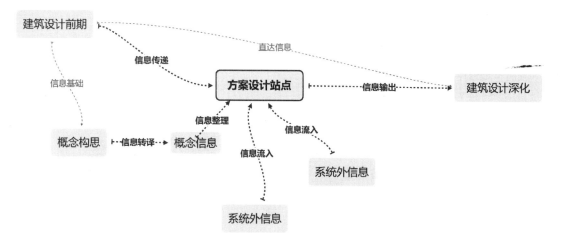

图 1-3-14　方案设计站点的信息特性

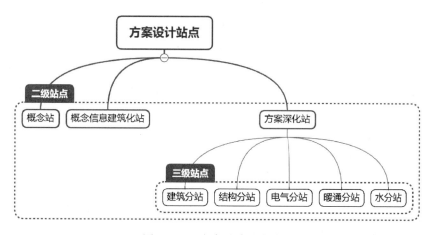

图 1-3-15　方案设计站点分级

方案设计阶段主要处理的问题有：

（1）接收并处理从设计前期传递来的信息。

（2）信息的分类与信息站点的设置。

（3）概念站点的信息处理。

（4）概念信息建筑化站点的信息处理。

（5）方案深化站点的信息处理。

（6）信息站点之间的信息流处理（协同配合）。

（7）方案设计阶段的信息成果输出。

（8）信息的存储与传递——与建筑设计深化阶段对接。

接下来我们就简单介绍一下这些工作，详细的介绍会在第三章进行。

**1. 接受并处理从设计前期传递来的信息（图 1-3-16）**

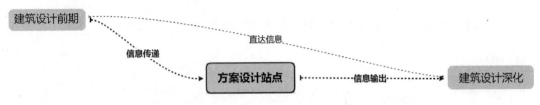

图 1-3-16　方案设计站点前期信息流入

**2. 信息的分类与信息站点的设置**

（1）信息的分类

在方案设计阶段，虽然也会接触到很多种信息的类型，但是有些类型的信息出现的频率低且输入方式与建筑设计前期引入建筑信息设计工作流的方式相同，所以我们只研究在方案设计阶段主要接触的信息类型。

这里有一个目前 BIM 应用者面临的误区，目前的 BIM 工作流很多时候是从建筑方案设计开始的，也就是说没有我们强调的完整的建筑信息化设计工作流中的建筑设计前期阶段，所以接下来读者可能会产生的疑惑是——为什么我觉得经常需要在方案设计阶段处理的信息类型，这里面没有？譬如导入基本的 CAD 二维图纸信息。

这是因为当我们合理地整合了建筑信息化设计全流程后，很多的信息导入筛选甄别工作，是由我们定义的建筑设计前期完成的，原本大家以为属于"方案设计"阶段的很多工作其实都是属于建筑设计前期的。

在方案设计阶段，我们主要处理的建筑设计前期传递来的信息类型有文字描述信息、图片信息、三维模型信息、参数属性信息等（图 1-3-17）。

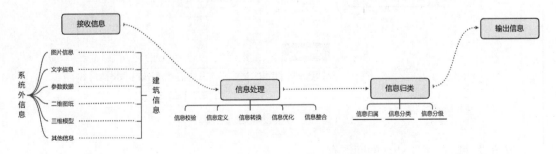

图 1-3-17　系统外流入信息的处理

（2）信息站点的设置

在前文中我们提过，建筑信息化设计流程中的信息站点设置是相对有弹性的，这其实是因为站点所包含的信息内容有弹性。因为信息间的拓扑关系，一个问题的处理有时候属于前面的信息站可以，属于后面的也可以。

这种特性造成了建筑信息化设计针对不同的工作人群配置、企业特点以及项目本身的特点可以进行灵活的流程调配，以达到最适合的流程组合。

但在二级建筑信息站点的设置上还是一致的，这里是没有变化的，变化的是二级信息站点包含的内容，或者说三级信息站点或者更细分的信息站点。

方案设计阶段这个大的一级建筑信息站点划分为三个二级站点，即概念站点，概念信息建筑化站点、方案深化站点。

为了方便大家理解应用，我们在这里将这三个站点与传统的设计工作流程中的工作阶段做了映射对比。

1）概念站点：传统的概念方案阶段，形体设计，建筑的造型及大空间关系设计。

2）概念信息建筑化站点：传统的建筑方案设计工作，立面风格设计，空间功能划分以及平面绘制等工作。

3）方案深化站点：传统的建筑设计方案细化及扩大初步设计阶段，传统的结构方案设计阶段，传统的暖通、水、电方案初步设计阶段（图 1-3-18）。

图 1-3-18　二级信息站点的设置

概念站点，如图 **1-3-19** 所示。

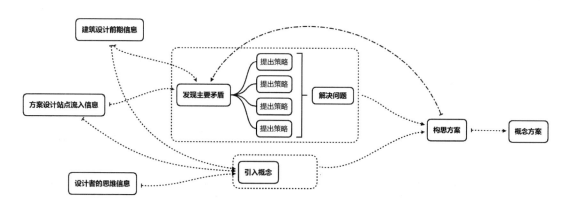

图 1-3-19　概念站工作流

概念信息建筑化站点，如图 **1-3-20** 所示。
方案深化站点，如图 **1-3-21** 所示。

图 1-3-20　概念信息建筑化站工作流

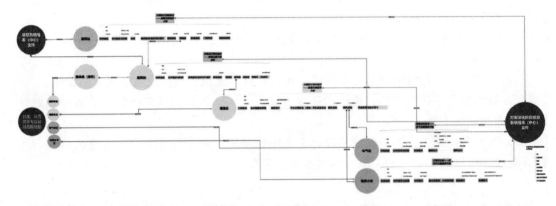

图 1-3-21　方案深化站点

（3）概念站点的信息处理

概念站点是方案设计的第一个信息站点，是建筑本体信息创造从无到有的第一步。在概念站点中，主要是思维信息的建筑信息化过程。通俗地说，就是把设计师脑海里的"想法"用信息模型呈现出来，即设计师的草图建筑信息化的过程。

概念站点的工作是建立在建筑设计前期导入进建筑信息系统的信息基础上的，是方案设计阶段与建筑设计前期阶段链接的重要部分。

概念站点内的信息处理主要分为两个方面，即由思维到建筑信息的创建处理过程，概念建筑信息的分析处理。这里面，由思维到建筑信息创建处理的过程又分为一般 BIM 技术方式、新型信息技术方式、可视化编程技术方式。

A. 概念设计（图 1-3-22）

B. 概念分析（图 1-3-23）

C. 可视化编程概念设计（图 1-3-24）

（4）概念信息建筑化站点的信息处理

将一个单纯的形体信息（一般为建筑的概念设计体量）深化为一个大家可以识别、认同为一个建筑物的过程，就是概念的建筑化过程。所以本站点是将概念站中引入的概念和生成的初始设计转化为行业内部通用的信息语言、为接下来的方案深化以及后续的协同设计完成系统体系的架构的建筑化协同设计的起点。

在概念建筑化站点中，建筑师已经开始进行空间的划分，这除了涉及建筑专业相关的一些建筑基本信息的创建和处理，对于一些大型（高层办公楼，酒店等）或者功能特殊复杂（飞机场、医院等）的建筑类型，在概念建筑化的过程中还涉及多个建筑师的协作问题。除此之外，建筑化后的信息模型中包含的基本建筑信息已经可以支持很多相关的分析

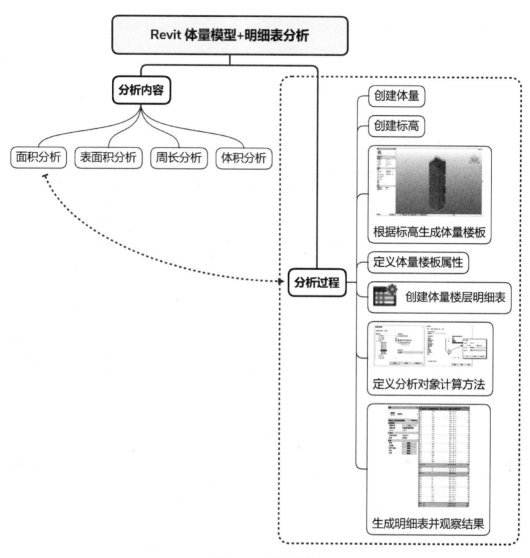

图 1-3-22　概念设计

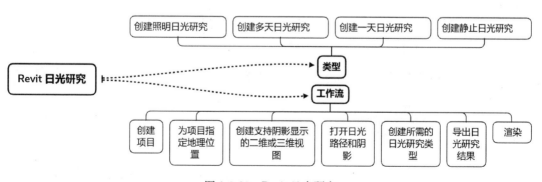

图 1-3-23　Revit 日光研究

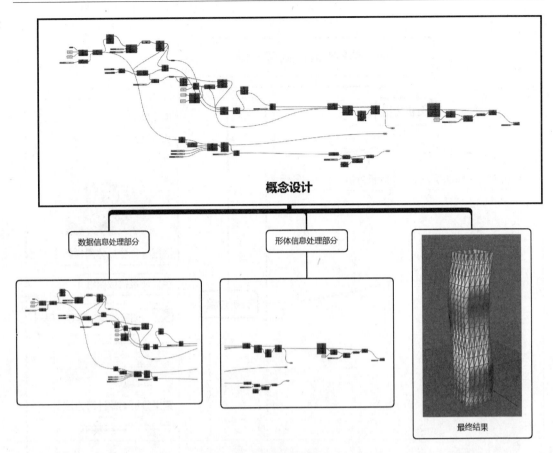

图 1-3-24　可视化编程概念设计

输出，为之后的建筑设计生产工作提供信息资料支持。因此，概念建筑化站点主要处理的问题为：

A. 云端协作（图 1-3-25）

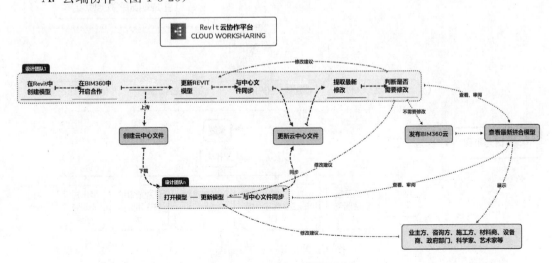

图 1-3-25　Revit 云协作平台

B. 概念信息的建筑化（图 1-3-26）

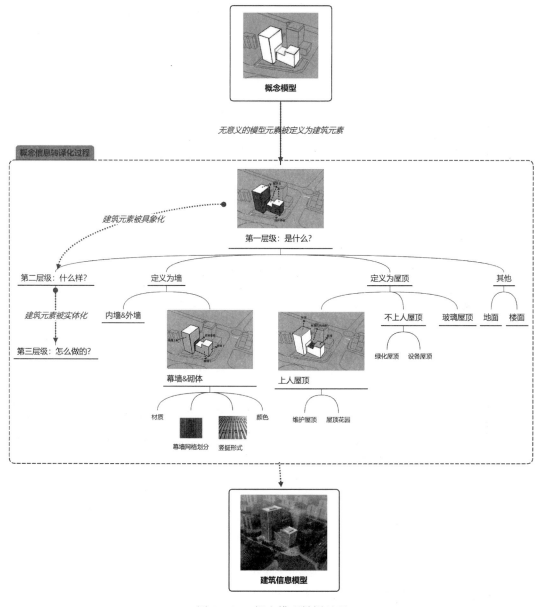

图 1-3-26　概念模型转译过程

C. 可视化编程处理概念信息建筑化（图 1-3-27）

（5）方案深化站点的信息处理

方案深化站点所包含的信息处理范畴是建筑信息化设计流程与传统的设计流程区别较大的部分。

传统设计流程受表达程度所限，很多专业工作和协作工作并没有办法在其最适合的时间进入建筑设计流程中，我们的工作安排很大程度上是根据图纸绘制的信息传达能力和符合当时的计算机所能达到的能力来进行的。

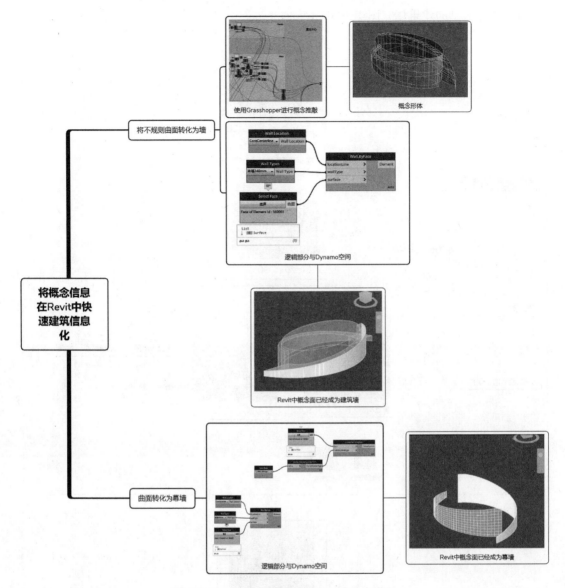

图 1-3-27　可视化编程处理概念信息建筑化

技术发展至今天，现有的 BIM 技术、可视化编程技术和云技术已经可以支持我们在建筑设计生产流程中对工作安排进行重新调配，使其更加符合建筑信息化设计生产的客观规律，从而大大提高了生产效率，减少了生产中的问题与误差。

方案深化站点是对传统生产流程调整较大的站点，在建筑信息化设计中，原本的扩大初步设计阶段的工作被分别地合并进方案设计阶段和建筑设计深化阶段，而其主要进入的二级信息处理站点就是方案设计阶段的方案深化站点，结构的初步设计工作要在这里完成。不仅如此，暖通、给水排水、电气专业的基本空间设计和初步设计也要在方案深化站点中展开，这是传统的方案设计阶段所不具备的。

"早介入，早发现，多协作，少问题"也是建筑信息化设计全流程的巨大优势之一（图 1-3-28，图 1-3-29）。

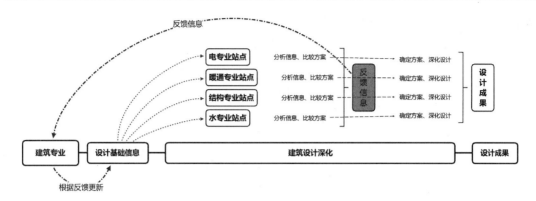

图 1-3-28　各专业合作

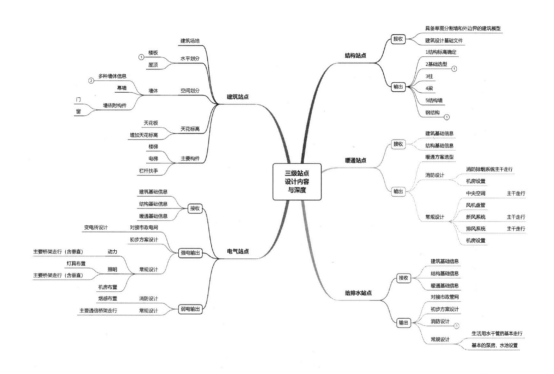

图 1-3-29　方案深化设计内容与深度

方案深化设计站点是方案设计阶段的最后一个信息处理站点，它输出的信息将直接进入建筑信息化设计流程的下一个大阶段——建筑设计深化阶段，也就是我们传统设计过程中的施工图设计阶段（但信息包含量远大于传统的施工图设计）。

详细的信息处理方式将在之后的章节（第三章）讲解。

（6）信息站点之间的信息流处理（协同配合）

在建筑信息化设计流程中，协同配合其实是从建筑设计前期阶段就开始的，但在方案深化站点之前呈现为小范围（建筑专业内）。从方案深化站点开始，建筑设计的所有专业都开始一同工作，协同配合信息交互的频繁程度大大上升，成为这一阶段非常重要的特点。我们常说云技术基础下的信息集成交互是建筑生产力提升的最大动力，由此可见协同配合对于提高建筑设计生产效率、降低错误率的重要性。

在建筑信息化设计流程中，协同配合的概念比传统的设计流程更好理解。

协同配合，即各信息站点之间的信息流的交互处理。

如果说各个信息站点的主要功能是创建、加工和处理信息，是"设计创造"的过程；协同就是处理它们彼此之间信息沟通的，是"交流顺畅"的过程。

而我们知道，信息化设计的流程越符合建筑信息系统的本质，也就是逻辑层级和拓扑这两点，信息交流就会越顺畅，逻辑层级的结构要求我们的协同需要有分级的权限和范围，也就是信息之间的范围、关系和等级；而拓扑则要求信息之间的关系是固定一致的。

我们以 Revit 和 BIM360 云为例，简单解读下协同工作（图 1-3-30～图 1-3-32）。

图 1-3-30　Revit 的协作模式

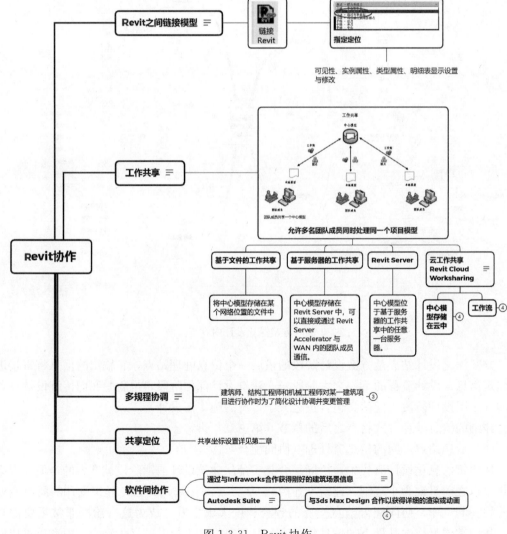

图 1-3-31　Revit 协作

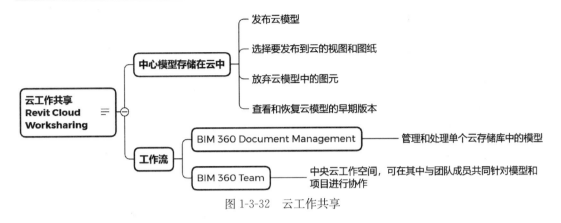

图 1-3-32　云工作共享

（7）方案设计阶段的信息成果输出

方案设计阶段的所有二级站点都可以进行相应的信息应用输出，这里将进行集中的简介，在本书之后方案设计阶段的详细讲解中，将分开进行详细讲述。

在方案设计阶段，我们主要输出信息转化成的成果为：VR、渲染动画、分析图表、分析数据、各种方案展示图纸等。

如何输出与展示，我们将在之后的篇章中进行详解。

（8）方案设计阶段的信息存储与传递

在建筑信息化设计全流程中，采取的工作模式不同，信息的存储与传递也不相同，现在一般的 BIM 设计流程，往往是储存在个人 PC 上的三维模型信息，而在以 BIM 技术、可视化编程技术、云技术为基础的建筑信息化设计流程中，建筑信息是储存在云端的，是一个动态的模型，它本身会自然地向建筑设计深化阶段发展，这是一种动态的传递，这个模型作为"设计中心"与各个设计师的本地副本通过实时交互来实现自身的发展，而设计师本地的模型只是"影子"。这是一个动态的存储与信息交互过程，而非简单的"网盘下载"。

当可视化编程技术引入之后，我们还需要储存和传递大量的算法设计流程的编程文件，并将其送至到下一个阶段，目前这种存储有云端存储，但这是一个静态过程；或者是开发成为一个插件形式的按钮，这是随着软件本身存储传递的。

关于方案设计阶段的信息存储与传递的具体应用细节，会在之后的第三章的应用中详细讲解。

至此，整个建筑信息设计全流程中的方案设计阶段已经简介完毕，相信读者对这个阶段的工作已经有了初步的了解，对于这整个流程也已经做到心中有数。与此同时，可能会产生许多对于具体应用，包括软件的选择使用、各专业的配合要点等新的疑问，这些疑问我们将在第三章建筑信息化设计全流程——方案设计阶段中详细讲解。

## 四、建筑设计深化阶段

建筑设计深化阶段是建筑信息化设计全流程中的最后一个阶段，在上一个阶段的最后一个部分——方案设计深化站，建筑信息已经被分流进各专业的站点进行处理，建筑信息模型的逻辑层级已经深入到各个专业站点。建组设计深化阶段就是在各个专业的内部进一步进行信息的细节分化，使建筑信息系统结构达到施工要求的末端层级深度，同时使信息的丰度达到可以进行施工处理的要求。

　　**建筑设计深化阶段：将已经分流进各大专业站的信息进行进一步处理深化，并进一步划分细化，形成满足信息化施工需要的建筑信息模型细度，同时将建筑信息系统的信息结构进行再次梳理，将符合标准的建筑信息传递给信息化施工阶段。**

　　建筑设计深化阶段主要对应我们传统设计过程的施工图设计阶段，以及部分现场处理工作。

　　建筑设计深化阶段的信息接收不再像之前的阶段，而是以三级站——各专业站点直接接收的，同时接收的还有协同工作的各种权限设置和工作分配。所以在这一部分，我们也将以专业站点的工作和协同工作两条平行线展开介绍（图 1-3-33）。

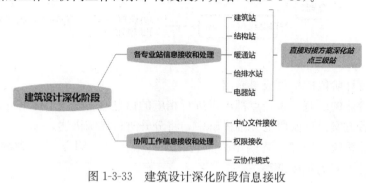

图 1-3-33　建筑设计深化阶段信息接收

　　建筑设计深化阶段的信息接收基本上是流畅延续的，并不需要进行什么特别处理，是无缝连接的。所以，建筑设计深化阶段的信息接收是建筑信息化设计全流程中最简单、顺利的。

　　建筑设计深化阶段完成的建筑信息模型，可以完全地应用并指导施工，作为建筑信息化设计全流程和建筑信息化施工流程的对接部分，输出信息有着严格的标准要求。

　　建筑设计深化阶段需要处理的信息为：

　　（1）各专业站点的信息加工处理及相关的信息输出。

　　（2）协同工作信息的分配处理及相关的信息输出。

　　（3）建筑信息模型整合存储传递。

　　接下来就为读者简单进行讲解，详细的部分将在第四章进行论述讲解。

　　**1. 建筑站**

　　建筑站负责接收上游的建筑专业相关信息，重新进行组织分配，在建筑站中我们主要接收的信息如下。

　　建筑的场地信息、建筑的整体造型和外围护面、草图楼板、草图墙、草图屋顶、门窗等构件，空间三维定位信息（轴网标高）、草图天花、栏杆扶手、楼梯电梯等主要构件。

　　在建筑信息化设计流程，信息会在一个点上扩展形成新的子系统。通俗地讲，就是我们将一个简单的建筑部分细化成一个包含丰富的建筑信息的部分，譬如将一面只有位置信息的草图墙细化成一个包含所有墙身做法，可以输出详图指导施工的建筑墙。此时，墙这一个信息就已经被丰富到一个子系统的程度了。

　　建筑站的主要工作示意图，如图 1-3-34 所示。

　　**2. 结构站**

　　结构站在接收与处理信息的原则和原理上与建筑站相同，所要达到的目的也是相同的，只是因为专业问题，所处理的建筑信息不同，因此从结构站开始，将不再赘述个专业站接收信息的原理与输出原则，具体的内容会在第四章讲解（图 1-3-35）。

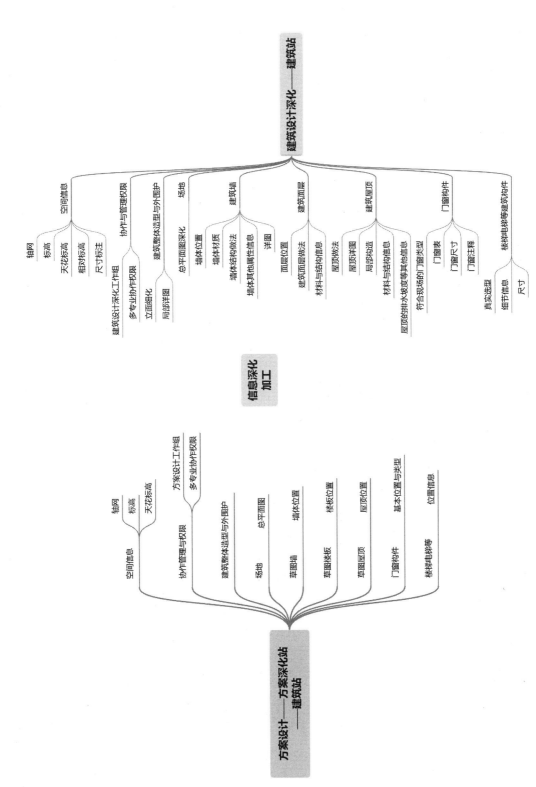

图 1-3-34 建筑设计深化阶段——建筑站

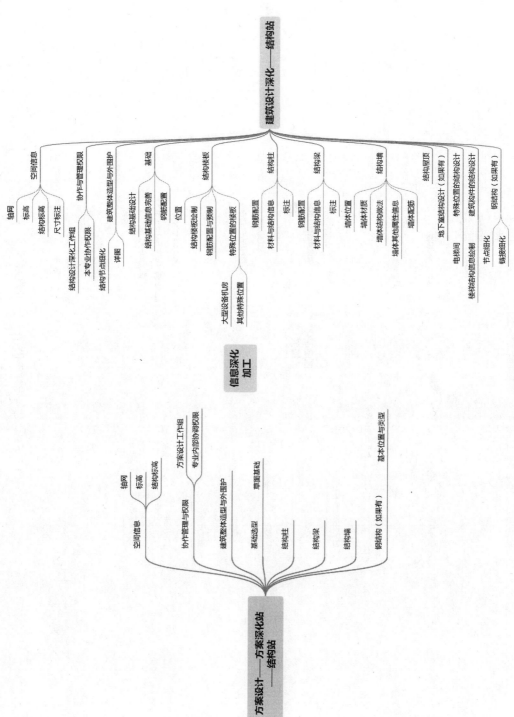

图 1-3-35　建筑设计深化阶段——结构站

## 3. 暖通站（图 1-3-36）

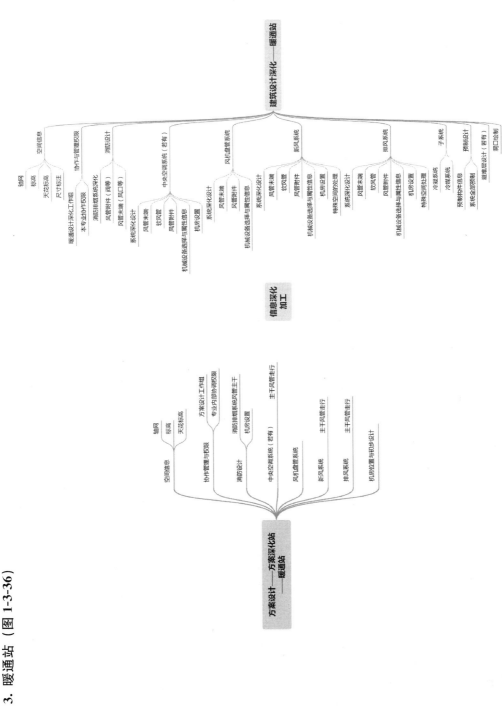

图 1-3-36 建筑设计深化阶段——暖通站

## 4. 电气站（图 1-3-37）

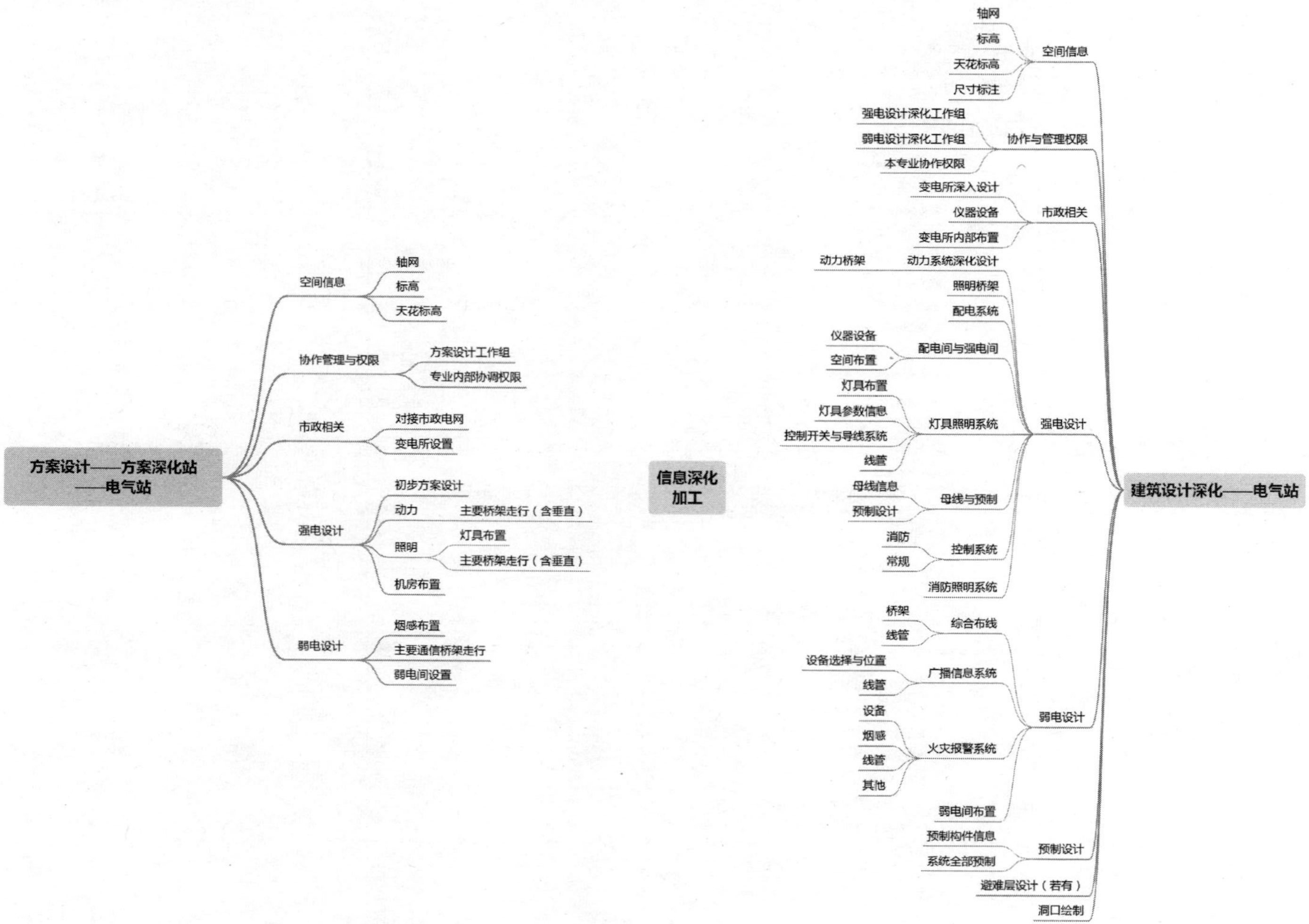

图 1-3-37　建筑设计深化阶段——电气站

## 5. 给水排水站（图 1-3-38）

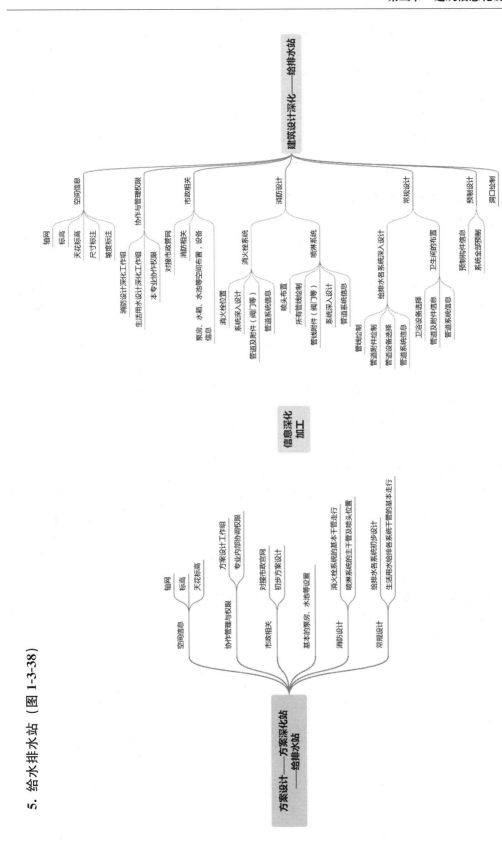

图 1-3-38 建筑设计深化阶段——给水排水站

**6. 协同工作信息的分配处理及相关的信息输出**

在建筑设计深化阶段，协同工作处理（即各信息站之间的信息流处理）主要分为专业内部协同（专业站内、工作站之间）和多专业之间的协同。

多专业的工作协同和权限由项目经理和项目负责人负责，一般由建筑专业负责总体协调，而各专业内部的协同工作分配则由各专业负责人进行。

建筑设计深化阶段的协同工作在现有的技术基础上，最优秀的方式依然是以中心文件（信息交换中心模型）为基础的，局域网协同或者云端协作。

这部分工作我们将在第四章详细地展开介绍。

**7. 建筑信息模型的整合存储传递与信息输出**

在建筑设计深化阶段，建筑信息系统的末端结构已经十分丰富，信息之间的关系复杂庞大，由于信息之间的联系密切，细节丰富，所以信息模型的应用范围极大地进行了扩展，可以实现的功能也非常强大。

这一阶段的信息成果输出可以非常丰富，因为我们将成果输出放入各专业站进行讲解，将在第四章详细展开。

建筑设计深化阶段除了是建筑信息系统分层结构的深化，也是建筑信息系统的整合。也就是说，我们在绘制大树的细枝末节之时，也在对整个大树的整体结构进行优化调整。在这一阶段，设计师们调整信息系统间各个信息的关系，以及系统的逻辑层级结构。除去有问题的部分，修饰不正确的部分，从而使得整个系统的整体性更强。

这样完成后的信息模型传递下去之后，将对施工作业产生巨大的帮助。

# 本　章　小　结

至此，建筑信息化设计全流程的第一章就结束了。在这一章里，我们了解了建筑信息化设计、建筑信息系统、拓扑、逻辑层级、BIM 技术、可视化编程技术、云技术等许多种概念。了解了建筑信息学这一新兴学科及其研究的基本范畴，也了解了建筑信息系统整体结构的关系。

与此同时，我们也完整地了解了建筑信息化设计全流程的各种步骤，知道了建筑信息化设计的各项工作，了解了信息站点等重要的概念。

相比于过去盲人摸象的学习，本章将建筑信息化设计的整体全貌展现在了读者面前，让读者在学习伊始就有一个清晰的总纲，从而可以有条不紊地展开之后的细节学习。

# 建筑信息化设计前期

本章开始我们将系统地为读者讲解建筑信息化设计的全流程相关知识与技术。在本章我们将介绍建筑信息化设计中建筑设计前期的概念与信息处理，同时也将介绍许多信息处理的基本知识与原理。

## 第一节　建筑信息化设计流程中的建筑设计前期

### 一、建筑设计前期的基本要点

**1. 建筑设计前期概述**

传统的建筑设计前期工作阶段一般指在方案设计开始之前所进行的项目策划与设想、项目的可行性研究、项目的评估和项目所需必要资料的收集和整理阶段，是我们能够顺利、高效、经济地完成设计工作的重要的前提条件，是整个设计工作流中一个重要的、不可忽视的组成部分。

**2. 建筑设计前期包含的基本内容**

一般我们在建筑设计前期阶段所需要收集的资料包括建设目标的确定，建设场地的基本情况、政策、法律、法规的收集工作，工作流程及时间安排，人员组织与管理，当地的工程技术以及施工建材方面的制约因素等。以及涉及自然、城市、工程、技术、社会、经济、人文等各方面原始资料的收集以及现场勘探等（图 2-1-1）。

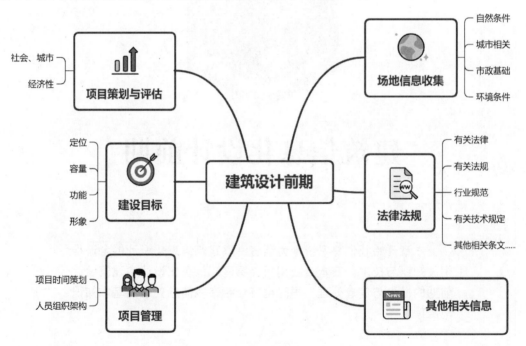

图 2-1-1　建筑设计前期的基本内容

**3. 建筑设计前期工作的信息性及信息的重要性**

（1）首先，了解项目和基地的基本情况是建筑从业者必须肩负起的责任

以最直观的场地相关资料收集为例，虽然过程枯燥繁琐，但要认识到的是我们面对的是一个实实在在存在于社会自然中的基地，如图 2-1-2 所示的上海的东方明珠电视塔为例，它存在于一个大的生态、地理、社会、经济和城市环境中。正如我们所看到的，它的周围有着无数的限制因素和条件，除了图中标识出的因素之外还有建设前的经济、策划，

地理位置
地处东经120°52′至122°12′，北纬30°40′至31°53′之间，长江和黄浦江入海汇合处

气候环境
上海属亚热带季风性气候，四季分明，日照充分，雨量充沛。上海气候温和湿润，春秋较短，冬夏较长。2013年，全市平均气温17.6℃，日照1885.9小时，降水量1173.4毫米。全年60%以上的雨量集中在5月至9月的汛期

地形地貌
上海是长江三角洲冲积平原的一部分，平均高度为海拔2.19m左右。海拔最高点是位于金山区杭州湾的大金山岛，海拔为103.70m

交通环境
铁路、公路、航空、水运、地铁五大体系

历史文化
历史、文化、饮食、宗教、体育、展览、戏曲、方言、音乐等

经济环境
全国的科技、贸易、信息、金融和航运中心

功能构成
351m太空舱；
263m主观光层；
259m全透明悬空观光廊；
95m高空VR过山车；
78m"更上·海"环动多媒体秀；
上海城市历史发展陈列馆

上海地标

上海国际会议中心

浦东海关大楼

黄浦江

港务大厦

中银大厦

海洋水族馆

交通
地铁：二号线至陆家嘴站
公交：81路、82路、85路、774路、789路、795路、870路、939路、971路、983路、985路、993路、陆家嘴金融城1路、陆家嘴旅游环线、观光隧道、轮渡等均可到达

建设场地

周边道路

周边地块

上海东方明珠广播电视塔 笔者自摄

图 2-1-2 以上海东方明珠广播电视塔为例的实际项目的信息性

信息来源：上海东方明珠广播电视塔官方网站 https://www.orientalpearltower.com/mingzhu.php#share

东方明珠广播电视塔 百度百科；上海地方志办公室 http://www.shtong.gov.cn/node2/index.html

建设过程中的设计、管理等方方面面。各种制约条件综合起来造就了独一无二的上海地标性建筑。这些因素对于我们即将要建造的任何一个项目都是一样的，我们会面对方方面面的制约，从自然条件上讲，建筑项目周围有着属于自然的地质、水文、气候等条件；从城市环境条件看，建筑项目周围有着现存的，或者拟建的道路、建筑、街区、设施、景观等；作为整个城市市政体系中的一部分，建筑还面临着从哪里获得供水，从哪里获得电力，从哪里获得燃气、动力，它所产生的垃圾如何被运送出去等问题。

假设我们将场地当作一个待诊治的患者，作为医生首先需要了解患者的基本信息，包括基本健康状况、家族病史、既往病史和现在的病症等才能进行诊断，而后又需要了解病人对药物的耐受性和过敏反应，才能正确地进行治疗。这个过程其实和我们进行设计前期场地信息处理是一样的，我们需要收集、分析场地的所有基础信息和症结所在，才能正确、合理地运用场地，从而更好地进行设计工作（图 2-1-3）。

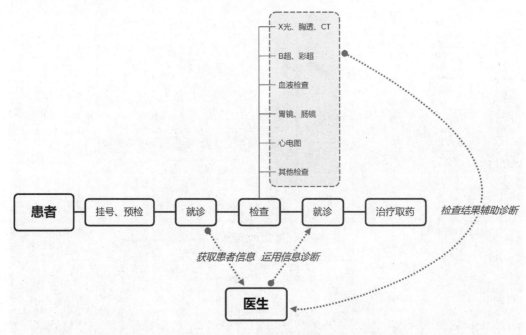

图 2-1-3 医生的诊断流程

医生在进行诊断和治疗之前总是要进行前期的验血、B超、CT、X光或者核磁共振等检查，尽可能多地获取关于病患的信息。如果我们到了医院，医生两眼一闭就开出了药方，怕是我们自己也会感到不安。同样地，城市将它的一部分送到了身为建筑师的我们手中，我们所设计的建筑物会在这个基地上被实际建造出来，会几十年甚至上百年地矗立在这个基地上被人看到，被人路过，被人使用。我们所做的前期的信息的收集、整理和研究的工作就好似在医院做的各种基础检查，是了解基地的必要的、十分重要的、不可或缺、不可马虎的过程（图 2-1-4）。

我们在建筑信息化设计前期所要完成的任务就是将基地与我们相关的信息尽可能详尽地描述和转化出来，这是开展后续设计工作不能省略的重要的一步。

（2）前期信息工作的精确性和完整性能有效地减少设计误差和反复

有实践工作经验的从业者都清楚，随着设计的深化，设计涉及的相关专业以及合作方

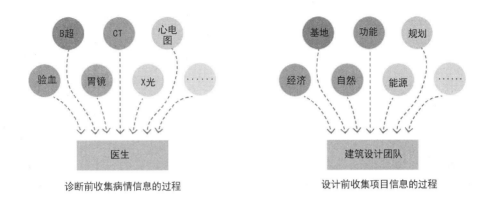

图 2-1-4　设计收集信息的实用性

会越来越多。随着设计的细化，修改工作会变得越来越困难，而且很多修改工作往往是牵一发而动全身，因此如果项目前期的信息准备工作不到位，那么就可能为之后的工作埋下巨大的隐患（图 2-1-5）。

图 2-1-5　项目进展到中后期修改的复杂性

试想，如果在施工图编制的时候发生类似不符合规划的建筑限高，或者交通规划中入口所在的位置道路根本就不可以开口，抑或原本留作广场的位置在是城市需要保留的绿化用地的一部分之类的错误，就可能导致整个团队几个月的大量心血和工作付之东流，严重的可能还会面临一些经济和法律问题。在实际的建筑设计过程中，结构专业的从业者可能或多或少都经历过计算完成之后被建筑专业改层高的噩梦；暖通专业的从业者也几乎都面临过设计几乎完成的时候发现开不出立面百叶的窘境。除此之外的类似设计问题不胜枚举。

我们想要减少设计误差和设计反复，首先要保障的便是前期工作的完整性和精确性，只有完整、清晰地了解了所有的前期限制信息，才能将这种会影响全局的基础性失误的可能性降到最低。

## 二、建筑设计前期的内容及信息性

在开始一个实际项目之前，我们首先要对项目的实际建设需求和目标、项目建设场地的自然条件、社会条件以及所需资源供给情况、项目建设的经济、法律、时间等基础条件做好基本的了解。具体而言，就是要先有一个对于项目的功能需求和评估，而后进行项目的具体选址，对建设地址的基础资料进行收集，组织实地勘察调研，进行总结分析。从而达到初步地了解基地的地质、水文情况；了解地形、地貌、周边街区、周围建筑、道路的情况；基地的供水、供电、交通、通信等配套条件的目的。

除了这些物理上的制约和影响因素之外，我们在设计开始之前，还需要对当地的历史文化、风俗习惯、经济发展水平、市政设施和交通运输条件、地方性的设备材料、施工机械和劳动力的供应情况，以及价格水平等社会因素有一个全面的认知。

而对这些自然的、社会的客观信息的搜集分析就是建筑设计前期的主要工作内容，大致可以总结归纳为如下六大类的内容：项目策划与评估、建设目标、场地信息收集、项目管理、法律法规以及其他相关信息（图 2-1-6）。

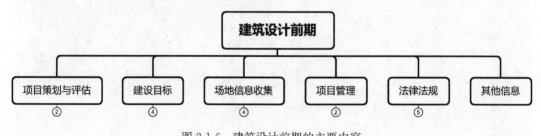

图 2-1-6　建筑设计前期的主要内容

### 1. 项目策划与评估

项目的策划与评估包含社会环境、城市、文化、经济等多重方面的因素，该工作依赖于大量的事实依据和统计数据综合判断项目的可行性，是设计工作最前期从根本上探讨项目是否成立的第一步（图 2-1-7）。

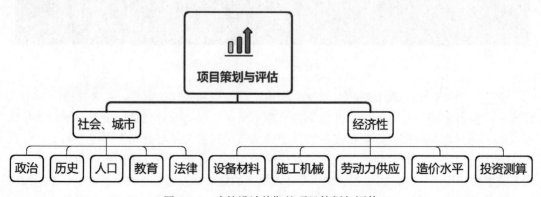

图 2-1-7　建筑设计前期的项目策划与评估

## 2. 建设目标

建设目标包括对项目的定位、容量、功能、形象等设计方面上的要求与建议。这其中功能的要求一般又包括业态组织、各业态的占比、主要功能空间的面积、形状等设计要求，以及特殊功能空间的具体设计要求等。

这部分的工作一般是由业主或者业主的顾问方通过前期市场调查、数据统计等方式完成的，目前的生产流程中一般以任务书、功能建议书、前期策划报告等形式传达给相关的设计从业人员（图 2-1-8）。

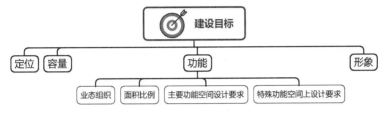

图 2-1-8　建筑设计前期的建设目标

我们仍以前文所举的上海东方明珠电视塔为例，图 2-1-9 所示。

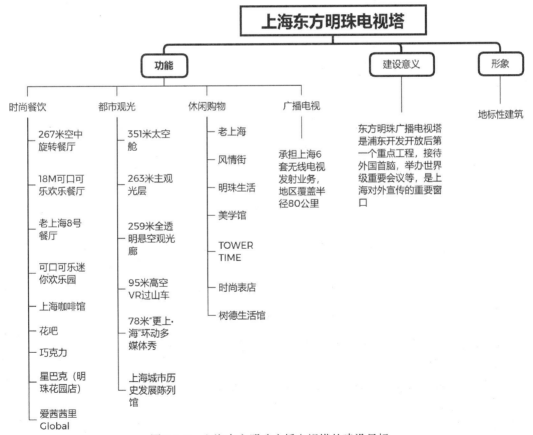

图 2-1-9　上海东方明珠广播电视塔的建设目标

信息来源：上海东方明珠广播电视塔官方网站：https：//www. orientalpearltower. com/ mingzhu. php♯share 上海地方志办公室：http：//www. shtong. gov. cn/node2/index. html

### 3. 场地信息

场地的基本情况首先是建设场址的选择。选址决定了场地的自然环境条件，包含场地的地质勘查信息、水文信息、地形高差情况、温度、降雨、风向、日照等。

对于已选定的场地，则需要从其所在城市中的位置、与周边场地的关系、交通及基础设施条件以及自然环境条件等，多方面对其进行了解和调研。具体而言，从城市层面上看，我们需要了解基地的区位；从城市和区域的层面上看，需要了解基地的定位和发展；从场地及其周边的关系上看，需要了解场地目前的周边建设情况以及规划中未来的建设预期。除此之外，我们还要了解基地的可达性，即基地的外部交通条件、周边道路情况，以及基地内部的交通条件（这一点对场地设计和实际施工组织都有很大影响）。从基础设施方面看，我们需要了解基地的相关市政设施的现状与规划以便进行后续的设计（图2-1-10）。

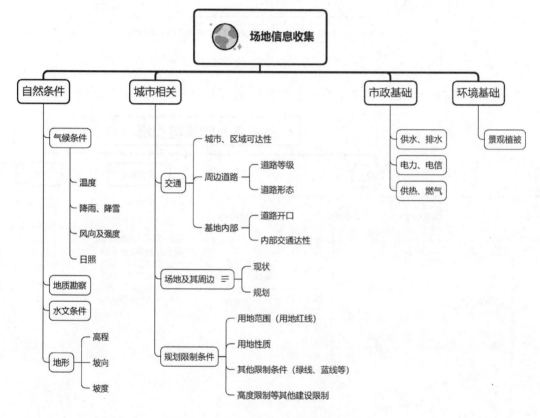

图 2-1-10　建筑设计前期的场地信息收集

关于场地，我们在实际工作中常接触到以下这些信息。

（1）自然条件

1）自然条件一般包含场地的地形条件、地质条件、气候条件等。

2）地形主要针对场地的高低起伏和地表情况，一般包括高程、坡度、坡向和地表水等内容（图2-1-11，图2-1-12）。

3）地质条件则涉及场地的地基承载力和地层稳定性。包括场地是否有滑坡、断层等危险；是否有地下矿藏、地下轨道以及其他会对建设及使用产生影响的地下构造、水文地质、地震情况等。

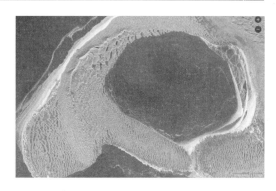

图 2-1-11　华山地形　　　　　　　　　　　　　　图 2-1-12　青海湖地形

　　以国土资源部中国地质调查局 2017 年对雄安地区工程地质的第一阶段调查为例，调查的内容主要包括工程地质调查、土地质量调查、地下水与地面沉降调查、浅层地温能调查等方面（图 2-1-13）。

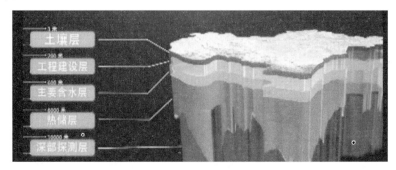

图 2-1-13　雄安地质初探

图片来源央视网 http：//news. cctv. com/2017/08/23/ARTIgObe2hzhqKdAtpLw6

yVG170823. shtml

气候条件主要包括温度、降水、风向、风速、日照条件等（图 2-1-14）。

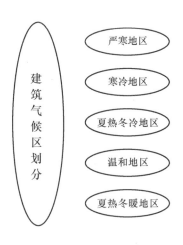

图 2-1-14　建筑气候区划图

以上海为例，以下为上海天气网 1971～2000 年的上海气候数据图（图 2-1-15）。

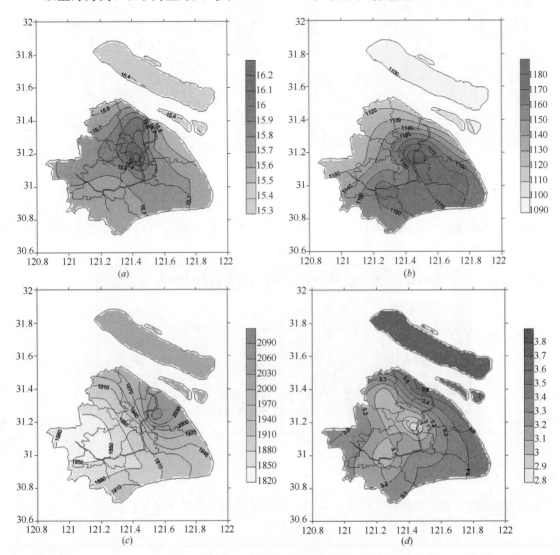

图 2-1-15 上海气候数据图

（a）上海市年平均气温分布图；（b）上海市年平均降水量分布图；

（c）上海市年平均日照分布图；（d）上海市年平均风速分布图

（2）城市相关信息

1）场地区位及交通条件

这里的交通条件主要指场地距离主要的空运、水运、陆运枢纽的距离及可达情况，如距离机场、码头、车站的距离等（图 2-1-16）。

2）场地规划条件

包含城市用地分类、周边道路等级，以及交通控制要求、道路开口等（图 2-1-17）

明确基地自身用地红线、建筑控制线、道路红线、蓝线、绿线、黄线、紫线等各种控制线（图 2-1-18）。

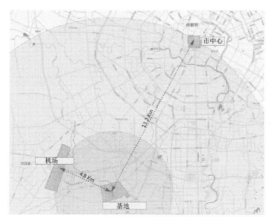

图 2-1-16　场地区位

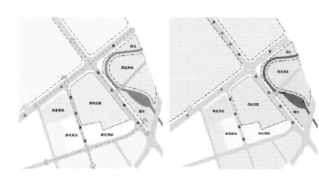

图 2-1-17　场地规划条件图

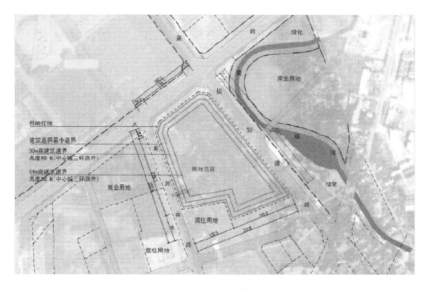

图 2-1-18　场地规划条件

　　建筑容量控制相关信息：容积率、建筑密度、建筑基底面积、建筑高度、绿地率（图 2-1-19）。

图 2-1-19 场地规划条件

（3）市政基础

场地周边及内部的市政基础设施情况对于建筑设计也会产生较大的影响，所以在设计前期通常我们会尽可能多地获取市政相关的信息。

以深圳的某个项目为例，其业主提供的市政相关信息如图 2-1-20 所示。

（1）给水排水
1）上水管。基地北侧福中三路有 DN300 城市给水管一根，为本基地预留 DN200 接口二个；南侧深南大道有 DN1000 城市给水管一根，无预留接口；西侧民田路规划给水管 DN500，为本基地预留接 DN200 接口二个；东侧鹏程二路现没有城市给水管。上水压力为不小于 0.15MPa。
2）污水管。基地北侧福中三路有 DN500 污水管一根，由东向西排放，为本基地预留 DN400 接口二个；南侧深南大道有 DN800 污水管一根，由东向西排放，预留接口一个，管径待测；西侧民田路有 DN500 规划污水管一根，为本基地预留 DN400 接口二个；东侧鹏二路有 DN400 污水管一根，由北向南排放，为本基地预留 DN400 接口二个。
3）雨水管。基地北侧福中三路没有城市雨水干管；南侧深南大道有 2000mm×2000mm 管渠一条，由西向东排放，为本基地预留 DN1000 接口一个；西侧民田路有规划 DN1000 雨水管一根，由南向北排放，为本基地预留 DN700 接口二个；东侧鹏程二路有 DN1650 雨水管一根，由北向南排入管渠，为本基地预留 DN700 接口二个。

（2）燃气
基地北侧福中三路现有液化气管道，2006 年将改为城市天然气管道。从营运中心地理位置看，今后从福中三路引入天然气管道的可能性较大。

（3）电力
原高交会馆有 4 路 10KV 供电，3 路专线，1 路环网，专线每路 10KV 电缆的最大负荷为 400A。高交会馆拆除后这 4 路 10KV 电源可以利用，上级变电站电源侧 10KV 为小电阻接地系统，10KV 单相接地故障短路电流为 1000A。

（4）电信
电信接入可以满足，无线网络覆盖（CDMA）。

图 2-1-20 场地市政基础条件

（4）环境基础

场地及其周边的植被、景观、绿植等，环境保护的相关要求等。

**4. 法律法规**

对于政策、法律、法规的收集工作一般情况下包括各种法律、法规、行业规范、与建设相关的城市规划标准、准则、管理技术规定等（图 2-1-21）。

图 2-1-21 建筑设计前期的法律法规

**5. 项目管理及其他相关信息**

项目的管理、运营相关的制约因素包括项目各个阶段的时间节点及参与工种的安排和分配，项目的综合管理，设计、运维人员的组织架构等也应该在建筑设计前期就要进行初步的综合考量（图 2-1-22）。

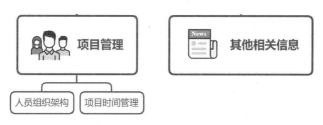

图 2-1-22　建筑设计前期的项目管理及其他

通过上述几点不难看出，建筑设计前期所完成的任务其实是一个信息收集、聚拢的过程。其所接收和处理的信息量巨大、来源复杂、种类繁复、形式多样。这种情况使得我们在这个阶段很容易遗漏或者忽略一些重要的信息，进而造成后续设计的失误或者反复。这也是我们在后文中着重介绍的，如何通过建筑信息化设计工作流使我们更有效地接收和处理信息，从而更好地避免一些因前期信息的无组织导致的设计误差和反复。

**6. 建筑设计前期的信息来源与传统设计模式的问题**

（1）前期信息的主要获取方式

通过前面的叙述，读者应该已经了解到我们在建筑设计前期需要些什么样的信息，那么每种信息都从哪里来，又如何获取呢？

第一种方式是直接从有关的政府职能部门或者专业机构获取。例如，向测绘局申请购买场地的地形图，从当地规划局获取规划现状图、场地的控制性详细规划指标等，从气象局获得相关的气候数据。这样获得的资料其准确性和权威性是最能得到保证的，但是往往是以纸质或者档案文件的方式呈现，所以使用起来不是很便利。

第二种方式是从前期策划、咨询和业主方获取。包括经过调研和分析得到的策划方案和建议、功能的具体要求、与当地部门前期沟通的结论等。这样获得的资料的精确程度、资料的完整度和深度，具体项目之间可能会存在较大的差距。

第三种方式是根据设计的需求组织人员进行的现场调研、勘探得到的资料，这种资料属于有的放矢，而且大多数情况下设计人员已经参与其中，资料的有效性和完整性都比较有保障。

还有一些其他的不典型的资料获取方式，如网络等。

（2）建筑设计前期设计工作者的主要工作内容与面临的问题

通过上文的论述，我们发现在建筑设计前期的准备工作中，有些信息是当地的职能部门提供的，有些信息则是我们主观测量、收集的。并且过程中所参与进来的策划、咨询、设计以及各专业的从业人员等相关的信息供应方种类繁多，这使得信息的准确性不便于校核，信息也不便于管理与使用，所以将这些信息有效整合起来就成了最迫切的需求。

然而在传统的设计工作模式与流程中，这项工作却是十分困难的。

首先，这些资料的整体结构是平板散布无序的。

其次，设计从业人员对于资料的获取是无组织的，即所有的设计从业人员同时面向所有的资料、自行提取所需要的信息，因为交叉信息需要反复地被提取从而极大地降低了工作效率。而且这种对信息随意性的提取还增加了设计误差和设计反复的风险，例如不同的设计人员可能会从两个来源提取同一种类的信息，而这两者如果不是全然一致相符合的，那么便会出现设计误差（图2-1-23）。

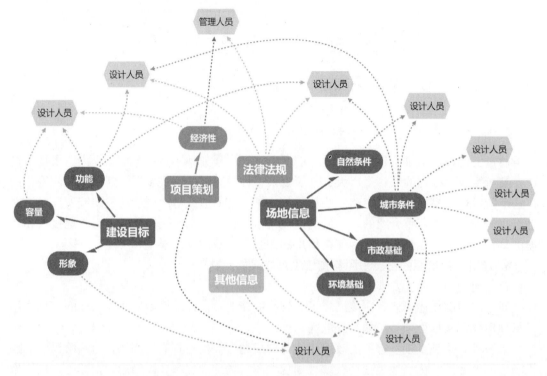

图 2-1-23　散布的信息集合 & 设计管理人员对于信息提取的随机性

## 三、建筑信息化设计流程中的建筑设计前期信息站点

### 1. 建筑信息化工作流中的建筑设计前期概述

（1）BIM技术、可视化编程技术、云技术的综合应用带来了新的工作模式

深入了解和使用后我们会发现，所有的BIM软件都有一个共性，那就是除了三维建模的能力以外还有强大的信息携带能力，其对于每一个模型构建的多重的属性设置看似让建模工作变得更加繁琐，但却是这种信息性将我们创造的空间、形式、结构和构造同抽象的程序与计算联系起来，进而让可视化编程技术的介入和通过云平台的协同工作成为可能，为我们提供并开启了一种新的工作模式的可能。在这种新的工作模式中，工作的组织不再以模型为中心，而是以信息为中心进行分期分工与配合协作。

通过第一章的学习，读者应该很可以很容易理解这一直观过程背后的原因——使用现有BIM技术构建的信息模型是符合建筑信息系统的结构特征的。因此，可以与类似的技术进行方便的融合，从而形成新的工作流程——建筑信息化设计流程。

对于建筑信息化设计流程的理解最重要的一点就是从以往对BIM技术认知的模型本位误区中脱离，认识到BIM技术以及以它为基础的建筑信息化设计流程以信息本位来组织工作的本质。

在这种情况下，我们要更好地完成建筑信息化设计流程中建筑设计前期的工作，首先需要了解建筑设计前期在新的工作流中的定位、所承担的任务和要解决的问题。在了解了建筑信息化设计前期工作的具体组织以及分工后，可以帮助我们更好地理解建筑信息化设计的工作原理和优势所在，进而在实际生产过程中发挥出最大的效力。

（2）建筑信息化设计中的信息流动规律

结合我们前文对于建筑设计前期工作的分析，在信息的层面上建筑设计前期的工作从根本上来说是一个信息的汇集、筛选、定义、分析、分流、传递的信息流动过程。

如图 2-1-24 所示，深色部分表示的是在建筑信息系统内部的信息流动，浅色的信息源是系统外部的信息，而中间色的信息筛选过程则是外部信息转变为建筑信息系统内部信息的一个前期处理工作，可以看作是建筑信息系统同外界信息系统的边界，也就是我们本章涉及的建筑设计前期在建筑信息化设计工作流中的起点。

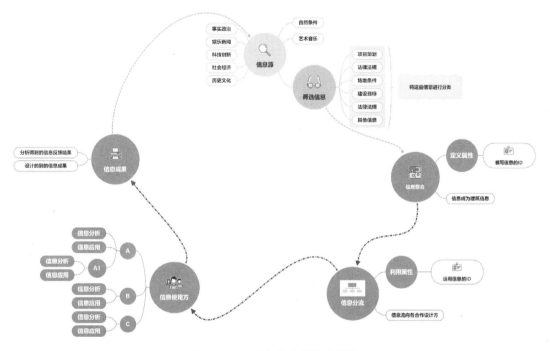

图 2-1-24　信息流动规律示意图

## 2. 建筑信息化设计流程中的建筑设计前期的任务与内容——建筑信息的分类及定义

（1）建筑信息化设计中建筑设计前期的定位——建筑信息系统的入口闸机

我们首先需要明确一个关于信息的重要特点——我们在这个阶段所收集的信息既不始于我们的建筑设计工作的开始，也不终结于我们的设计施工工作的完成。

当我们从信息的层面上去看问题时，不难发现建筑自身作为一个系统置身于更大的系统——城市之中。信息在城市中流动，当我们开始一个建筑设计的时候，就好像在湍急的水流中放入一个石头，这些在城市之中流动着的信息冲击着这个新生的外来物——建筑，原本可能彼此毫无关联的信息也在建筑这个点汇聚在一起。

为了让建筑成为这个大的信息系统的有机的组成部分，而不是像石头一般封闭的个体，我们便需要一个信息的入口，让这些信息流入我们的系统供我们使用。在这个过程中，我们一方面需要将与我们的设计工作有联系的信息从这个更庞大的信息系统中剥离出来，供我们使用，还需要将那些与我们的设计工作无关的信息筛选掉以避免对我们的干扰（图 2-1-25）。

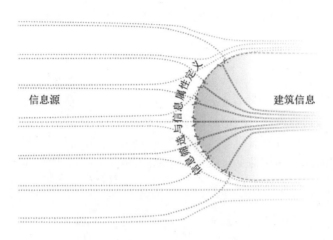

图 2-1-25　建筑信息系统的入口闸机

需要注意的是，如同在城市中出现的人流并不是乘客，乘客是对于到达车站要乘车的人流的定义一样，我们所面对的信息也是一样的，城市中既存的信息并不是建筑信息，只有经过了我们的定义、筛选和分类后，信息才能成为建筑信息，流动于我们的信息化设计流程中。外界的部分信息以有效的形式汇入建筑信息系统之中，汇聚成一个新的信息集合，即建筑信息，进而向下一设计阶段传递。

（2）信息的收集和筛选——面向工作流上游的接口

建筑设计前期准备阶段的首要任务便是看好建筑信息系统的大门。这个阶段我们所做的工作可以看作是为整个建筑信息工作流设计一个入口闸机，是对于信息识别和筛选的重要过程。这个过程读者可以理解为当我们在乘飞机时，首先要经过验票和安检才能够进入候机楼，这一步就是验证我们作为"乘客"的合法身份。在经过这一步验证后，我们便获得了乘客身份，可以在机场中活动了（图 2-1-26）。

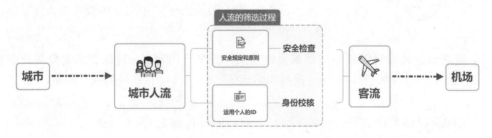

图 2-1-26　机场人流的分类筛选

与乘机的过程类似，外界系统中同我们的建筑信息系统相关的部分信息经过建筑信息化设计中的设计前期这个"闸机"的筛选与处理，才能被允许进入建筑信息系统，并且在进入的时候每个信息都获得了自己的"身份"，进而最终重新汇聚成了一个可识别的有效信息的合集，向工作流的下一步传递（图 2-1-27）。

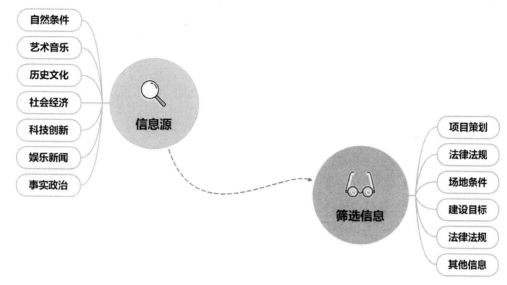

图 2-1-27　建筑信息系统的信息筛选

那么我们该如何来筛选和定义信息呢？

在理想情况下，因为对于建筑信息系统而言，其所需要的信息是相对固定的，所以大多数的筛选原则是可以通过 BIM 技术、云技术和可视化编程技术及二次开发程序进行预设的，但是现阶段 BIM 技术、云技术和可视化编程等相关信息技术还没有完全融合，各项技术本身也还有着较大的发展空间，因此现在这种筛选大多是人为完成的，即将外界的信息依托于现有的信息化技术，通过我们的主观判断，选择那些将要进入建筑信息系统的信息流（图 2-1-28）。

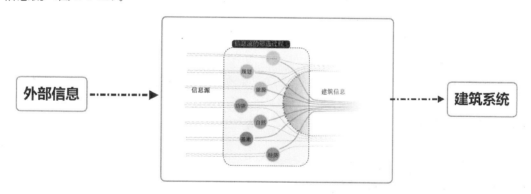

图 2-1-28　建筑信息系统的信息筛选

（3）信息的导入与整理

我们筛选出了需要进入建筑信息系统的信息流，接下来我们要如何将这些信息导入我们的系统成为建筑信息呢？我们首先需要对信息进行分类，需要注意的是，这里的信息分类指的不是按照信息的内容进行分类，而是按照信息的形式进行分类。

我们根据现有建筑数字软件的数据处理逻辑和操作功能设置，将信息归入文字描述信

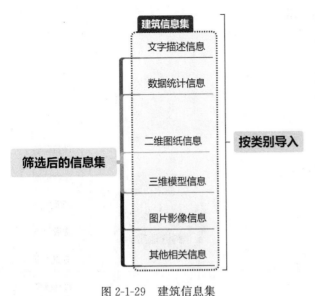

图 2-1-29　建筑信息集

息、数据统计信息、二位图形信息、三维模型信息、图片影像信息和其他相关信息六大类，然后将这六大类信息导入建筑信息化设计工作流依托的数字软件中，构建起建筑信息系统建立的信息基础（图 2-1-29）。

在这个过程中有会面对来自不同信息源、不同信息形式的相同信息的重复出现，比如规划局的用地许可图中会有红线信息，而我们拿到的二维场地图纸和三维的场地模型中也都出现了红线信息，但这时我们只会选择保留用地许可图中的红线信息。这个过程我们称之为保证单一信息的唯一性，是建筑信息系统的信息可靠性的一个重要的基础，唯一性是建筑信息系统的重要属性，严格意义上来说建筑信息系统中不会存在两个完全一致的信息。因此，确定和保证信息的唯一性属性，是信息导入过程的一个主要的工作内容。

（4）信息的属性设置和信息的再分流

一个机场可能同时停泊着飞往世界各地的飞机，而客流在机场里是自由流动的，如何将客流正确地导向其所要乘坐的班机上再分流呢？为了达到这样的目的，需要有两个因素——首先，进入候机楼的每一个人都需要有登机牌，上面有其应该去哪里乘机的导引信息；其次，在乘客登上飞机之前进行身份校验。通过这看起来再简单不过的过程，机场便完成了客流的疏导和分流（图 2-1-30）。

首先，乘客的身份和目的地都是唯一的（上一部分提到的信息的唯一性的重要性），而登机牌就是"机场"提供的与其唯一身份和目的地绑定的用于识别的属性信息，通过登机牌乘客可以找到正确的登机口，工作人员也能够选择正确的乘客令其登机。机场所聚集的人流的来源是宽泛、复杂且不确定的，但是最终进入每一个架飞机的每一个个体却都是唯一、简单而确定的。

在建筑信息系统中，我们

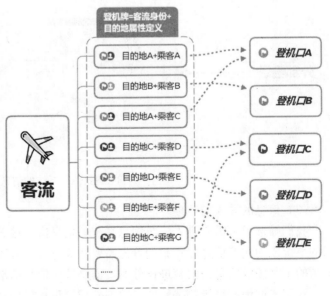

图 2-1-30　机场客流的属性定义分流

对于建筑信息流处理的原理也如机场一样。在导入的过程中伴随着我们对于作为信息的唯一 ID 属性的设置，对于进入到建筑信息系统的信息也我们也要尽可能的为其创造出一个完整的独一无二的"身份"，从而使其可以被准确地识别和定位。

首先对每一个输入信息进行属性定义（属性定义等同于登机牌），而后拥有了定义的信息便可以通过我们所预设的规则进入其所属的分类，这样我们便完成了第一步的信息处理工作。需要特别注意的是同一个信息在筛选和导入的时候使用的信息分类是不同的，此时的信息再分类是按照信息的内容和使用目进行的分类，而不再是根据信息的展示形式来进行的分类（图 2-1-31）。

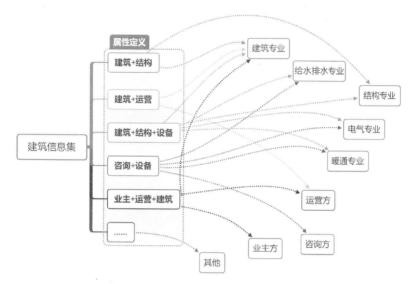

图 2-1-31　建筑信息的属性定义及定向分流

（5）信息的分析与应用

A. 信息的分析

原则上，在建筑信息化设计流程中的建筑设计前期阶段还不涉及具体的设计任务和内容，所以在这个站点内部的信息分析更多地侧重于将我们收集来的间接信息转化为直接服务于设计的直接信息，而这个过程又分为两大类。

第一大类，是由单一的信息分析生成多个衍生的信息。例如，对于场地的分析，如果我们拥有了一个地形的模型，我们还可以进一步运用 BIM 软件的信息处理优势，例如 Civil 3D 进行一些基本的场地信息的分析工作，包括等高线、方向、高程、坡度、流域的分析等，这些分析形成的成果信息可以用于后续指导我们的进一步设计工作。

MAP 3D 工具集也有类似的对图片进行根据特性着色显示的分析功能（图 2-1-32、图 2-1-33）。

第二大类，是将复杂混合来源的信息分析得到综合信息的过程。例如，在 Autodesk 工作集中的 MAP 3D 中，我们可以将 AutoCAD 对象和外部导入的光栅图片以及从各方得到的关于基地的描述性的文字属性，甚至来源于数据库的场地空间数据都整合叠加起来观察，这样我们就可以综合地看待场地，这也是我们在信息工作流的伊始首先要进行信息整合的意义所在，也是BIM软件良好的数据兼容性与云平台的工作模式相结合地建筑信息

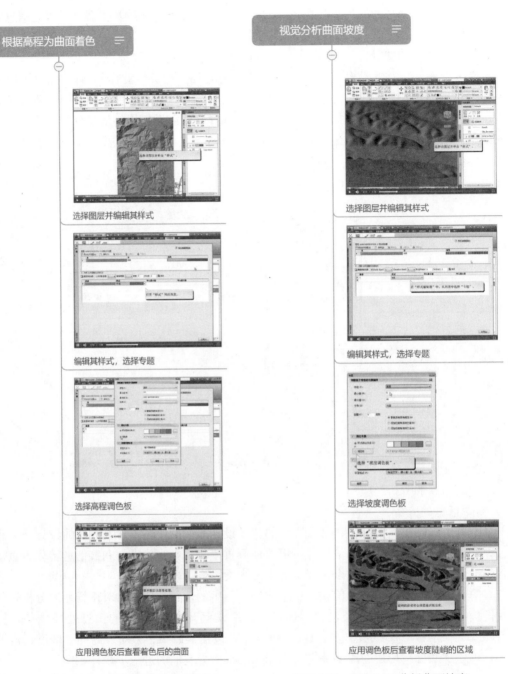

图 2-1-32　MAP 3D 根据高程为曲面着色　　　　图 2-1-33　MAP 3D 分析曲面坡度

化设计赋予我们的优势，可以有效地将原本无关散布的信息联系起来（图 2-1-34、图 2-1-35）。

　　B. 信息的应用

　　信息的应用也并非是建筑设计前期站点的工作重心，在本阶段信息的应用主要集中于两方面：

正射像片（光栅图像）

DBG文件中代表地块的多段线

SHP文件中代表建筑物的多边形

图 2-1-34

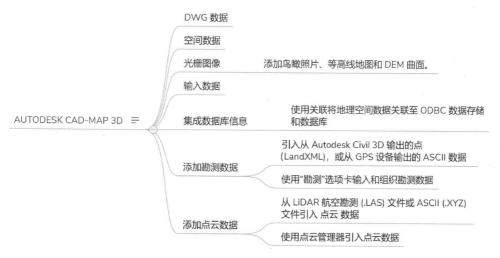

图 2-1-35 Autodesk CAD-MAP 3D 兼容格式

a 将抽象的信息转化为可视化的信息，进而更直观地服务于设计。

最常见的例子是利用点集数据或者等高线生成地形，这在大多数 BIM 软件中都可以实现（图 2-1-36、图 2-1-37）。

例如，运用规划的限高、退界条件生成概念体量包络模型，这样在设计伊始就有了更加直观的感受，更利于设计工作的开展。

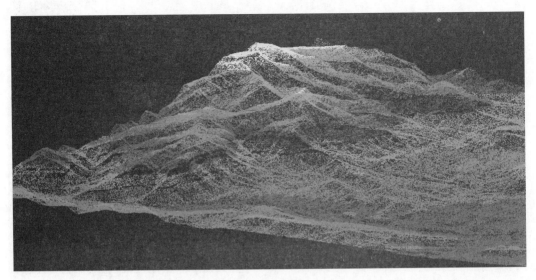

图 2-1-36　Autodesk CAD MAP 3D 点云数据生成的地形（Autodesk 官网 MAP 3D 功能简介）

图 2-1-37　Autodesk Infraworks 点云数据生成的模型（Autodesk Infraworks 帮助教程案例）

　　b 将文字的描述性信息转换为可操作的数据信息，这里需要注意的是，并不是所有的文字信息都可以被转换，通常在这一步转换的都是法律、法规中的一些限制条件，诸如转弯半径、最小限值、最大限值一类的，通过在 BIM 软件中将这些通过参数设置而转化成模型的预设规则，从而避免设计过程中反复自查，而节省时间。

　　例如，Autodesk CAD 中利用参数化图形和约束条件的设置来使图形保持设计规范和要求（官网）；Civil 3D 中利用检查集功能来检查设计是否满足设计规范中的限值（图 2-1-38、图 2-1-39）。

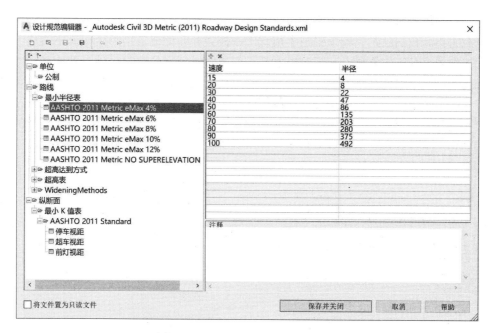

图 2-1-38　Civil 3D 设计规范编辑器

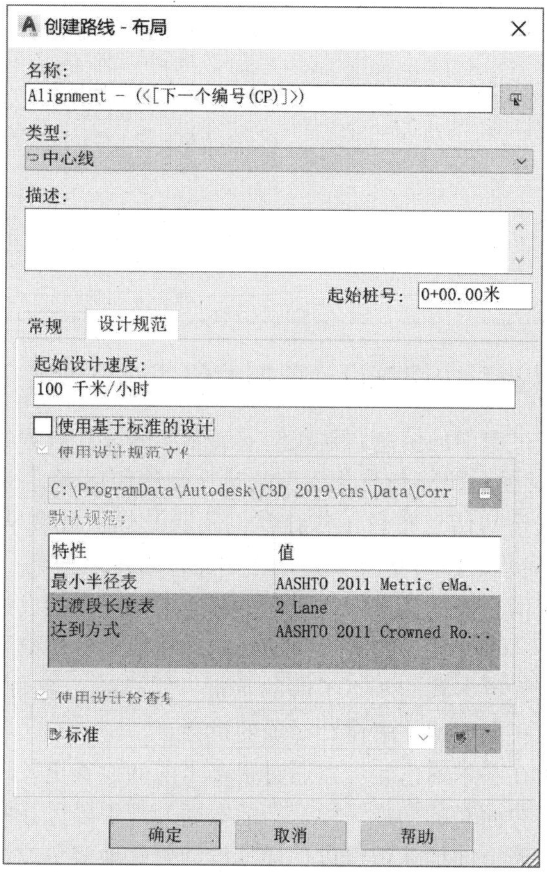

图 2-1-39　Civil 3D 编辑规范

（6）与传统建筑设计前期工作的对比

至此为止，我们已经完整地描述了传统工作模式和新的建筑信息工作流中的建筑设计前期的工作内容和工作方法，我们可以发现它们从对于信息的募集、信息的筛选，以及建筑设计前期的成果方面都有着明显的差别。更重要的是，在这两种工作模式中，建筑设计前期工作的地位也有着很大的差异，传统工作模式中，这一阶段是一个边界模糊的准备阶段，而在信息工作流中，建筑设计前期却是整个建筑信息系统的基础，完成了整个的信息网络基础和信息属性定义的预设两项重要的基础工作（表 2-1-1）。

表 2-1-1

| | 传统工作模式的建筑设计前期 | 信息工作流模式的建筑设计前期 |
| --- | --- | --- |
| 建筑设计前期的地位 | 界限模糊、准备阶段 | 整个建筑系统和工作流的基础<br>外界系统信息进入建筑信息系统的闸机 |
| 信息的地位 | 信息的地位从属于模型 | 信息是核心 |
| 信息的募集<br>信息源和信息形式 | 传统形式的信息 | 传统形式的信息；<br>空间数据；<br>实时更新的动态信息 |
| 信息的结构 | 平板式的布局 | Hierarchy 层级；<br>空间网状结构 |
| 信息的操作 | 一般运用独立软件进行操作，协同性差 | 多软件的协同、基于网络云平台的协同、跨平台的协同（源于信息对接的便利性） |
| 信息的流动特点 | 信息只能被动被提取；<br>信息与使用者是一对一，末端到末端的线性联系 | 单一信息的唯一性和一惯性；<br>信息的配置与定义（人工 & 自动）；<br>信息分类的灵活与动态性；<br>信息传递的定向性（权限）；<br>信息的主动分类、分流；<br>信息根据使用者的需求被提取为"信息集" |
| 信息的应用 | 原始信息；<br>个人分析信息的成果 | 原始信息；<br>间接信息生成的直接信息（多源整合为综合信息，或者整体信息发散提取出分支信息）；<br>抽象信息的可视化成果 |

## 四、建筑信息化设计流程中建筑设计前期的信息处理概述

建筑设计前期工作过程中的信息，是我们了解真实的设计对象的必要手段。即使在仅使用 BIM 技术的很多时候，BIM 信息化模型的建立会让使用者觉得前期的许多准备工作比传统设计更繁琐，大量的信息整理工作让我们不厌其烦。许多从业者心里认为，这是"毫无意义的"浪费时间的工作，然而事实并非如此，通过之前的一些讲解，相信读者已经意识到要正确地认识信息，信息可以让我们更好地了解我们的设计对象。

科技在不断地发展，医疗技术的进步帮助我们诊断出更多从前所不了解的病症，航天技术的进步帮助我们探索更多我们所不了解的宇宙。同样的，新的建筑信息技术的兴起，也赋予了我们更深入、更全面地了解设计对象的机会。

就好像现代的医生在手术前已经可以通过很多术前的检查更好地了解病患和病情，从而更好地了解自己即将要面对的病症一样，新的数据处理手段也让我们能够进一步摆脱从前盲人摸象的盲目，正确全面地认识可以使建筑设计更好地避免设计误差和设计反复。新的技术和新的工作模式可以帮我们显著改善目前生产流程中这种盲目的现状，帮助我们更

好地完成建筑设计前期的信息收集和处理工作。深入地了解自己所要面对的客观信息对象，这份看似繁重的数据处理任务其实是建筑从业者肩上必然要承担的那份责任，我们不但不应该排斥它，反而应该以更加积极的心态去接受它。

　　针对我们原本已经关注的前期相关的信息，通过建筑信息软件我们不仅可以将原本各司其政的各种信息整合在一起，去除掉信息源的格式、坐标、参照、单位不统一造成的解读困难，还能进一步达到单一信息的唯一性，从而为建立完整高效的建筑信息系统打好基础。通过我们进一步将信息加以整理、分类，可以改变原本平板化的信息布局，形成网状有层次的空间信息结构（建筑信息系统的结构特性，具体可参见第一章相关内容），从而方便我们去提取、应用。同时，因为整个建筑设计流程都在保证信息通畅的前提下进行，所以我们还能有效地保证信息的一惯性，从而便于交流和协作。

**1. 信息的聚拢和集成——新的信息设计流程赋予我们更强的信息收集和整理的能力**

　　信息化流程的前期数据收集与传统的设计前期相比，优势是很明显的。首先单纯地从信息的聚拢能力上说，信息化流程的建筑设计前期的数据收集有两个明显的优势：

　　首先，信息的兼容性有了很大的提升。

　　信息工作流程中使用的 BIM 软件都有极强的信息携带能力和信息兼容能力，这让我们可以读取很多原本不属于建筑行业常用的信息形式。如图 2-1-40 所示，为常见的信息流中可以吸收、兼容的文件格式。

图 2-1-40　BIM 工作流支持流入的格式

其中 CityGML 和 IFC 中包含的具体信息形式如图 2-1-41 所示。

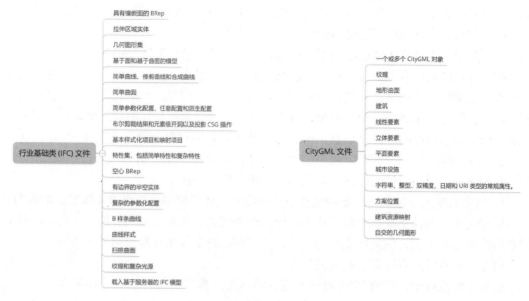

图 2-1-41 IFC 和 CityGML

其次，信息流程所运用的数字化工具擅长处理大量的、统计类的数据信息。

这一优势体现在处理重复、大量有规律的、模数化的或者是统计类的数据。比较典型的诸如各种等高线、地形、点集等抽象的数据，以及各种设备、构建、厂家的模型数据库，还有地区的气候、人口、习惯、环境等调查的数据信息等。如果没有数字化的 BIM 软件的辅助，让我们直接面对大量的抽象数据或者表格进行相关信息的提取整理，将面临巨大的工作量而且产出极低。BIM 技术和云技术不仅能收集调动起这部分信息，还能将它们直观地展示出来（图 2-1-42）。

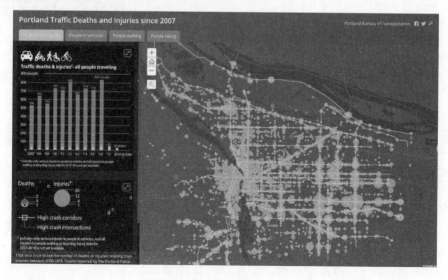

图 2-1-42

https：//pdx. maps. arcgis. com/apps/MapSeries/index. html？appid＝47c2153a3fa84636
b63e25b451372d0

再次，建筑信息化设计流程所提供的网状信息结构擅长处理多源的，分支繁杂的复杂
信息组合。

建筑信息化工作流的优势还体现在可以处理复杂的、多源的信息。当我们面对一个
地形简单、功能简单的——诸如小型住宅项目，我们也许可以轻而易举地把所有的信息
在我们脑中记忆、整理并联系起来，此刻似乎我们并不是很需要新型生产模式的帮助；
但是当我们面对复杂的大型综合性项目，其合作的设计、咨询、施工、技术、设备供
应商众多，导致信息的来源急剧增加的时候，若只依靠设计师的记忆恐怕难以完成
任务。

例如，笔者在进行某知名地产的文旅项目的设计工作时，需要和多达 30 多个分包设
计、技术咨询、设备供应厂商、特种技术供应商等同时进行协同设计。由于不同的公司都
有自己的标准和习惯的设计工具，导致每次进行设计沟通首先需要解决大量的信息转译和
比对工作，这部分工作不仅繁重且极易出错。而未来可以将我们从这种窘境中解救出来的
正是建筑信息化设计工作流，通过指定每种信息的筛选和定义的规则，即使某一类别的信
息流出现巨大更新，其符合规则的部分也会自然地通过入口流淌进入系统，并且被重新定
义为网状信息结构中的一部分，并且这些信息可以跟模型的实体信息对应、叠加起来供我
们观察、取用。这种可见的信息网络结构（建筑信息系统）能让我们更好地处理复杂信息
和完成大型综合项目的设计工作。

例如，在 GIS 场地分析中所运用的空间数据结构（图 2-1-43、图 2-1-44）。

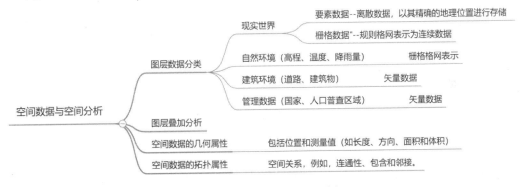

图 2-1-43　空间数据与空间分析

重要的是，建筑信息化设计中的建筑设计前期还能让建筑信息系统中流动的信息拥有
唯一的身份识别 ID 信息和时间性。

**2. 信息整合与展示**

（1）经过整合的信息具有单一信息的唯一性

在整个建筑信息化设计工作流中，通过对于信息的 ID 的属性定义，单一信息获得了
唯一性，这其中确定性在之后的设计过程中可以大大地减少误差，并且提升效率，减小文
件尺寸。

但是单一信息的唯一性也同样给我们带来了新的挑战——对于信息的分类和定义必须
非常明确。而现在的 BIM 相关标准和模板中普遍缺少的是对于每一种信息应该由"谁"

提供、由"谁"维护或者说修改，可以被"谁"提取这类信息权限和责任相关的定义。因此，我们需要意识到原本的 BIM 设计流程的缺陷，明确在建筑信息化设计工作流中，这一信息属性的设定是与三维模型、构件同样重要的设计内容（图 2-1-45）。

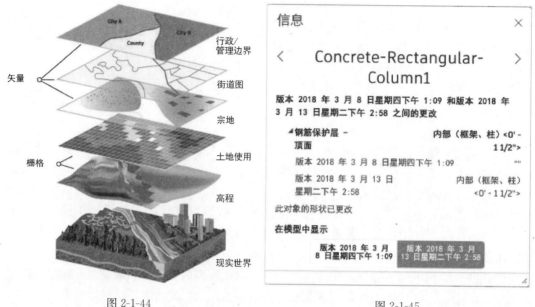

图 2-1-44　　　　　　　　　　　　　　　图 2-1-45

（2）在建筑信息化设计中，信息具有的一惯性

这种信息的一惯性改变了项目不同阶段之间的边界关系，让所有建筑信息紧密联系。从而使我们在建筑信息化设计流程中可以流畅地进行多个数字软件、多个设计方，在不同的设计阶段（时间）与设计地点（空间）之间的配合与协调。

信息的一惯性带来的挑战是信息的传递和交换，这在建筑信息化设计中与传统流程有着完全的不同。在工作流中相邻流程之间的边界应该是像榫卯一样锯齿形紧密地咬合在一起的，从而保证信息可以顺利地流动，同时还留有信息交互与反复的可能性，这种不同于传统流程的步骤之间的边界条件，也是建筑信息系统结构特点的一个表现（拓扑关系）。

建筑信息系统这种良好的信息连续性，使得我们一旦拥有了信息，就可以灵活地运用信息化平台上相应的技术协作进行处理与应用。例如，对于点集数据的处理，除了我们前文提到的 MAP 3D 以外，Civil 3D、Infrawork、Racap、Revit 等软件也都有处理的相关能力，有时甚至会同时运用多个软件协同完成任务，以发挥不同软件的优势（要以信息传递的准确、快速、便利为前提）

例如，如图 2-1-46 所示，是运用 Recap＋Infrawork＋Civil 3D 一起处理点集数据从而提取垂直或线性要素，以便应对现有条件建模的流程。

（3）扁平无序的信息被整合为具有空间结构的综合信息

建筑信息化工作流中，工作文件的数据深度或者说信息深度［对于数据深度这个定义，这里这个概念所界定的模型深度不仅是可视化的模型部分（信息的展示层面）的复杂程度，还有其所携带的信息的深度，这种深度不仅体现在数据的量上，还有整理、整合、

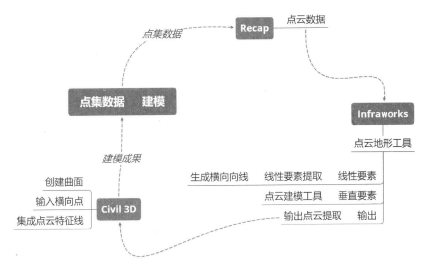

图 2-1-46　Recap＋Inerawork＋Civil 3D 一起处理点集数据

使用等多方面〕是最重要的评价标准，而不是传统设计中按照细节的精细程度来进行评价。

传统基地条件信息（以某项目甲方提供的基础资料列表为例——扁平结构），如图 2-1-47所示。

设计任务书内容及补充说明
　　作者：甲方 格式：word 文档
规划参考图
　　作者：规划局 格式：dwg 图纸
基地周边环境
　　作者：业主 格式：skp 模型
建筑退界规定扫描图
　　作者：甲方 格式：jpg 图片
基地周边建筑模型
　　作者：基地调研 格式：RHINO 模型
基地周边建筑道路图（现存和规划）
　　作者：甲方 格式：dwg 图纸
某市城市规划标准与准则 2011
　　作者：甲方 格式：pdf 文档
某市城市规划管理技术规定 2009
　　作者：甲方 格式：pdf 文档
现状规划图
　　作者：规划局 格式：jpg 图片

(a)

用地红线图
　　作者：规划局 格式：dwg 图纸
基地现状照片
　　作者：基地调研 格式：jpg 图片
2008-2013 的某市气象记录
　　作者：甲方 格式：word 文档
场地周边区域的给水官网图、排水系统图（建成）
　　作者：甲方 格式：jpg 图片
场地所在地区的自来水、地下水水质报告
　　作者：相关部门 格式：word 文档
周边水域的水位资料
　　作者：相关部门 格式：word 文档
当地主要建筑材料、人工、机械、水电费用
　　作者：相关部门 格式：word 文档
场地地质勘察报告
　　作者：相关部门 格式：纸质版文档
当地消防法规和规范
　　作者：相关部门 格式：pdf 文档

(b)

图 2-1-47

信息化基地模型截图——网状层级结构和可视化结果（图 2-1-48）。

GIS 数据提供一系列动态堆叠的图层，这些图层用于管理不同类型或者内容的信息，比如对于同样一块场地而言，其中的建筑、道路、景观绿化、水体、公共设施、卫星影像等地理现状，人口、气候与地理位置相对应的属性信息，以及由 BIM 软件绘制的平面图纸，或者三维模型等都可以通过被放置在不同的图层上而共存于 GIS 数据中。这种网状数据既容许我们叠加来看也可以对其中的部分进行单独操作。

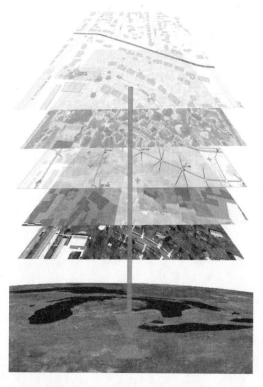

图 2-1-48　GIS 空间数据结构

在目前的工作流程中，我们收集到的信息可能是完全不同的格式，例如同样都属于基地基本情况的高程可能是 dwg 文件，规划建议书和交通部门的意见是纸质的文件，周边的建筑情况可能只有图片或者航拍照片。这种情况下我们很难对于基地进行综合的判断，更勿论去看到这些信息之间的共性、矛盾等。因此在这种传统的工作模式中，信息的整合很大程度上是依靠设计师的个人能力来完成的，需要靠个人的记忆与逻辑能力来整合以及进行一些特定的分析（比如某种分析将所有跟形体有关的分析都展示出来，但是有很大的偶然性和主观性），这种严重依赖于个人能力的工作模式存在极大的偶然性，并且无法进行标准化普及。现在通过信息化软件的这种空间图层结构，我们就可以解决传统的数据彼此独立、散布，从而难以利用的问题；而只有通过打通整个建筑信息工作流，我们才能从根本上避免信息格式混乱以及兼容性差带给我们的困扰。

（4）灵活直观的展示方式

在 Infraworks 中，通过创建地形主体可以调整地形的显示从而看到高度、坡度和坡度方向的差别（图 2-1-49）。

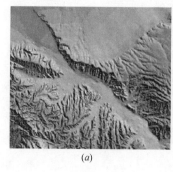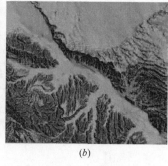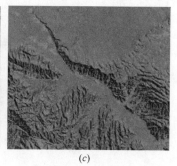

(a)　　　　　　　　　(b)　　　　　　　　　(c)

图 2-1-49　地形主体特征
(a) 标高；(b) 坡度；(c) 坡向

### 3. 信息的分析与应用

（1）经过数据整合之后，我们面临的信息形式是统一的、唯一的。

在 Autodesk Revit 中的查询功能可以查询每一个对象的唯一的 ID，并且用 ID 编号对其进行选择定位，这种唯一的 ID 信息同 DYNAMO 或者其他二次开发程序配合形成丰富的对象管理功能（图 2-1-50～图 2-1-52）。

图 2-1-50

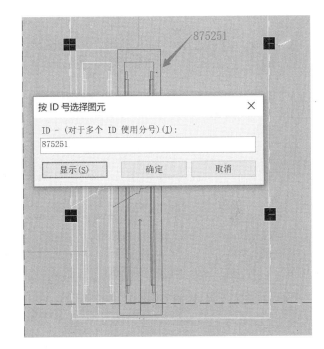

图 2-1-51                                  图 2-1-52

（2）信息筛选上的精确性

经过我们校验整合的具有清晰结构的信息，就好像一本有了索引的字典一样，我们可以有的放矢地寻找我们所需要的信息。

1）Autodesk Revit 中的过滤器功能可以利用一个或者多个过滤条件来定位具有共性的对象，配合项目参数的设置，可以对我们所使用的对象按照需求进行分类（图 2-1-53、图 2-1-54）。

图 2-1-53

2）Autodesk Revit 中的明细表可以设置多个过滤条件，并且按照我们所需要的方式（排序/成组）来组织展示（图 2-1-55、图 2-1-56）。

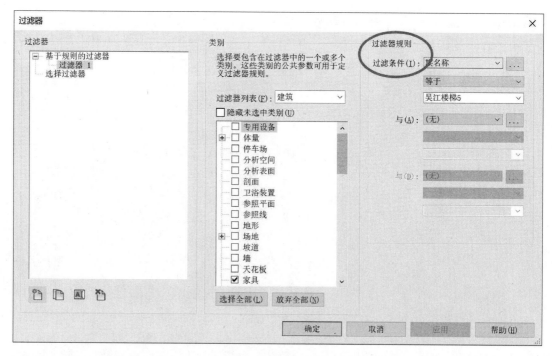

图 2-1-54

图 2-1-55

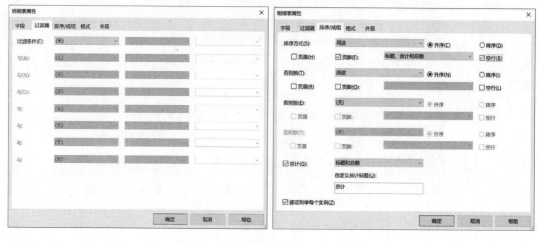

图 2-1-56

　　因为信息的空间层次，我们就有可能通过信息的结构关系进行更复杂的信息定位与筛选，例如在 Infraworks 中通过点云文件定位真实的地理照片（图 2-1-57）。

图 2-1-57

（3）可视化的分析结果

　　在 Infraworks 中，针对点云文件可以按标高、分类、单个颜色、强度、高程结合强度，或面所指的方向来比较点云分布（图 2-1-58）。

图 2-1-58

（4）信息处理方式的自由性

　　借由可视化编程技术与相应的二次开发技术（现在还不成熟，但是最终可以作为一些小的 dynamo 或者 gh 等插件或小程序，迅速得以实现），相当一部分抽象的数据信息会变成直观的图形或者模型服务于我们的设计。

（5）动态模拟

在 Infraworks 中可以执行交通模拟，如图 2-1-59、图 2-1-60 所示。

图 2-1-59

在这个过程中，还可以通过"交通分析面板"进行更多更具体的交通模拟的设置，比如时间段、行为、限制、车辆等（图 2-1-61）。

**4. 信息化设计技术与流程对于设计从业者的解放现状及展望**

（1）现阶段还不完善的信息工作流在一定程度上增加了建筑从业者的工作量

虽然用信息化技术进行信息收集和整理是具有十分巨大的优势以及必要的，但是与此同时我们不得不承认的一点是，我们现在的信息化技术发展水平导致我们承担了很多自身领域之外的工作。用前文所举的医院的例子对比，在医院中分工是很明确的，病人基本病情的相关信息的收集一般集中由各种医技科室完成，而后以信息的形式输送给各个具体的科室用于辅助诊断病情。

以上海交通大学附属新华医院为例，信息取自上海交通大学附属新华医院网站。

我们很难想象医生诊断的时候要亲自给病患抽血、验血，然后跟着病患去相关的医技部门做检查，比如 B 超或者 X 光的场景，因为在医疗诊断的工作流中，这种分工协作的模式已经被固定下来，信息系统的结构已经固定，因此信息可以流畅地分配、传递。而我国建筑行业目前普遍还处在信息化技术的初级阶段（甚至完全没有信息化），建筑从业者面对的挑战与除了技术的更迭、替代之外，更重要的是技术的更迭带来的信息化工作模式近乎全面革新。

当开始一个新的工程的时候，首先需要知道基地的基本条件，包括地理位置、交通情况、高差、管线、地质、规划限制条件、交通限制条件等。在传统的工作流中我们拿到的往往是一叠厚厚的各种报告和独立的图纸，大多数项目中我们还需要组织人们进行一次甚

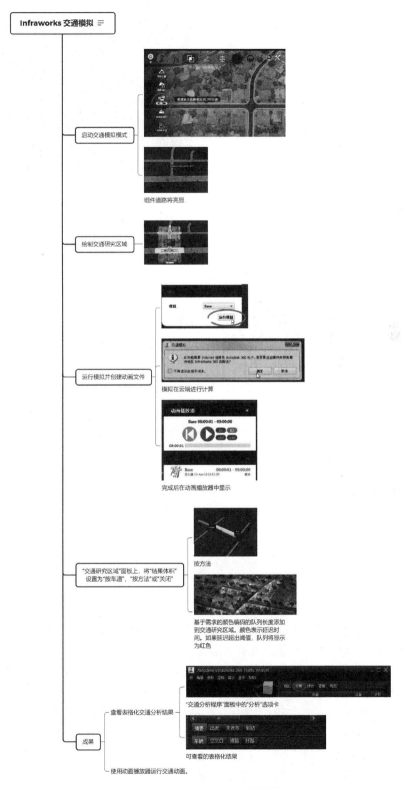

图 2-1-60　Infraworks 交通模拟

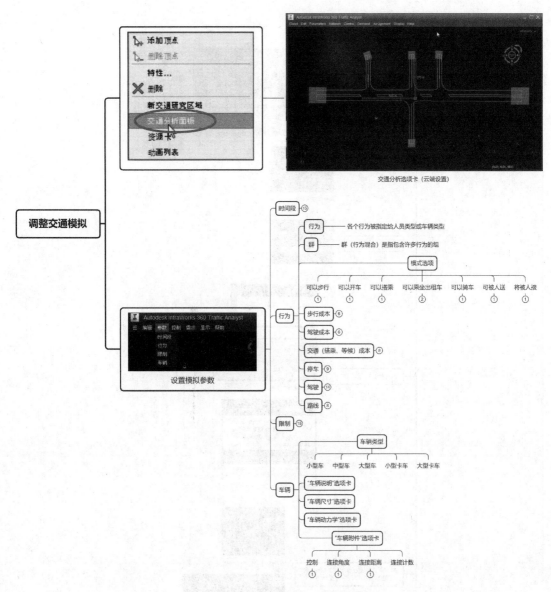

图 2-1-61　Infraworks 交通模拟调整

至多次的实地的基地调研，但我们对这些都习以为常，不以其为负担（图 2-1-62）。

　　而让我们将这些收集来的信息整理并且输入一个数字软件生成一个包含所有的信息的综合信息化基地模型的时候，我们意识到这部分工作的繁琐和机械，这种机械的劳动并不是我们的工作范围，因此对于信息化技术的适用性与便捷性产生怀疑。但是读者需要正视这个问题的根本原因——造成我们工作量增加的不是数字化建筑和信息化流程，相反的是，恰恰是由于完整的建筑信息化体系还没有能建立起来，所以我们在采取信息化设计的过程中，不得不"被迫"将上游没有完全信息化的数据先进行信息化。信息化社会的发展不是均匀的，因此在整个信息交流没有完全建立起来的时候，总会有一些落后领域的工作要由先进领域承担，这是不可避免的。

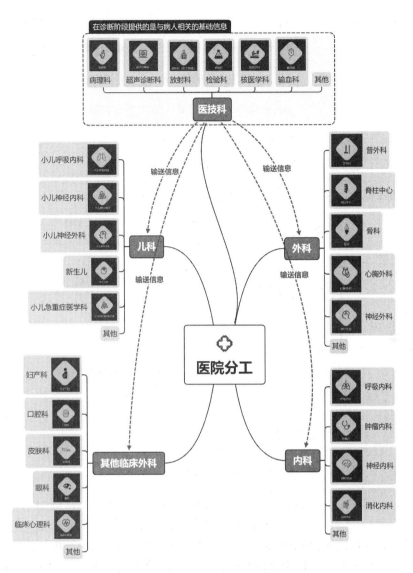

图 2-1-62 医院分工

（2）完整的信息工作流可以解放而不是束缚建筑从业者

如果我们置身于一个完整的数字工作流中，即已经拥有了一个数字化的城市信息系统，那么规划局提供给我们的不再是一张张 CAD 图纸而是一个完整的基地信息集合。其中包含着规划、交通、管道、地理等各种城市相关的信息；另一方面甲方和施工方提供给我们的场地基本的地勘情况也是数字化的信息模型。这样在设计伊始，我们所面对的便不是枯燥的信息处理和转化的工作，而是一个生动、丰满的信息化客观条件集合，不需要担心在基地调研的时候是不是遗漏了某个细节，也不需要担心在设计过程中是不是忽略了某个限制条件，更不会有繁琐枯燥机械的转化步骤。

即使现在，建筑信息化设计也可以带来许多优势与便利。

A. 信息共享，完整的工作流与云技术让协同工作变得便利，新的信息化化工作流和云平台的构建可以通过信息实现信息的多领域交叉协作。

以 Autodesk Revit 为例，目前支持四种团队协作模式，如图 2-1-63 所示。

图 2-1-63 Autodesk Revit 内部协同

而每种协作模式的基本运行方法，如图 2-1-64 所示。

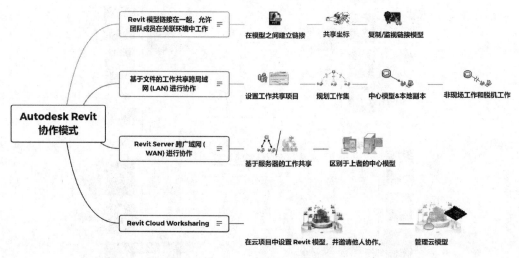

图 2-1-64 Autodesk Revit 协作模式

与此同时，同一个平台的 BIM 软件一般都有很便捷的交互性，例如 Revit 和在工作流中处于上游的 Civil 3D 以及 Infraworks 都可以基于共享坐标进行导入或者链接来协同设计，这样可以发挥出各自的优势。例如，迅速地在 Infraworks 中根据实际地形创建简单的路径，而后导入 Civil 3D 中进行基础建模，将场地基础模型导入 Revit 中进行建筑设计，而后还可以再次将 Revit 中的建筑模型和 Civil 3D 中的场地模型汇入 Infraworks 中，以便在真实场景中快速观察整体效果用于展示（图 2-1-65）。

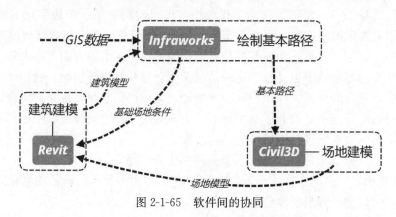

图 2-1-65 软件间的协同

Revit、Civil 3D、Infraworks、Autodesk CAD 等系列建模绘图软件都可以通过 Navisworks 将其各自的设计成果整合成一个协调模型。这正是建筑信息系统中信息交流的通畅带来的生产模式的改变与生产力的巨大提升。

B. 信息数字化软件带来的建筑信息可以快速便捷地进行筛选和定义。

现在我们通常进行建筑前期的信息筛选的方法都是人工分类和筛选，包括多个来源的相同信息的甄别和检验等。

随着信息数字技术日渐成熟，一些常用的重复性的工作已经被考虑在内，我们已经可以利用软件的一些内置的功能直接进行简单的过滤和筛选工作，例如在 Infraworks 中的"表达式"功能。

在 Infraworks 中用表达式功能过滤导入的数据，如图 2-1-66 所示。

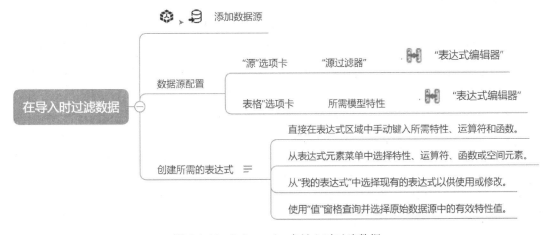

图 2-1-66　Infraworks 在导入时过滤数据

在 Infraworks 中用表达式功能或者脚本来配置数据（http：//help. autodesk. com/view/INFMDR/CHS/？ guid ＝ GUID-DD815664-1363-4F44-B480-4196C23488C7），如图 2-1-67所示。

图 2-1-67　Infraworks 配置数据

还有其他许多数字软件也可以实现类似的功能，例如在 Civil 3D 中也可以运用代码集对数据进行过滤和导流等。

C. 通过二次开发和可视化编程技术，进一步挖掘数字软件与信息化工作流的潜力，通过个性化预设与信息组织进一步减少机械重复的工作，解放生产力。

建筑信息的筛选规则并不是绝对而一成不变的，它是根据项目或者信息系统使用者的需求而定的。比如，对位于不同地域的项目，对于气候因素的侧重就不尽相同。在北方，寒冷地区的项目可能侧重其保暖、防冻相关的参数，比如最低温度，降雪量，冰冻时长等等；而南方热带亚热带地区的项目则可能更侧重防晒隔热，比如夏季平均温度、日照角度、降雨量等因素。

这些个别的差异使信息的筛选和定义过程具有可以个性化预设的需求。而 BIM 软件基于 API 的开放的二次开发平台，可视化编程技术以及 BIM 软件的跨软件协作的基础——建筑信息系统的规则一致，让我们对这种个性化的预设具有了实现的可能。这相当于软件不再是静态的，而是动态的；团队不再是固定人数的，而是无穷人数的。由于资源的共享，可以通过集成大大减少重复、相同的开发工作。

虽然现在这项技术还不成熟，但是已经在快速地发展，例如前文所提到的 Civil 3D 的二次开发的案例。虽然目前可能还只是散落的珍珠，但是在云技术和可视化编程技术更成熟、信息技术工作流更广为接受和使用之后，最终会串起来成为从业者颈上的项链，将设计师从软件计算机技术的限制中解放出来。

很多建筑从业者还没有意识到这一巨大的潜力，建筑信息化并非只是带给我们某种抓不住、摸不着的炫酷的科技感，也不再是用繁复的信息带来更加枯燥的束缚感。建筑信息化技术发展的结果反而是与这些正相反的将原本不属于我们的计算机相关工作剥离出去，让我们能够更多地集中于专业技术设计本身。

因此，我们无需纠结到底是应该拥抱新技术还是追求专业设计本身，因为新技术就是为了让我们更好、更自由地进行专业设计而存在的。

## 第二节　信息的接收——将信息转化为建筑信息

## 一、信息站点及项目的建立

### 1. 建筑设计前期信息站点的概念

建筑设计前期是建筑信息工作流的开始，是将非建筑的、建筑信息系统外的信息，筛选分流，引入建筑信息工作流中，同时对信息进行必要的建筑信息化处理，使得信息系统形成初步的逻辑层级（Hierarchy）结构雏形，信息之间的拓扑联系初步形成的信息站。

在建筑信息化设计流程（BIM 等技术基础）中，建筑设计前期的任务与主要内容为：

**使用 BIM、可视化编程、云平台技术完成信息的筛选导入，并对建筑信息进行分类及定义。**

经过建筑设计前期的信息处理，许多前期信息被筛选定义处理之后，就可以在建筑信息工作流上方便地传递给方案设计阶段进行进一步的处理。

用一个生动的说法来描述的话，建筑设计前期在建筑信息设计流程中的位置就好像入口的闸机一样，将符合要求的信息导入建筑信息设计流程中，并对它们进行相应的处理和标记。

建筑设计前期也是建筑信息系统和更大的信息系统相连接的纽带，这是一个双向的闸机，既可以筛选信息进入，也可以筛选信息流出，未来的智慧城市、数字城市、信息化城市的大系统中，每个建筑都会与大的非建筑信息流相连接，互相影响，所以建筑设计前期除了是建筑信息化设计的起始阶段外，同时也负责建立一个完善的建筑信息系统与上游信息流之间的联系关系。

这个阶段我们称之为"准备生成建筑"。

**2. 建筑设计前期站点的信息处理范畴**

建筑设计前期站点作为建筑工作流中的第一个一级信息站点，其最主要的任务就是守好建筑系统的大门，完成外界信息系统和建筑信息系统的信息交互工作，将相关信息筛选并转化为建筑信息供后续的设计工作使用。

这个站点我们基本不涉及具体的设计内容和建筑信息系统的构建操作。在建筑设计前期站点，我们首先建立一个"容器"——信息化项目，然后开始筛选和处理进入这个"容器"的信息。

**3. 信息化项目的建立**

在开始进行信息处理之前，我们需要有一个信息的"容器"，也就是创建信息化的项目。项目的建立首先需要选择我们协同工作的平台以及方式，确定协同的流程和建立团队。然后进行项目的基本设置，包括项目的基本属性、团队成员的权限设置。

此处以 Autodesk 公司提供的 BIM 360 云平台为例。首先，需要根据我们所选择的平台校核我们的软件以及硬件的基础配置，以保证工作的顺畅进行。根据 Autodesk 官方的建议，BIM 360 现在提供美国和欧洲两个数据中心服务器，两者之间的数据无法互相迁移，对于浏览器的支持更新至包括 Internet Explorer、Chrome、Fireforx、Safari；桌面操作系统包括 MS Windows 以及 .net 版本，移动操作系统包括 iOS 以及 Android。BIM360 现在支持上传和处理 Revit、Autodesk CAD，以及 Civil 3D 和 Navisworks 的模型。在现有的 BIM360 上开启一个新的协同项目的流程可以理解为如图 2-2-1 所示的形式。

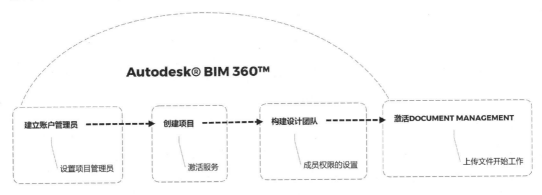

图 2-2-1　Autodesk® BIM 360™ 项目建立工作流

（1）账户管理员和项目管理员

我们注册 BIM360 的账户之后，每一个公司通常会拥有一个 Account Admin 的账户用于管理工作（图 2-2-2）。

账户管理员（Account Admin）在工作流中的主要工作，如图 2-2-3 所示。

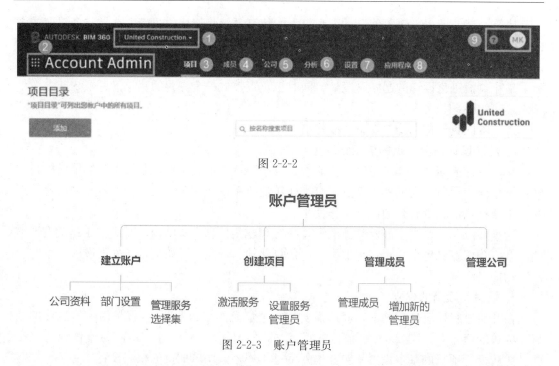

图 2-2-2

图 2-2-3　账户管理员

开始一个具体的项目之前，账户管理员（Account Admin）会邀请并设置项目管理员（Project Admin），如图 2-2-4 所示。

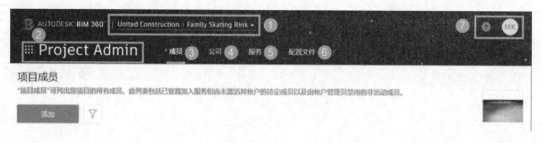

图 2-2-4

而项目管理员（Project Admin）的主要权限和工作内容则如图 2-2-5 所示。

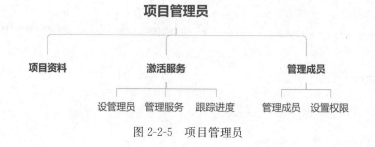

图 2-2-5　项目管理员

（2）创建项目

每一个项目的开始，需要项目管理员或者账户管理员先创建一个新项目，我们暂以前文所举的东方明珠广播电视塔为例（图 2-2-6）。

**BIM 360 创建项目**

图 2-2-6　创建项目

　　在创建新项目时必须输入项目的名称、类型、开始的时间和结束的时间以及选择的语言；其他的信息可以选择后续补充，好消息是项目的这些信息在创建项目之后仍然是可以编辑的。

（3）激活服务

账户管理员需要为该项目激活其所要使用的服务模块，如图 2-2-7 所示。

现在的 BIM360 版本提供的模块、应用程序和工具以及产品服务，如图 2-2-8 所示。

（4）组建设计团队

组建设计团队不同于第一步中管理员设置的公司具体部门构成，这里的团队指的是针对项目的具体的设计团队，包括参与其中合作的设计、咨询公司、各种服务与设备的供应商，以及管理运维的团队等。

　　邀请参与项目的每一个具体成员进入，构建完整的设计团队，按照 BIM360 中支持的角色的设置，设计团队的构成接近如图 2-2-9 所示。

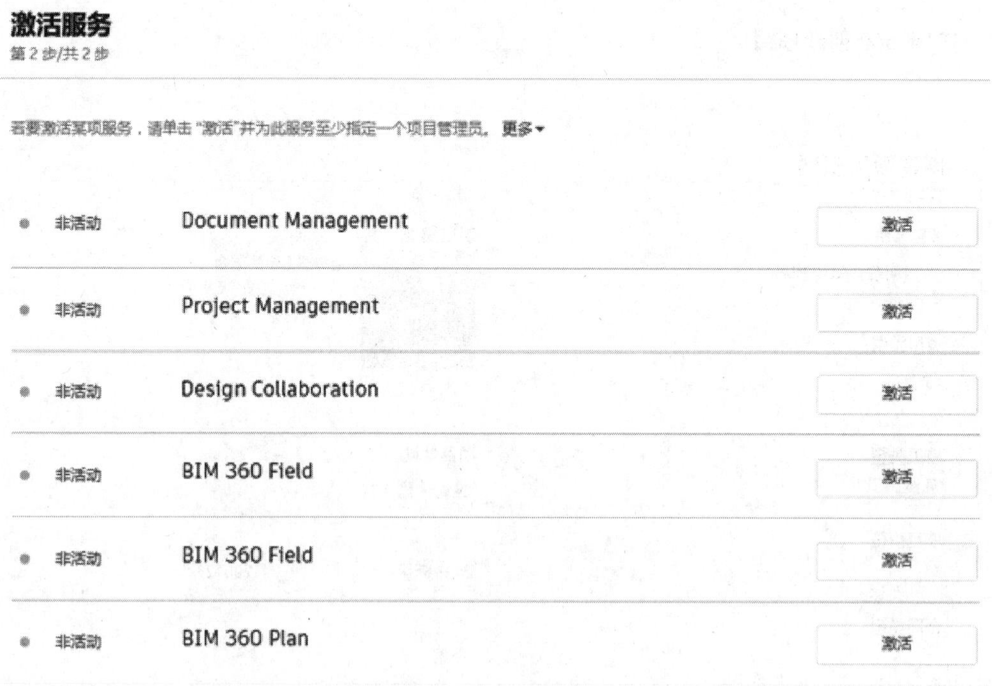

## 激活服务
第 2 步/共 2 步

若要激活某项服务，请单击"激活"并为此服务至少指定一个项目管理员。更多▼

| | | | |
|---|---|---|---|
| ● 非活动 | **Document Management** | | 激活 |
| ● 非活动 | **Project Management** | | 激活 |
| ● 非活动 | **Design Collaboration** | | 激活 |
| ● 非活动 | BIM 360 Field | | 激活 |
| ● 非活动 | BIM 360 Field | | 激活 |
| ● 非活动 | BIM 360 Plan | | 激活 |

图 2-2-7　激活服务

图 2-2-8　BIM360 云

图 2-2-9　构建设计团队

（5）成员权限的设置

管理员可以根据需要在默认权限的基础上改变成员的具体权限，如图 2-2-10 所示。

（6）激活 DOCUMENT MANAGEMENT 开启共享文件夹

激活 DOCUMENT MANAGEMENT 之后，项目的成员才可以上传文件至 BIM360 云端，从而开始协同设计工作。

（7）构建信息架构

在现存的 BIM 的云协作中尚未涉及这部分的架构，但是信息架构对于信息工作流的重要性不亚于人员架构，所以在我们开启共享文件夹，进入信息的收集和共享之前，首先需要进行信息结构的架构（与信息的内容、分类、信息使用者对于信息的使用的特点，信息使用者的分类都有关系），我们会在第四节中详细论述信息的架构，此处我们只简略地提出一个大的概念，即我们需要构建一个拥有 hierarchy 的空间网状信息结构，或者说这种结构的雏形。

**4. 信息化协同工作的开始——共享坐标系**

在基本的准备工作包括服务器、共享平台、项目、团队、权限都已经设置完成后，就可以建立网络共享文件夹开始具体的工作内容了。但为了稍后工作中信息模型的对接和拼合能更为顺畅，我们还需要进行坐标和单位的统一，以及基本格式的限定。

我们将所有的合作的模型设置一个公共的坐标系以用于定位，理想的情况是，所有的模型都根据其真实的地理坐标进行定位，这样同信息的唯一性最为符合，而且减少信息传递过程中可能的坐标偏差。遗憾的是，在现有的最新版本的 BIM 360 平台中，Autodesk

**基于角色的默认权限**

| 文档管理 | 项目管理 | 设计工作集 | 模型协调 | 现场协调 | 分析 |
| --- | --- | --- | --- | --- | --- |
| 建筑师 | 建筑师 | 建筑师 | 建筑师 | 建筑师 | 建筑师 |
| BIM 经理 | 土木工程师 | BIM 经理 | BIM 经理 | BIM 经理 | BIM 经理 |
| 土木工程师 | 商务经理 | 土木工程师 | 土木工程师 | 商务经理 | 商务经理 |
| 商务经理 | 施工经理 | 承包商 | 施工经理 | 施工经理 | 施工经理 |
| 施工经理 | 合同管理员 | 设计者 | 设计者 | 合同管理员 | 合同管理员 |
| 合同管理员 | 承包商 | 文档管理器 | 文档管理器 | 承包商 | 成本工程师 |
| 承包商 | 成本工程师 | 绘图员 | 电气工程师 | 成本工程师 | 成本经理 |
| 成本工程师 | 成本经理 | 电气工程师 | 工程师 | 成本经理 | 管理 |
| 成本经理 | 设计者 | 工程师 | 评估师 | 设计者 | 项目工程师 |
| 设计者 | 文档管理器 | 防火工程师 | 防火工程师 | 文档管理器 | 质量经理 |
| 文档管理器 | 电气工程师 | HVAC 工程师 | HVAC 工程师 | 工程师 | 质量检验员 |
| 绘图员 | 工程师 | 室内设计师 | 室内设计师 | 评估师 | 安全经理 |
| 电气工程师 | 评估师 | 机械工程师 | 机械工程师 | 领班 | VDC 经理 |
| 工程师 | 防火工程师 | 管道工程师 | 管道工程师 | 检查员 | |
| 评估师 | 领班 | 项目工程师 | 项目工程师 | 项目工程师 | |
| 防火工程师 | HVAC 工程师 | 项目管理器 | 项目管理器 | 项目管理器 | |
| 领班 | 检查员 | 结构工程师 | 调度员 | 质量经理 | |
| HVAC 工程师 | 室内设计师 | 勘测 | 结构工程师 | 质量检验员 | |
| 检查员 | 机械工程师 | VDC 经理 | 分包商 | 安全经理 | |
| 室内设计师 | 所有者 | | 负责人 | 调度员 | |
| 机械工程师 | 管道工程师 | | 勘测 | 分包商 | |
| 所有者 | 项目工程师 | | VDC 经理 | 负责人 | |
| 管道工程师 | 项目管理器 | | | VDC 经理 | |
| 项目工程师 | 质量经理 | | | | |
| 项目管理器 | 质量检验员 | | | | |
| 质量经理 | 安全经理 | | | | |
| 质量检验员 | 调度员 | | | | |
| 安全经理 | 结构工程师 | | | | |
| 调度员 | 分包商 | | | | |
| 结构工程师 | 负责人 | | | | |
| 分包商 | | | | | |
| 负责人 | | | | | |
| 勘测 | | | | | |
| VDC 经理 | | | | | |

图 2-2-10　角色默认权限

公司并不提供在 BIM360 云中的共享坐标功能。因此坐标的统一仍需要在个人 PC 上完成，即使在不同地理位置的不同公司之间共享坐标协调，也需要将文件下载至本地完成。

共享坐标可以用于记录多个互相链接的文件的相互位置，这些相互链接的文件可以是多个 Revit 文件、DWG 文件或 DXF 文件的组合。

注意，只能从一个文件中导出共享坐标。该文件定义了构成该项目的其他所有文件的坐标。从一个文件中获取坐标后，请将这些坐标发布给其他文件（图 2-2-11）。

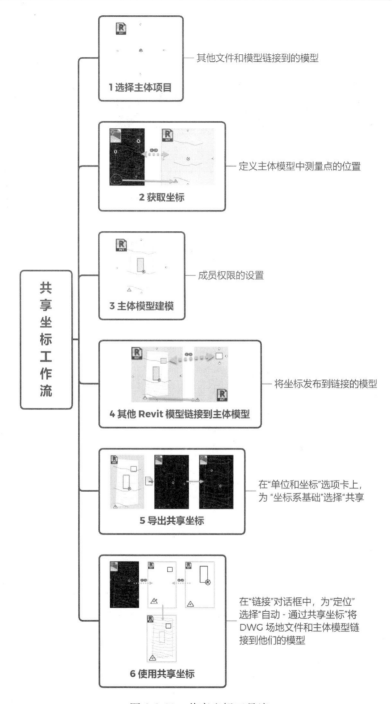

图 2-2-11　共享坐标工具流

以 Revit 文件作为主体项目为例，Revit 2018 中可以在"管理"选项卡下找到"坐标"的相关操作按钮，在这里我们可以获取坐标、发布坐标、指定坐标以及报告共享坐标（可以显示参照点的东南西北坐标位置及高程），如图 2-2-12 所示。

而在导出 dwg 文件时选择导出设置按钮中的"单位和坐标"中在"坐标系基础"的选项中选择"共享（S）"，如图 2-2-13 所示。

图 2-2-12

图 2-2-13

此处还需要格外注意的是，Revit 中共存的两种坐标系为测量坐标系和项目坐标系（图 2-2-14、图 2-2-15）。

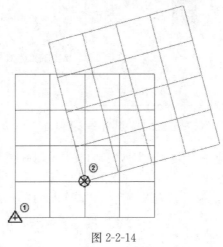

图 2-2-14

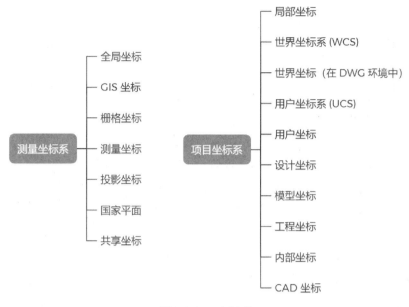

图 2-2-15　坐标系

1）测量坐标系，为建筑模型提供真实世界的关联环境，旨在描述地球表面上的位置。

2）项目坐标系，描述相对于建筑模型的位置，使用属性边界或项目范围中选定的点作为参照，并以此测量距离相对于模型定位对象。需要注意的是，我们在上述流程中通常所指的是测量坐标系，而如果这两个坐标系存在旋转，以及项目北和正北之间存在夹角，需要在保证定位的基础上同时保证所有文件的坐标系旋转角度是相同的才能完美地契合和定位。

**5. 基本属性设置**

除了坐标系之外我们还需要进行一些其他通用的基本属性的设置，例如设计公司的标准模板、设计交互的文件格式、设计在各个阶段的属性设置、权限归属等。由于问题过于具体繁杂，又非本书所论述的重点，加之篇幅有限，我们不在这里一一列举。

## 二、信息的来源与分类

正如我们所反复强调的，与传统工作模式不同，在新的建筑信息化工作流中必须首先保证信息的顺畅流动。而由于我们的设计工作是分阶段进行的，所以在各个阶段之间如何保证信息流动的顺畅、准确便是我们所需要面对的首要问题。对于建筑设计前期的准备阶段而言，这项挑战首先来源于需要接收来自多方的、繁多的信息数据，前文曾经简要提及过这些信息（图 2-2-16）。

我们以其中最直观且最常使用的场地信息的四个分支为例，当这些信息被进一步展开读者就会发现其包含的信息量是惊人的，例如其中的自然条件的信息，如图 2-2-17 所示展开。

环境、城市、市政三个分支的信息则可以进一步如图 2-2-18 所示展开。

这些信息内容会以各种不同形式的资料被收集起来，而我们需要将其转换为建筑信息系统的信息语言，才能进一步加以应用。

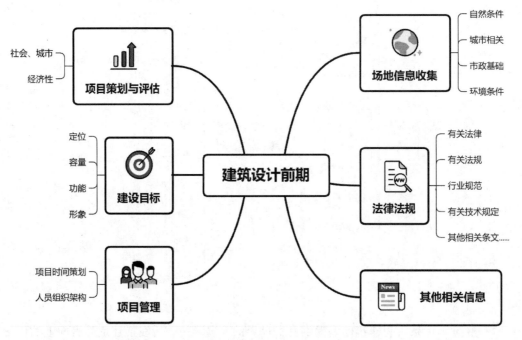

社会、城市
经济性
**项目策划与评估**

自然条件
城市相关
市政基础
环境条件
**场地信息收集**

定位
容量
功能
形象
**建设目标**

**建筑设计前期**

有关法律
有关法规
行业规范
有关技术规定
其他相关条文……
**法律法规**

项目时间策划
人员组织架构
**项目管理**

News
**其他相关信息**

图 2-2-16　建筑设计前期内容

**1. 常见的信息源**

我们在前文已经分析了建筑设计前期，尤其是建筑设计前期中场地相关的信息所包含的内容。那么，这些信息会以何种方式呈现在我们眼前呢？下面以某实际项目甲方招标提供的资料为例，其内容、来源与形式如图 2-2-19 所示。

**2. 根据信息的处理方式来对信息进行分类**

前文中提到，在信息进入建筑系统成为建筑信息之前需要一个筛选和导入的过程。此时我们需要面对建筑信息化设计带来的设计过程改变，我们使用信息的第一步不再是根据信息的内容整理分类，而是根据信息工作流中目前使用的数字软件处理信息的特点，先将信息按照被携带的形式分为六个种类，而后再按照分类导入建筑信息系统（图 2-2-20）。

（1）文字信息

文字信息包含人文、社会、时代的，以及建筑生产中涉及的一些描述性的信息——包括各种法律、法规、行业规范中的描述性的规定，业主、咨询方、策划方提供的建议书，相关职能部门提供的各种具体的地质、气候、环境相关的报告，以及一些跟经济相关的建筑成本、管理成本等。

虽然这些信息对建筑设计都有很大的影响，但是在传统的设计流程中文字信息却很难被包含进建筑模型内。信息化数字软件强大的文字信息处理能力，以及通过属性定义将描述性信息作为属性携带在建筑信息系统内部的能力让我们可以更充分地利用这些文字信息。

文字信息同图片信息一样，通常需要进行人为的信息处理后方能转化为建筑信息语言，现阶段还没有成熟的可以直接筛选文字信息的预设或者二次开发程序。

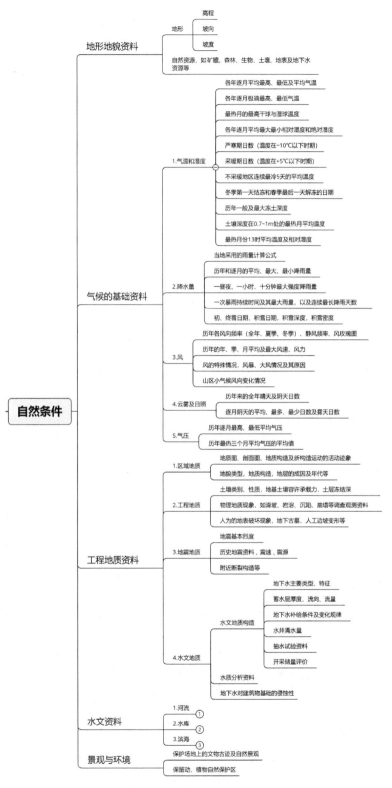

图 2-2-17　场地自然条件

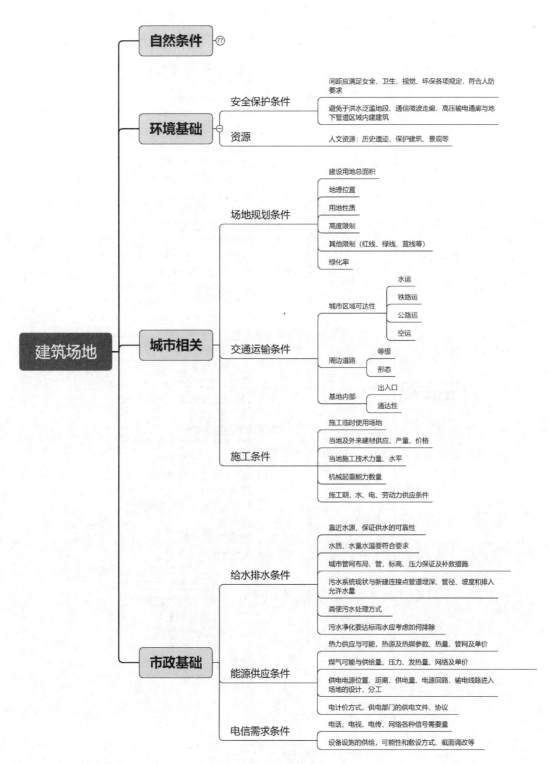

图 2-2-18　场地其他信息

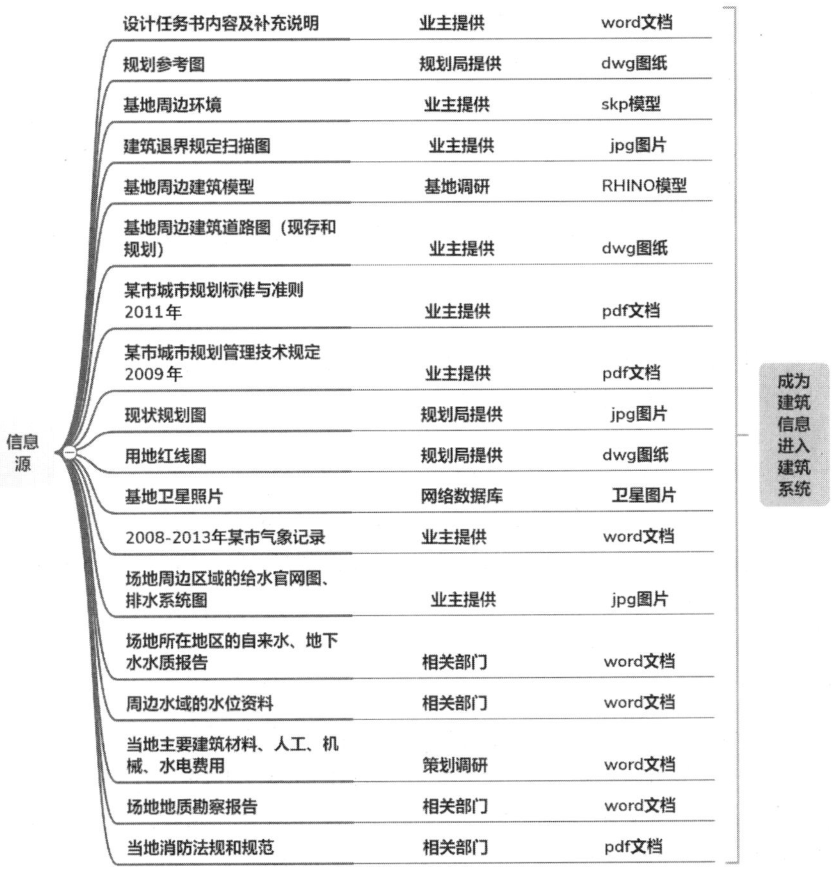

信息源
设计任务书内容及补充说明　业主提供　word文档
规划参考图　规划局提供　dwg图纸
基地周边环境　业主提供　skp模型
建筑退界规定扫描图　业主提供　jpg图片
基地周边建筑模型　基地调研　RHINO模型
基地周边建筑道路图（现存和规划）　业主提供　dwg图纸
某市城市规划标准与准则2011年　业主提供　pdf文档
某市城市规划管理技术规定2009年　业主提供　pdf文档
现状规划图　规划局提供　jpg图片
用地红线图　规划局提供　dwg图纸
基地卫星照片　网络数据库　卫星图片
2008-2013年某市气象记录　业主提供　word文档
场地周边区域的给水官网图、排水系统图　业主提供　jpg图片
场地所在地区的自来水、地下水水质报告　相关部门　word文档
周边水域的水位资料　相关部门　word文档
当地主要建筑材料、人工、机械、水电费用　策划调研　word文档
场地地质勘察报告　相关部门　word文档
当地消防法规和规范　相关部门　pdf文档
成为建筑信息进入建筑系统

图 2-2-19　常见信息源

信息源
图纸信息
数据信息
文字信息
图形信息
模型信息
其他信息
建筑系统

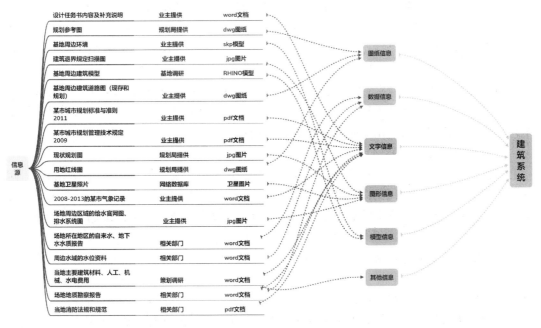

图 2-2-20　将源信息分类导入建筑系统

我们把文字信息放在第一类介绍是因为，文字信息中通常包括后续信息导入之前需要的一些项目基础设置相关的部分信息。

（2）图纸信息

图纸信息主要指 dwg、dxf 等格式的二维设计图纸，包括各种平面图纸、从其他软件导入的平面图纸、模型；建筑信息化设计依托的 BIM 技术对于图纸信息的兼容性都很好，这部分信息的相关处理工作建筑从业者也比较熟悉。需要注意的是，在信息工作流中对导入图纸的属性、阶段、权限等相关附加信息的设置。

（3）图片信息

图片信息包括基地的调研照片、一些扫描的文件、基地的卫星图片、旧图纸的扫描版等。由于图片信息同其他二维图纸和三维模型的配合通常只能作为参照或者需要经过二次处理才能与信息系统相结合，所以需要单独列为一个类别。

在建筑信息化工作流中，我们最常用于处理图片信息的接口是 Raster Design 数字工具集。对于这个工作集很多建筑从业者可能还不是很熟悉，Raster Design 对于图片信息处理的核心功能除了清理图片、调整图片显示以外，还可以将光栅图片对象转换为矢量绘图对象以及将光栅图片存储为 dwg 图纸格式等。这些功能对于信息工作流的信息统一有着很大的帮助，如图 2-2-21 所示。

上图中我们常使用的功能包括通过拉伸变形使图片跟我们的项目图纸相符合用于参照；通过 REM 工具集对图片中的光栅图元进行移动、删除、复制等操作，使我们可以将扫描的旧图重新组织布图加以应用；跟踪光栅图片中的对象并将其转换为矢量路径，这一点对于我们建筑设计前期的工作有很大的帮助，譬如如何将等高线图矢量化（在下一节我们会做更详细的具体介绍）。

（4）模型信息

模型信息是需要导入或者链接的三维数字模型，有可能是场地模型、周边建筑、市政基础设施、树木、水体、道路等场地基础信息，也有可能是项目前期或者场地中的其他相关建筑等。其来源通常是一些常用的建筑三维建模软件，如 Sketch up、Rhino、3d Max、Autodesk CAD 等，以及一些场地和基础设施建模软件，如 Civil 3D、Infraworks 等。

由于在目前的主流建筑设计流程中已经大量地应用三维模型来辅助工作，因此读者应该对于模型信息的处理并不陌生。而建筑信息化设计工作流中对于模型的导入和处理同图纸信息一样，需要注意的主要是其附加的属性信息设置。

（5）数据信息

数据信息是信息化设计流程带来的新的设计工作基础信息。数据信息的来源很广，包括各种数据库、厂家提供的产品资料数据集等。不同类型的数据信息的处理方式差距较大，而且比较复杂，在本书的后文中我们仅以最常出现在建筑设计前期中的对于点集的导入和应用为例。

这里需要注意的是，通常意义上的建筑专业涉及功能空间需求、面积大小、使用人数、需要的数量；结构和设备专业涉及各种荷载的取值、各种勘测报告中出现的数值等，这些信息作为数据信息被应用是很少的。当需要人工录入信息的时候，我们暂且将其归入文字信息中进行处理（从信息处理方式来归类），而不包含在数据信息类别中。

（6）其他信息

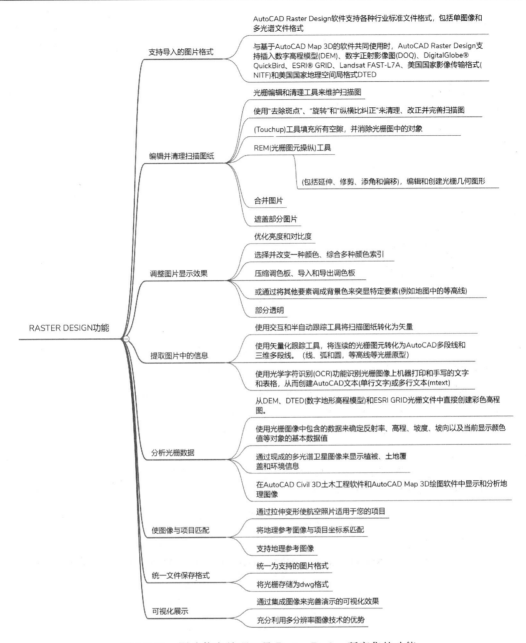

图 2-2-21 图片信息处理工具 Raster Design 所富集的功能

其他不属于上述五大类的典型信息暂且将之归为一大类，可能需要个别处理，比如 GIS 数据。GIS 数据复合的信息性使其不能简单地归入上述类别。

## 三、信息的分类导入

上述的六大类信息类型中的每种信息类型都有其对应的常用数字格式，以及相应的导入建筑信息系统的方式。一般来说，传统流程下建筑从业者对于 dwg 等二维图纸以及 Sketch up、Rhino、Autodesk CAD、3d Max 等主流建模软件的三维模型信息的导入都比较熟悉，而对于建筑信息化设计中图片、文字、数据等信息的处理可能就比较陌生了。

下面我们会简单地介绍各类信息的导入过程，但因本书篇幅有限，所以仅以几个典型信息类型为例进行分析示范。读者不需要担心，在掌握了处理信息的思路和方法之后，当有新的类别的信息需要进行收集、整合的时候便可以触类旁通，快速地掌握对应的方法。

**1. 文字信息**

文字信息的处理工作流，如图 2-2-22 所示。

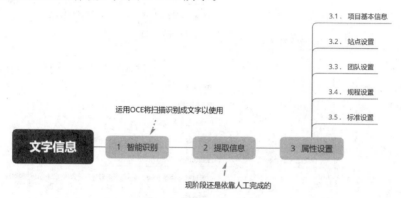

图 2-2-22　文字信息处理工作流

首先，对于没有电子版的文档资料的 OCE 智能识别，我们既可以通过一些文档办公软件完成，也可以通过 Autodesk CAD 的 Raster Design 工作集中的文字处理系列功能完成。当我们提取出所需要的信息后，就可以进行必要的项目信息属性设置。下面以 Autodesk Revit 中项目的基本信息设置为例进行系统说明。

1）在"管理"选项卡中找到"项目信息"，打开后可以先录入默认的信息（图 2-2-23、图 2-2-24）。

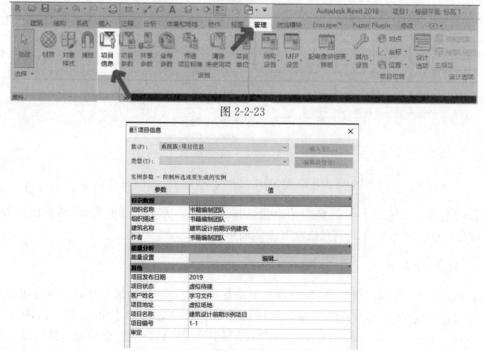

图 2-2-23

图 2-2-24

2）对于系统预设中不存在的项目信息，我们需要在"管理"选项卡中找到"项目参数"。

3）在"项目参数对话框"中选择"添加"。

4）在"参数类型对话框"中。

首先在最右方的类别中勾选☑项目信息。

填入我们所要增加的参数名称："绿地率"。

保持规程的选择为公共，将参数类型设置为数值，参数分组方式设置为数据（图 2-2-25～图 2-2-27）。

图 2-2-25

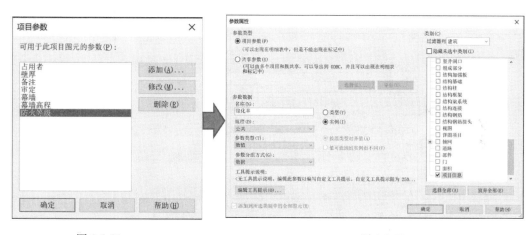

图 2-2-26                                     图 2-2-27

① 增加我们需要的参数后点确定（图 2-2-28）。

② 再次打开项目信息对话框便可以看到我们新增的参数（图 2-2-29）。

之后根据经济技术指标填入相应的数值即可（图 2-2-30）。

此处读者需要掌握的重点是增加项目信息参数，这样我们就可以灵活地增加属性的设置和增强筛选的自主性。比如，我们需要为我们的信息工作流增加站点信息以便为流入的信息"定位"（图 2-2-31）。

我们新增"工作流站点"的文字属性，选择全部类别，而后再工作流站点中输入"设计前期"以定义对象（图 2-2-32）。

同时，我们在管理面板选择阶段，如图 2-2-33 所示。

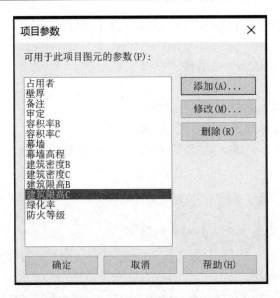

图 2-2-28

图 2-2-29

图 2-2-30

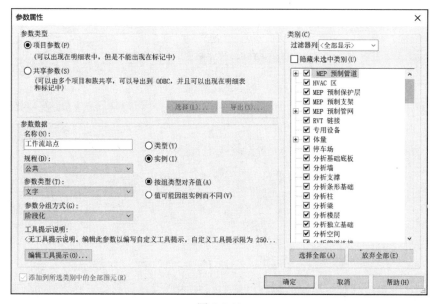

图 2-2-31

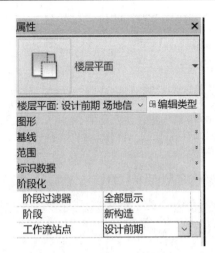

图 2-2-32

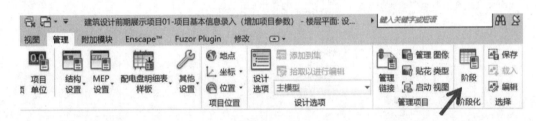

图 2-2-33

我们在阶段化的工程阶段中增加一个阶段命名为"虚拟",用于处理前期阶段一些不存在于实际建造过程中的模型信息(图 2-2-34)。

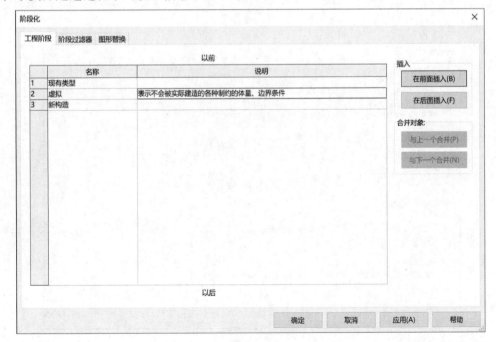

图 2-2-34

虽然这里关于文字和属性设置的输入只是简单的例子，但读者应该已经感受到文字信息对于建筑信息系统建立的重要性。对于文字属性信息的处理总的原则是在项目设计前期尽可能将属性信息体系建立完备，虽然在后续的设计过程中仍然可以增加和修改，但是随着建筑信息系统结构的复杂度和所包含信息量的增加，修改所带来的工作量可能也会翻倍。

文字属性信息设置是我们就赋予每一个信息一个独一无二的可识别 ID 编码的重要方式，这样我们可以方便地在任何阶段将信息筛选、定位出来，这对于建立合理的建筑信息系统十分重要。

**2. 图片信息**

建筑设计前期处理图片信息的工作流如图 2-2-35 所示。

图 2-2-35 图片信息处理工作流

读者不难发现与图纸、模型信息可能在建筑信息化设计过程中的多阶段进行不同处理，对于图片信息的处理、分析和应用，基本集中在建筑设计前期这一站点，因此在这里我们稍作展开（图 2-2-36）

图 2-2-36 图片信息处理步骤

虽然建筑信息设计依托的 BIM 软件普遍可以兼容多种图片格式，但是其中对于图片处理的功能比较强大的是 Autodesk CAD 的 Raster Design 和 Map 3d 工具集，因此建议读者最好采用这类工具。在导入图片的时候需要进行图片基本属性的设置，包括其显示属性、cad 属性和图片属性（图 2-2-37、图 2-2-38）。

我们可以通过 Raster Design 对图纸进行一些基本的清理工作，包括去除杂点、锯齿

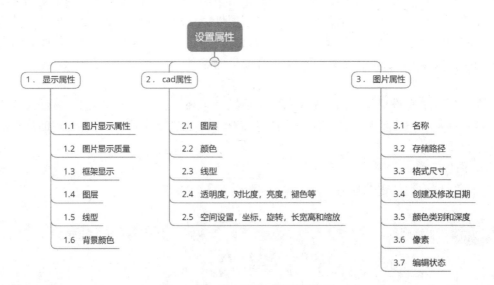

图 2-2-37　导入图片时的属性设置

图 2-2-38

等影响效果与后期信息识别的杂质；矫正倾斜、扭曲、变形、偏移等影响我们使用信息时的准确性的相关特性；还可以通过反相和镜像来调整目标图片从而方便后续信息的使用（图 2-2-39）。

如上图所示，在 Raster Design 中完成了基本的图片导入工作后，就为后续进一步的工作做好了准备。上述工作流的后半部分，包括编辑图片、提取信息、分析数据和存储导出我们会在下一节的信息分析和应用中再进行详细的阐述。

其他软件如 InfraWorks 可以导入包含鸟瞰照片、卫星图像或扫描的地图在内的光栅图像（.ADF、.ASC、.BT、.DDF、.DEM、.DT0、.DT1、.DT2、.GRD、.HGT、.DOQ、.ECW、.IMG、.JP2、.JPG、.JPEG、.PNG、.SID、.TIF、.TIFF、.WMS、.XML、.VRT、.ZIP 或 .GZ 文件）作为地面图像、地形覆盖等。

Map 3D 也支持多种格式的照片、光栅图片、地图文件的导入与整合。创建地图时，可以将光栅图像和曲面添加到该显示中，在地图的背景中添加一个或多个图像不但可以添加上下文信息，也使地图在视觉上更具有吸引力（图 2-2-40、图 2-2-41）。

Autodesk Recap Photo 还提供基于图片的三维建模功能——通过导入一组图片输出三维模型的服务（图 2-2-42、图 2-2-43）。

建筑信息数字软件对于图片信息的应用技术发展还远没有停止，通过可视化编程技术，云平台资源共享，还会有更多简化和优化设计的信息化功能出现。这也是建筑信息化设计工作流的优势所在——突破了设计团队人数、地域和技术的局限性。

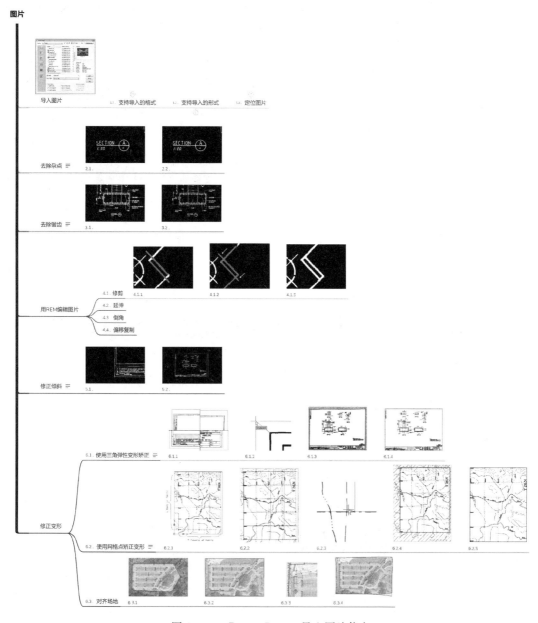

图 2-2-39　Raster Design 导入图片信息

### 3. 图纸信息（图 2-2-44）

我们仍以 Autodesk Revit 2018 为例，在完成了文件的清理工作后：

首先我们可以选择是将 cad 文件导入还是链接进 Revit 内部（图 2-2-45）。

导入"用地红线图"（注：此处暂时使用原点到原点，协同项目可以使用共享坐标来导入），如图 2-2-46 所示。

我们可以在可见性中管理链接进来的文件的显示状态，将其设置为半色调方便观察参照（图 2-2-47）。

或者管理其图层（图 2-2-48、图 2-2-49）。

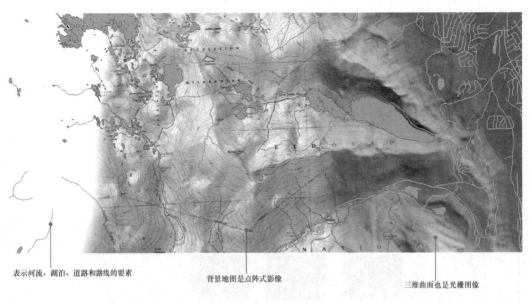

表示河流、湖泊、道路和路线的要素

背景地图是点阵式影像

三维曲面也是光栅图像

图 2-2-40

| 光栅类型 | 格式 |
|---|---|
| 基于光栅的曲面 | DEM (数字高程模型)、ESRI 栅格或数字地形高程数据 (DTED) |
| 二维光栅 | JPEG 和 JPEG2K (联合图像专家组)、PNG (便携网络图形)、MrSID (多分辨率无缝图像数据库)、TIFF (标记图像文件格式) 以及 ECW (增强压缩小波) |
| WMS 光栅 | 服务器上的地图 |
| 其他光栅格式 | BMP、CALS-I、ECW、FLIC、GeoSPOT、IG4、IGS、IKONOS、JFIF、LANDSAT FAST、L7A、NITF、PCX、PICT、Quickbird TIFF、RLC 1 和 2、TARGA |

图 2-2-41

上传照片

下载3D模型文件

图 2-2-42

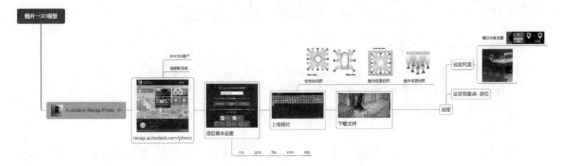

图 2-2-43　图片转换为 3D 模型的工作流

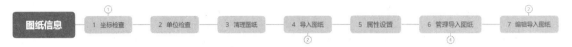

图 2-2-44 图纸信息工作流

图 2-2-45

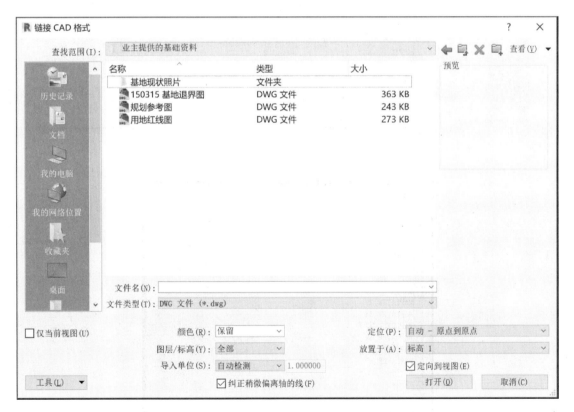

图 2-2-46

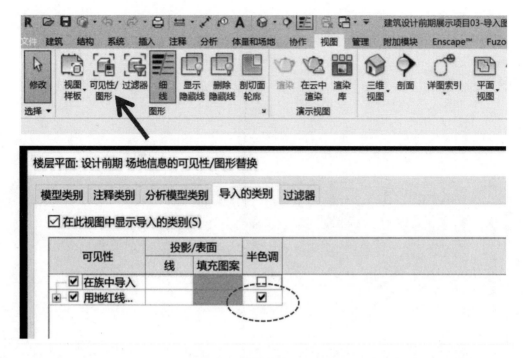

图 2-2-47

图 2-2-48

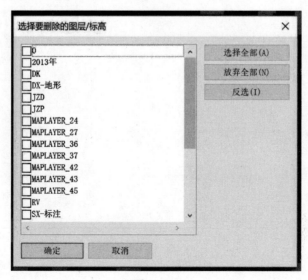

图 2-2-49

为了区别文件中的两个地块的信息，我们增加"项目属性"——"所属地块"（图 2-2-50）。

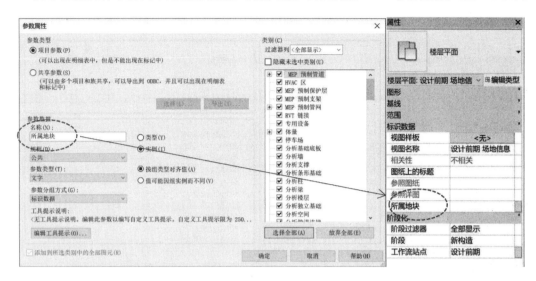

图 2-2-50

在"体量和场地"中绘制建筑红线并且为建筑红线指定"所属地块"属性（图 2-2-51、图 2-2-52）。

图 2-2-51

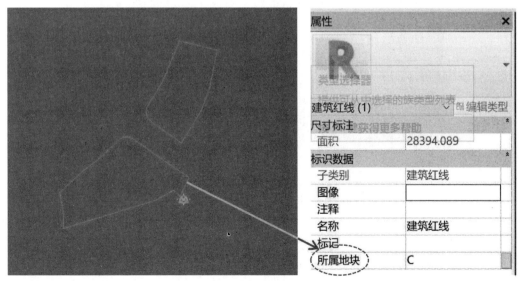

图 2-2-52

载入"建筑红线"标记（图 2-2-53，图 2-2-54）。

图 2-2-53

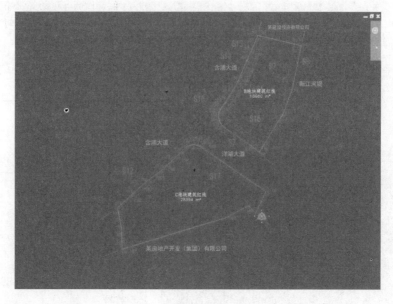

图 2-2-54

至此，我们便完成了对于用地红线这一图纸信息的导入工作。

**4. 模型信息**

从流程上看，三维模型的导入和二维图纸的导入流程很相似，都涉及坐标单位的统一、清理导入工作以及属性设置工作和后续的管理工作几个基本的步骤（图 2-2-55）。

但是随着建筑信息化技术的发展（BIM 技术，云技术），信息化协同的出现让原本单

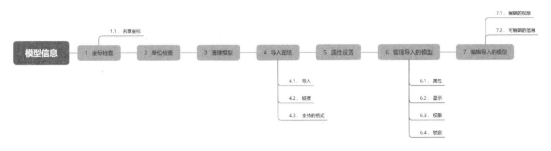

图 2-2-55　模型信息导入工作流

独的三维建模过程发展成为了跨软件的协作。不同软件虽然可以共享信息，但是对于同样的信息可能有着不同的定义方式和逻辑，我们以 InfraWorks 和 Civil 3D 之间的三维协同工作过程中模型信息的交互为例，我们会发现在信息跨软件传递时还增加了一个模型元素转换的过程：

第一步我们仍然要统一坐标和单位（图 2-2-56）。

图 2-2-56　坐标系和单位

而后，先在 Infraworks 中开展基础的概念模型工作并导出 IMF 文件（图 2-2-57）。

图 2-2-57

再将 Infraworks 的模型文件导入 Civil 3D 进行进一步操作。此时，Civil 3D 可以兼容的 Infraworks 模型对象被转换成了 Civil 3D 的图形对象，因此可以在 Civil 3D 中进行编辑（图 2-2-58）。

在 Civil 3D 中完成详细设计后，再次将模型导入 Infraworks 进行展示。这时，又需要将 Civil 3D 的模型对象转换为 Infraworks 支持的模型对象（图 2-2-59）。

这种流畅的转换正是信息系统中信息唯一性的巨大优势，因为在这两种软件之间流动的软件信息是唯一相同的，不同的只是命名方式，就好像我们有中文名也会有英文名，但是指代的都是同一个人一样。

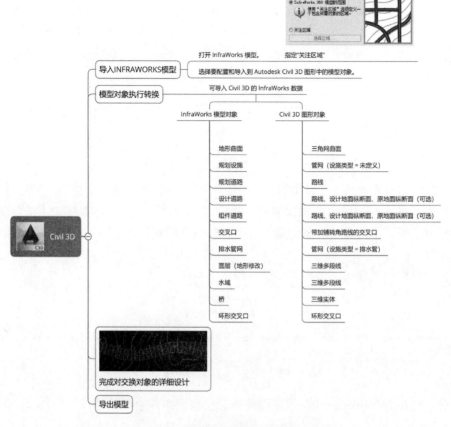

图 2-2-58

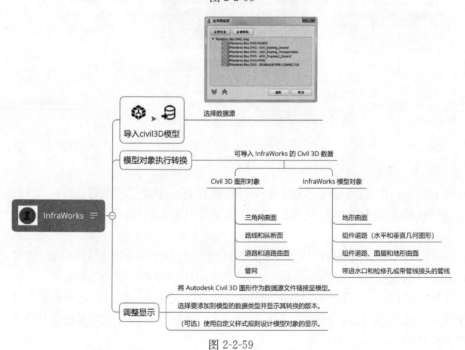

图 2-2-59

**5. 数据信息**

数据信息的导入工作流通常如图 2-2-60 所示。但是由于数据信息涵盖的范围很广，不同种类和类型的数据源差距较大，所以也需要根据实际情况进行相应的调整。我们以着重于场地前期设计的 BIM 软件 InfraWorks 为例（前文提到了其对数据优秀的兼容性），介绍其能处理的数据种类（图 2-2-61）。

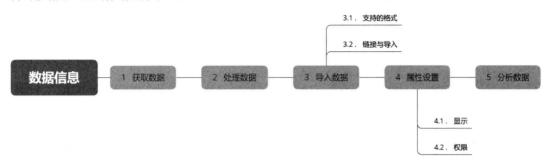

图 2-2-60　数据信息导入工作流

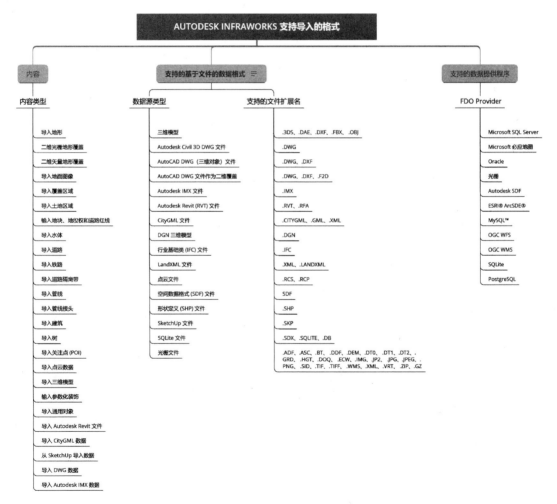

图 2-2-61　InfraWorks 支持的导入格式

我们以建筑设计前期最常接触到的两种数据类型：点云数据和 GIS 数据导入 Infra-Works 为例，简单地向读者介绍数据信息的导入工作。

首先是点云数据导入 Infraworks 的流程：

在 Infraworks 中，可以通过"数据源"面板添加点云数据，需要注意的是 Infra-Works 只能接受 rcp 和 rcs 格式的数据，las 需要通过 Racap 转化为 rcs。在导入数据后，InfraWorks 还可以调整点云的位置、比例、旋转、偏移以及显示（点云主题），如图 2-2-62 所示。

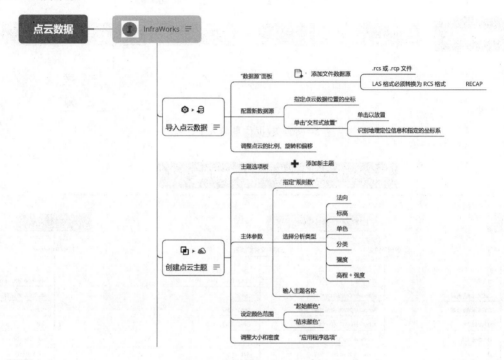

图 2-2-62　导入点运数据

除了点云之外，另一个建筑设计前期的典型数据类型就是 GIS 数据，同样的，我们以 InfraWorks 中导入 GIS 数据为例（图 2-2-63）。

**6. 其他信息**

这类信息没有明确的指向性，例如 InfraWorks 中导入的关注点（POI）或者地块、地役权和道路红线等信息。

使用 InfraWorks 导入指定现有地块、地役权和道路红线（RoWs）的数据的文件。指定数据类型——地块、地役权、道路红线。模型管理器在"关注区域"下列出了这些资源。对于包含这些类型集合的 SHP 或 SDF 文件，请选择"地块"。在画布中，可以从右键菜单中将个别地块要素转换为"地役权"或"道路红线"类型。可以在"堆栈面板"中更改样式。

使用 Revit 导入建筑构件：Autodesk Exchange（ADSK）文件（图 2-2-64、图 2-2-65）。

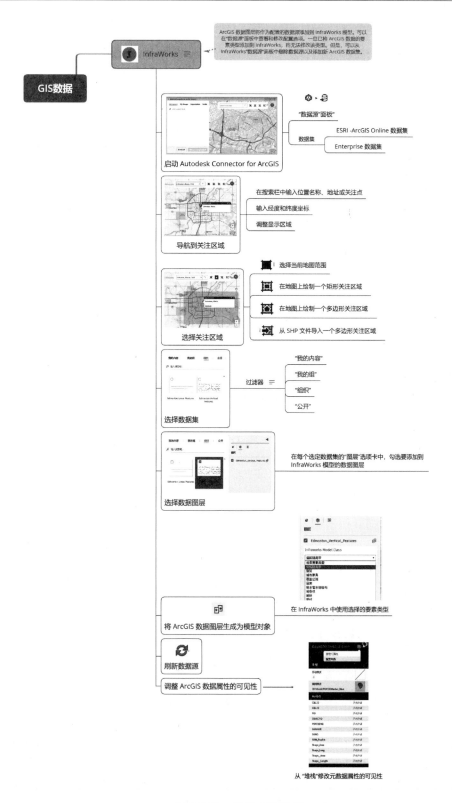

图 2-2-63　使用 GIS 数据

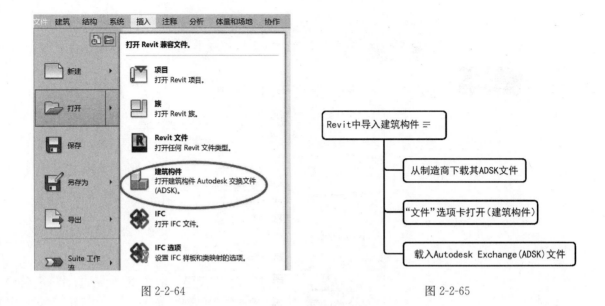

图 2-2-64                                          图 2-2-65

## 四、过滤与控制导入信息

### 1. 过滤导入的数据信息

在导入时过滤数据（Autodesk InfraWorks 为例）：

在 Infraworks 的数据导入过程中很重要的一步是配置数据或者说数据映射——将源数据的原始特性映射到模型中的指定特性，这个筛选过程主要有两种方式，通过表达式和通过脚本（图 2-2-66）。

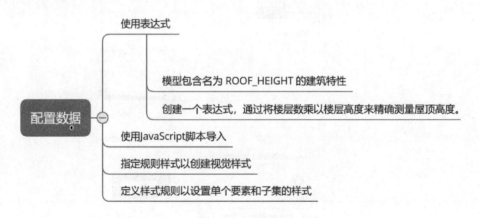

图 2-2-66   infraworks 配置数据

首先是通过表达式进行导入的筛选——表达式是跨所有受支持的 FDO 提供程序使用的一套运算符、函数、条件和选项，可过滤、搜索地理空间要素或设置这些要素的样式（图 2-2-67）。

在此过程中创建表达式所需要的表达式编辑器（图 2-2-68）。

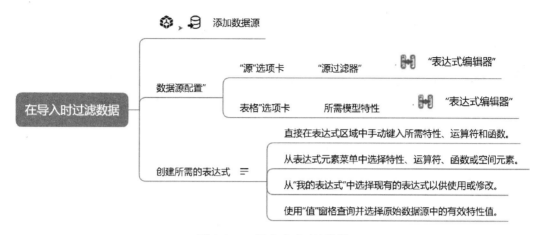

图 2-2-67　用表达式过滤数据

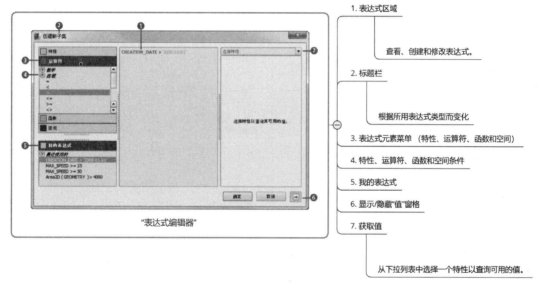

图 2-2-68　InfraWorks 表达式编辑器

InfroWorks 表达式现在支持的筛选方式则如图 2-2-69 所示。

当然表达式作为筛选方式，除了在导入的时候用于筛选和配置数据以外，还可以利用表达式过滤现有要素类或子集，为要素类中的要素定义样式规则，以及在模型中选择要素类或子集。

另一种方式是通过脚本来过滤导入的数据（图 2-2-70～图 2-2-72）。

如图 2-2-72 所示为例，该脚本根据特性"标高"的值改变街道的样式。

**2. 导入带有参数控制的建筑构件信息**

当导入的构件信息带有一些内置的可调整参数化时，我们就可以方便地对它们进行调整，而不需要再进入原本创建这些数字构件的软件环境。这种可以在一个信息构件中包含有自身调整信息参数的特点，可以使建筑信息化设计与其他相关的信息化领域（如数字制造业）方便地进行信息交换。

131

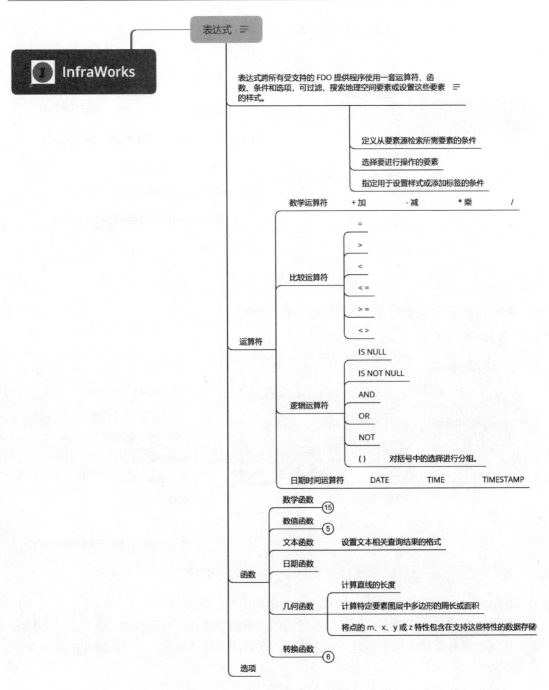

图 2-2-69　InfraWorks 表达式

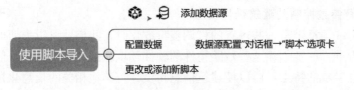

图 2-2-70　使用脚本导入

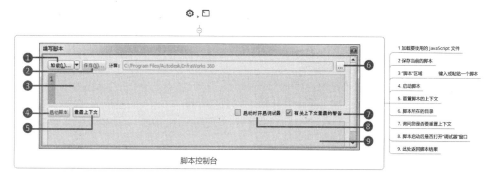

图 2-2-71 脚本控制台

```
1  function Process() {
2      ROADS.ELEV_FROM = SOURCE.ElevStart;
3      ROADS.ELEV_TO = SOURCE.ElevEnd;
4      ROADS.LANES_BACKWARD = SOURCE.LanesTo;
5      ROADS.LANES_FORWARD = SOURCE.LanesFrom;
6      ROADS.NAME = SOURCE.Name;
7      if ((ROADS.ELEV_FROM > 0) || (ROADS.ELEV_TO > 0)){
8          ROADS.RULE_STYLE = "DefaultStreetStyles:Bridge0";
9      if ((ROADS.ELEV_FROM > 0) || (ROADS.ELEV_TO > 0)){
10         ROADS.RULE_STYLE = "DefaultStreetStyles:Tunnel0";
11     } else {
12         ROADS.RULE_STYLE = "DefaultStreetStyles:Street0";
13     }
14 }
```

图 2-2-72 脚本控制

例如，Autodesk InfraWorks 支持使用参数化桥梁组件的零件和部件，以及组件道路和桥梁的参数化道路装饰（图 2-2-73）。

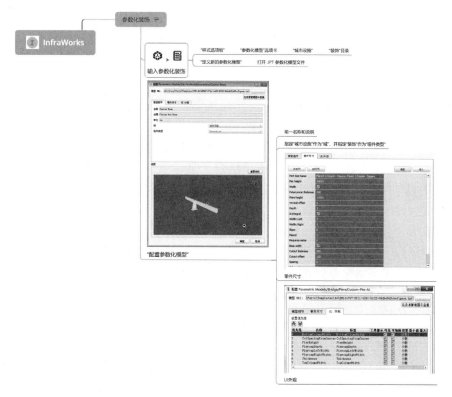

图 2-2-73 InfraWorks 参数化装饰

133

## 第三节　建筑设计前期站点的信息处理

对于建筑设计前期接收进入建筑信息系统的建筑信息，有些是可以直接应用的，有些则需要经过一系列的处理才能满足后续工序对于信息的基本要求，因此在信息接收之后，我们需要在建筑设计前期站点中对于部分信息进行进一步的处理。

### 一、信息的校验与整合

信息在经过筛选而进入到建筑信息系统之后，我们接下来就需要对导入的信息进行校验、检查以及整合工作。

**1. 信息的校验**

校验主要是确认信息的可靠性、准确性，最常见的是将不同来源的信息进行比较，以及排查单一信息源内部是否有矛盾冲突。在传统工作模式中，我们只能人为地进行数据的对比确认，这种方式往往只能排除一些明显的错误，而无法精确地检查误差。建筑信息化设计中使用的多种 BIM 软件目前都具备根据行业常用的功能进行一定程度的信息校验的预设功能。

例如，Autodesk Civil 3D 中可以使用地图检查功能——通过选择 Autodesk Civil 3D 直线和曲线标签，根据标签对象的注记精度执行地图检查分析，检查地物的长度、路线、周长、面积、闭合误差和精度，以确保将误差和失误降至最低（图 2-3-1）。

**2. 信息的优化**

对于校验完成的信息，我们将进一步进行信息的优化，将信息形式转换为利于操作的形式。譬如对于导入的模型和曲面进行优化，对于导入的数据进行简化等。

（1）基本清理工作

由于导入的信息量和信息的来源众多，因此我们需要尽可能地保证信息的整洁程度，这不但是保证信息流动顺畅性的要求，对于建筑信息系统的精简也十分重要。

所以在信息导入后，我们需要进行基本的信息清理工作，将冗余的、零散的无用碎片清理掉，例如在 AutoCAD 中我们使用 Purge 命令和 Qselect 命令进行相关操作，删除无用数据和冗余信息；MAP 3D 的图形清理增强工具也可以进行相应的操作（其同时也支持 Civil 3D），如图 2-3-2、图 2-3-3 所示。

（2）信息的配置或者属性设置

这一步是为了在软件中方便地使用信息所做的准备工作，是在完成信息导入筛选后将信息进一步进行定义以便分类和查找使用的一个必要的增加附加信息的过程。这种附加信息的本质其实是建筑信息系统的结构信息。例如，在 InfraWorks 中对于数据源进行的信息配置——可以使数据源属性与 InfraWorks 要素特性相关联（图 2-3-4）。

（3）信息的转换

信息形式的转换是将导入的信息转换为建筑信息系统内部流通或者软件内部定义的信息的过程。

1）在软件内部转换

如 Infraworks 中导入等高线文件时，可以在"转换器"选项卡上直接将等高线转换为

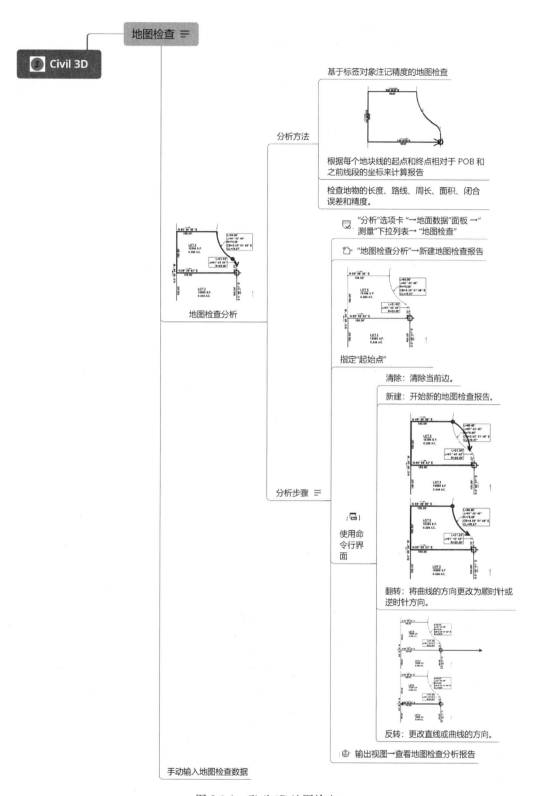

图 2-3-1 Civil 3D 地图检查

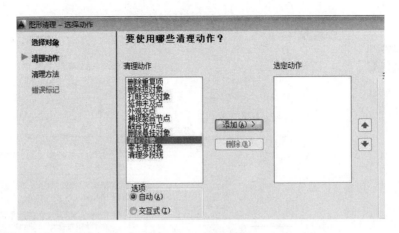

图 2-3-2 图形清理

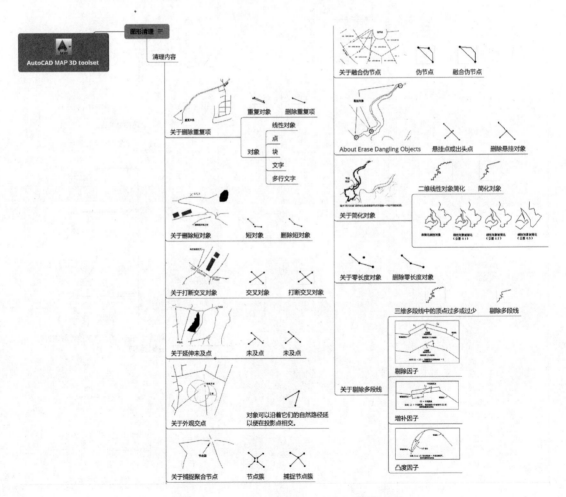

图 2-3-3 AutoCAD MAP 3D toolset-图形清理

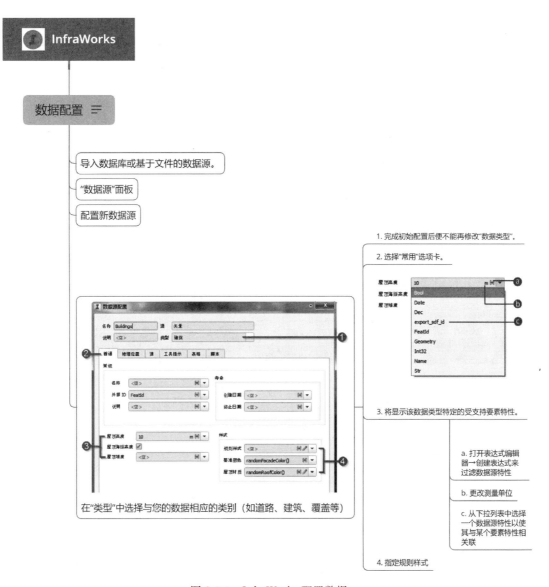

图 2-3-4　InfraWorks 配置数据

网格；导入光栅文件时，可以创建或填充曲面中的孔洞，并在"光栅"选项卡上指定标高。

2）软件之间转换

软件之间的信息传递往往涉及信息的转换，典型例子如前文提到的 Civil 3D 和 Infra-Works 进行数据传递的时候对于同样信息的不同定义需要进行数据信息的转换，这是可以通过软件的属性设置默认执行的操作。

A. Civil 3D 导入 InfraWorks 的转换对应关系（图 2-3-5）。

B. InfraWorks 导入 Civil 3D 时的转换对应关系（图 2-3-6～图 2-3-8）。

3）跨平台转换

通过 Autodesk® Civil Engineering Data Translator 还可以将 Bentley® GEOPAK® 和

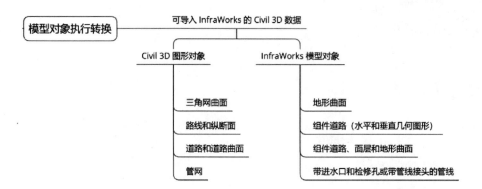

图 2-3-5

图 2-3-6

图 2-3-7

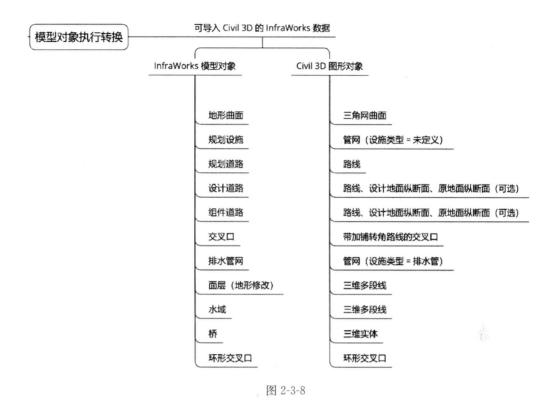

图 2-3-8

Bentley® InRoads®文件转换为可以在 Autodesk® Civil 3D®中使用的文件格式，从而实现平台层面的信息转换（图 2-3-9）。

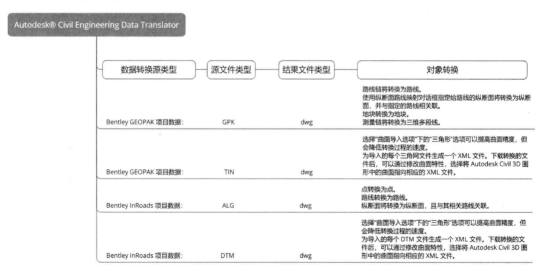

图 2-3-9 Autodesk® Civil Engineering Data Translator

4）将数据转换为行业模型

MAP 3D 可以定义从源数据到当前行业模型中相应要素类和属性值的映射，这样可以在一次操作中转换多个数据源。也可以将过滤器应用到数据源，从而只转换每个源中所需的数据。

　　行业模型包含预定义的、行业特定的模式。基于文件的行业模型图形是包含行业模型的常规 DWG 文件。企业行业模型使用特定的 Oracle 数据库，有用于电气、水和废水行业的基于文件的行业模型（图 2-3-10）。

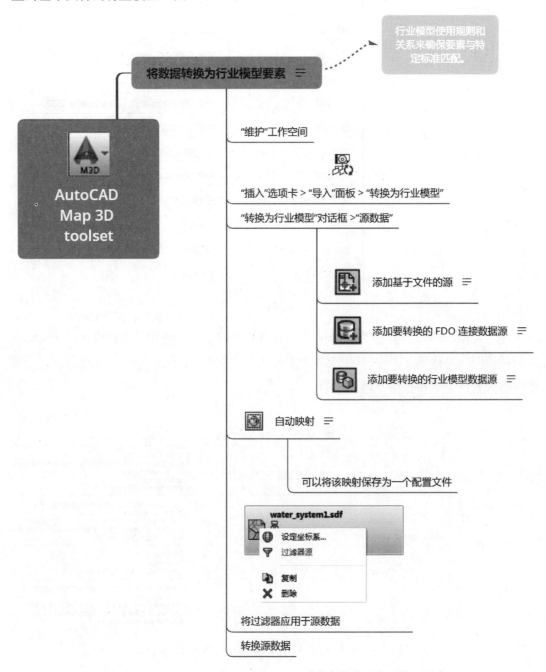

图 2-3-10　AutoCAD MAP 3D toolset—将数据转换为行业模型要素

　　（4）信息的分析优化

　　在 Civil 3D 中常使用的对于测量数据的分析和优化（图 2-3-11）。

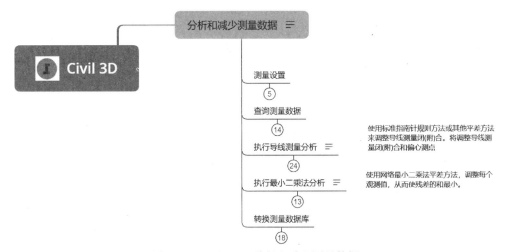

图 2-3-11   Civil 3D-分析和减少测量数据

其中，常用的两种分析方式为执行导线测量分析来调整导线测量闭合和偏心测点（图 2-3-12）。

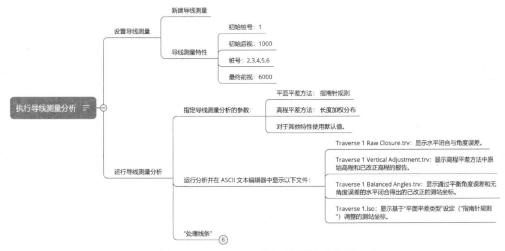

图 2-3-12   Civil 3D-执行导线测量分析

而最小二乘法分析则用于调整每个观测值使残差的和最小（图 2-3-13）。

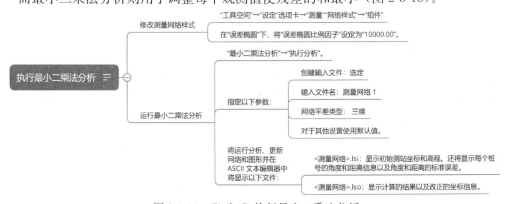

图 2-3-13   Civil 3D-执行最小二乘法分析

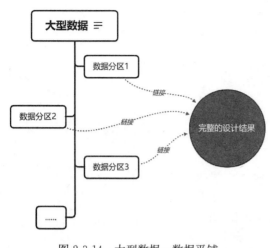

图 2-3-14 大型数据—数据平铺

（5）大型数据的优化管理

对于大量的信息数据或者可能遇到的单一大型数据集，我们需要进行进一步的处理以保障信息工作流的流畅性，此时我们通常建议的做法是——数据平铺。

例如在处理大型的曲面、由多个地块组成的项目等复杂的建筑项目的时候，可以将其拆分成多个部分，分别放置在不同的文件中工作。在需要使用的时候进行外部链接拼合使用，从而保证单一文件的优秀性能（这是本地工作存在的问题，如果借助云技术则可以方便地解决这一问题），如图 2-3-14 所示。

### 3. 信息的调整

如果我们想调整个别的信息，可以手动修改，但是如果我们想批量地修改信息，就要依赖 BIM 软件的信息处理能力，我们继续以 Civil 3D 对于测量数据的处理为例（图2-3-15）。

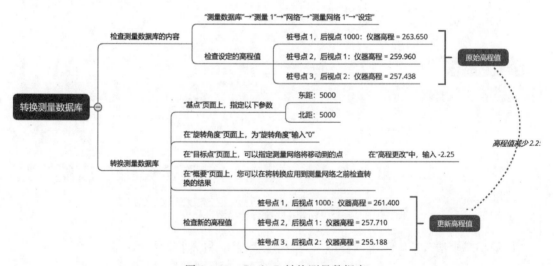

图 2-3-15 Civil 3D 转换测量数据库

### 4. 信息的整合

信息的整合对于信息处理是非常重要的过程。在此之前我们所提及的信息处理是针对单一信息源的单一种类的信息，并且都是使用单一数字工具进行处理。当读者开始真正面对多源的信息，最迫切需要整合的信息有两种情况：

第一种，是从众多的信息源中整合出一个唯一的权威信息。例如，三维场地模型中可能会有用地红线信息，规划局提供的规划许可文件中会有用地红线的相关信息，市政相关文件中也会有这类信息，这种时候我们只能人为地为每种信息选择其最权威、最合理的来源。这一点对于保证系统中每一个信息的唯一性非常重要（前文有论述），在保证信息系统后续的应用的同时，也可以减少信息量和重复冗余信息造成的误差。

第二种，则是将从多种信息源得到的多种形式的相关信息联系在一起（展示或者不展示出来），便于之后对信息进行对比观察、分析、使用。这种信息的整合工作即使在传统的设计工作中也会频繁的出现。比如，设计伊始我们所准备的场地模型可能就由 dwg 文件的二维场地信息、光栅基地卫星地图、skp、rhino 等格式的三维周边建筑信息构成。随着信息化工作流的来到，我们可以整合的信息也变得更加多源化，比如 DEM 带高程的图片信息、GIS 等富含多个信息图层的数据源都可以被整合进来用于服务设计。

（1）多源信息的筛选整合——寻找权威的信息内容

第一种情况对应的是一个信息的寻找过程，之所以称为寻找是因为相比其他的信息处理程序，这个过程是相对主动的，带着目的的甄选信息的过程，目前这部分工作一般还是人工为主，计算机辅助完成的。

在建筑信息化设计中，虽然目前还没有成熟的产品，但是通过可视化编程技术与二次开发仍然可以一定程度上让数字软件具有一定的自动甄别并且整合信息的能力。例如，对于每一种建筑需要的信息定义其"合法"的"数据源"，可以根据来源的可靠程度而设置"优先级"，从而让信息自动地进行筛选和整合（图 2-3-16）。

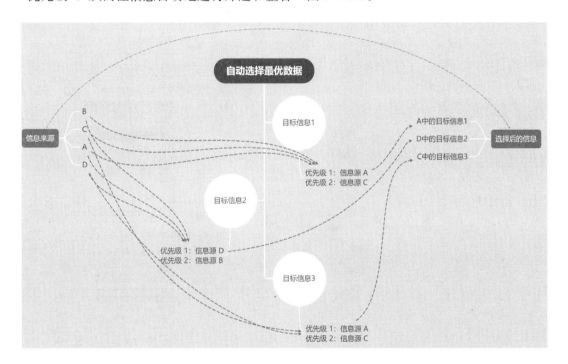

图 2-3-16　自动选择最优数据

（2）多源信息的叠加交互整合

对于多个来源信息的物理层面的整合，对于建筑从业者来说并不陌生。建筑信息化设计工作流中我们所面对的基本问题与传统模式中的问题是一致的，只是信息内容本身变得更加丰富、丰度更大、来源更加广泛。因为多源信息的整合在实际应用中非常灵活且宽泛，这里仅以 MAP 3D 中对于地图、道路和地块的叠加为例，简单说明这种整合的实际处理方式（图 2-3-17～图 2-3-19）。

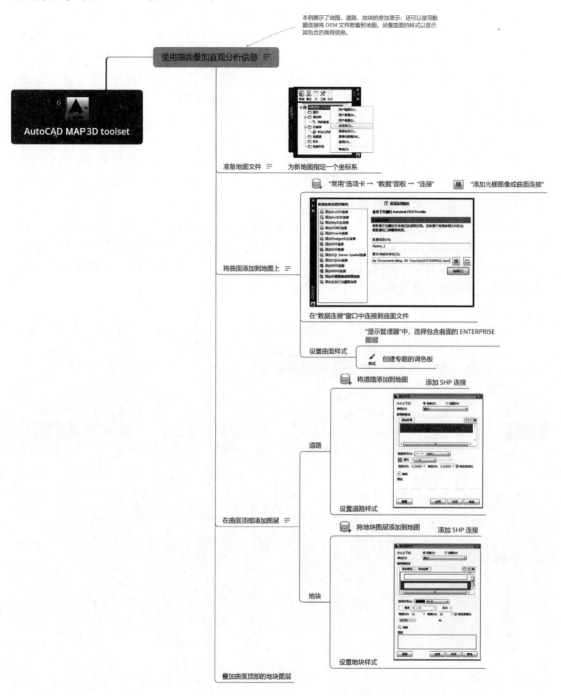

图 2-3-17　AutoCAD MAP 3D toolset—曲面叠加直观分析

　　在 MAP 3D 中还可以将其他数据库中的信息关联到 GIS 的对应图层，将一个数据库表关联到另一个数据库表，从而提供了进行数据分析的更多选项。MAP 3D 不仅可以创造一对一的关联，还可以创建一对多的关联。

图 2-3-18 在地图曲面上叠加了道路图层　　图 2-3-19 在地图曲面上叠加了
道路图层和地块图层

## 二、信息的分析和应用

在建筑设计前期这一站点内部我们除了将系统外的信息导入建筑信息系统这项工作外，还需要将信息转译为建筑信息系统可识别方便利用的形式，以便在之后的工作中使用。除了对信息的校验与整合之外，很多时候对于信息的建筑信息化处理还要涉及对导入信息的分析、应用和展示三个处理步骤。

### 1. 信息的分析

对于信息的分析总体分为两大类，一种是针对单一信息源的深入挖掘——将某一个整体的信息，如模型、图纸、图片或者曲面分解为若干层次或者若干方面的信息来解读并且展示出来，从而方便我们进行观察、比较以及使用。是一种信息的发散式分析，例如MAP 3D 中的曲面分析（图 2-3-20）。

另一种信息的分析是由信息的汇集带来的多源的信息叠加整合优势，这种分析刚好与前者相反，是从散布的信息得到一个聚拢信息的过程。

（1）Civil 3D 曲面分析（图 2-3-21～图 2-3-24）

（2）MAP 3D 中的数据分析（图 2-3-25～图 2-3-27）

（3）MAP 3D 要素的叠置（图 2-3-28、图 2-3-29）

从上述列举的 Civil 3D 和 MAP 3D 中部分的分析功能，我们不难看出，两者可以配合共同用于设计前期的场地设计分析工作，例如对设计的基础场地进行场地高程模型及分析、坡度、坡向分析、地质分析等，并且可以容易地将其可视化展示出来供我们作为设计参考，这就是信息所赋予我们的新的力量，随着信息广度和信息深度不断地增加，我们所能从信息中挖掘出来的内容的深度不仅是线性的增长，而是远超越我们的想象的。

### 2. 信息的应用

除了分析以外，我们在设计前期也会涉及部分对于信息的应用。在第一部分信息的分析中针对的仍然是导入的原始的信息，信息的总量没有改变，只是通过各种筛选、总结、整合、展示的手段使其便于利用。

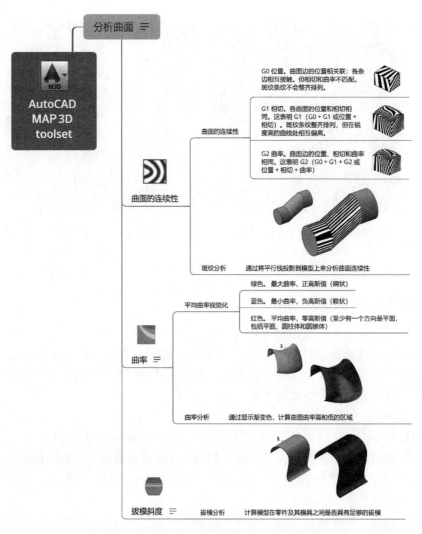

图 2-3-20　AutoCAD MAP 3D toolset—分析曲面

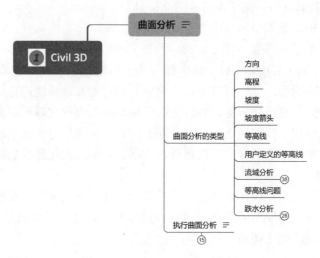

图 2-3-21　Civil 3D—曲面分析

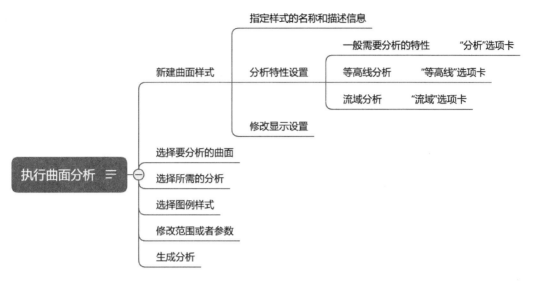

图 2-3-22 Civil 3D—执行曲面分析

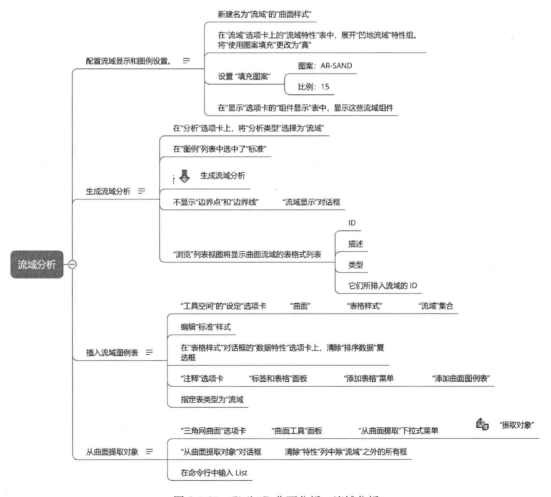

图 2-3-23 Civil 3D曲面分析—流域分析

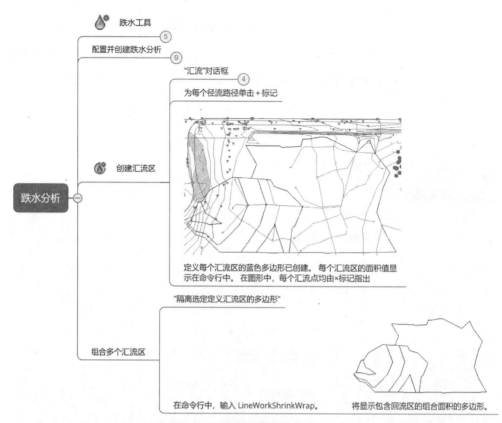

图 2-3-24　Civil 3D 曲面分析—跌水分析

图 2-3-25

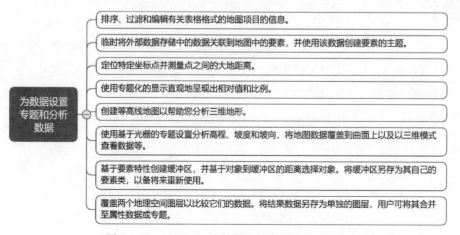

图 2-3-26　MAP 3D 为数据设置专题和分析数据

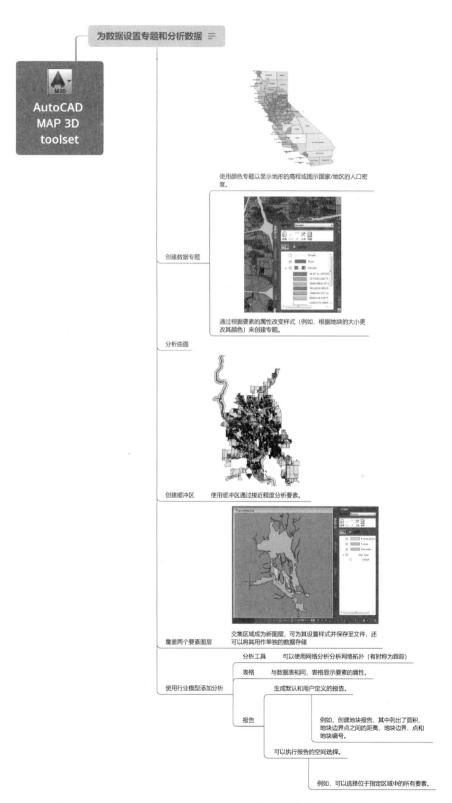

图 2-3-27　AutoCAD MAP 3D toolset—为数据设置专题和分析数据

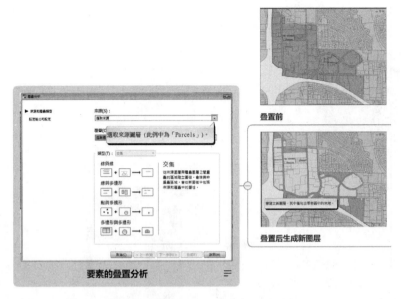

图 2-3-28　MAP 3D—要素的叠置分析

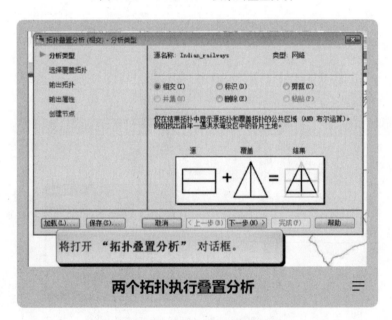

图 2-3-29　MAP 3D两个拓扑执行叠置分析

　　而在信息的应用中，是利用现有的信息在站点内部创造出新的、流向下一站点的信息。例如，将输入的一些描述性的文字转换为建筑信息——限制条件、约束，或者共享参数等。

　　（1）Civil 3D查询功能（图2-3-30）。

　　（2）Autodesk参数化图形和约束，从而保证图形其符合整个项目的设计要求（图2-3-31）。

　　（3）Civil 3D修改设计规范文件，完成将文字信息转换为设计制约条件，方便后续设计的自动校核（图2-3-32～图2-3-34）。

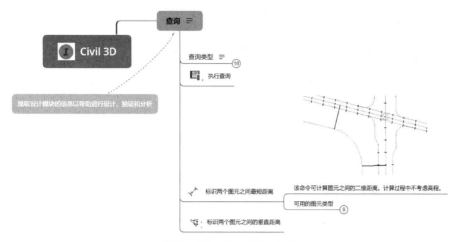

图 2-3-30　Civil 3D—查询

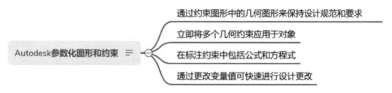

图 2-3-31　Autodesk 参数化图形和约束

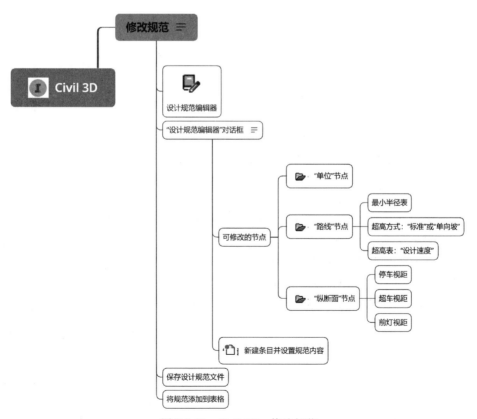

图 2-3-32　Civil 3D—修改规范

图 2-3-33

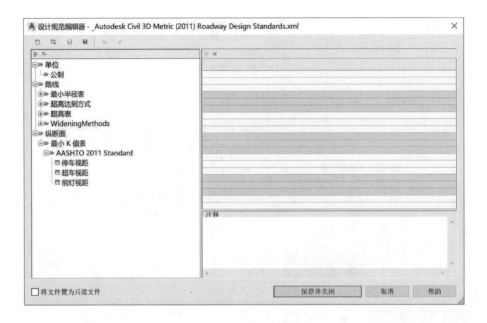

图 2-3-34　设计规范编辑器

（4）Civil 3D 设计检查（图 2-3-35、图 2-3-36）。

在完成设计检查和设计检查集的设置之后，我们再进行"创建路线"的操作（图 2-3-37、图 2-3-38）。

**3. 抽象信息的可视化展示**

信息具有共享的便捷性，传递的快捷、准确性等优势，但是这种特点并不容易被从业者直观地理解和解读，因此信息化数字软件都致力于尽可能地将抽象的信息以可视化的形式展示出来，供设计师直观方便地使用。

（1）MAP 3D 点云颜色样式化和视觉效果（图 2-3-39）。

（2）MAP 3D 根据高程对曲面着色，以及根据坡度对曲面找色从而观察地形的曲面和陡峭程度（图 2-3-40、图 2-3-41）。

（3）Raster：

同样的，Raster Design 工具集同 MAP 3D、Civil 3D 等软件结合起来的时候也具有分析图像信息的能力，这一点也便于我们迅速地提取出光栅图片中的信息并且将其可视化展示（图 2-3-42）。

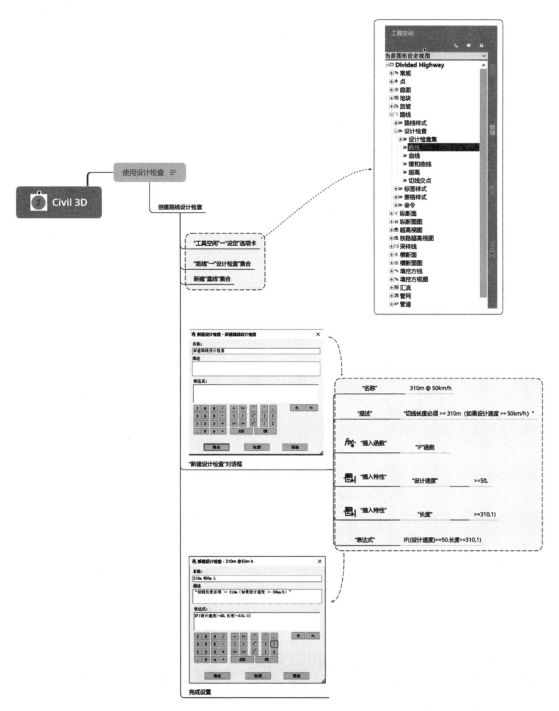

图 2-3-35 Civil 3D—使用设计检查

将设计检查添加到设计检查集

"工具空间"→"设定"选项卡　　　　"路线"→"设计检查"集合

新建设计检查集

"路线设计检查集"对话框→"设计检查"选项卡

"类型"列表中选择"直线"

"直线检查"列表中，选择"310m @ 50km/h"

在"路线布局参数"对话框中，检验"长度"值

在"设计检查"面板中，请注意，警告符号将显示在您创建的"310m @ 50km/h"设计检查的旁边。

在"布局参数"面板中，请注意"长度"值小于设计检查指定的310 米。

图 2-3-36

图 2-3-37

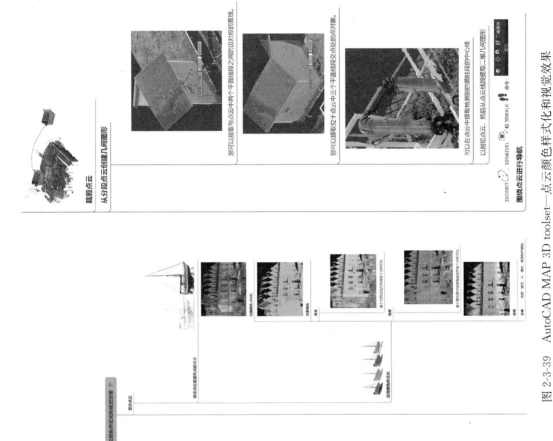

图 2-3-39  AutoCAD MAP 3D toolset—点云颜色样式化和视觉效果

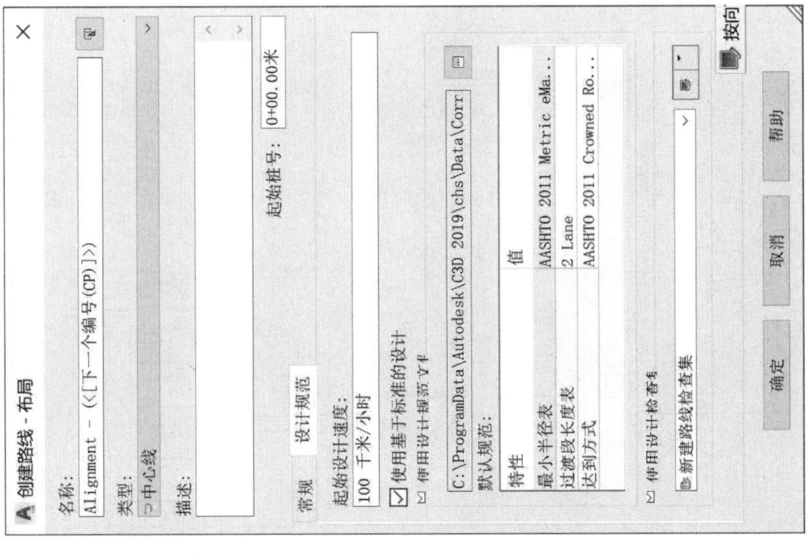

图 2-3-38

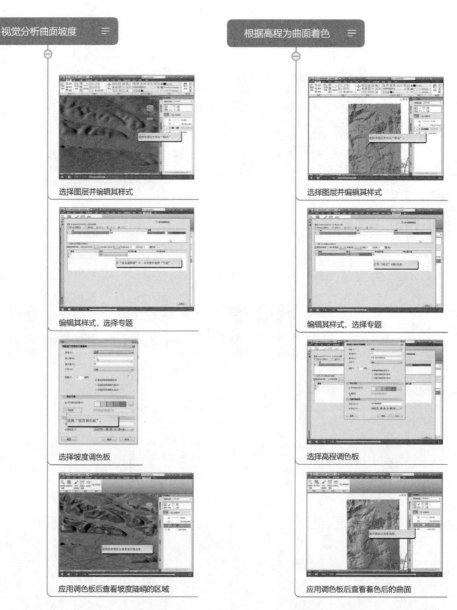

图 2-3-40　MAP 3D—视觉分析曲面坡度　　　图 2-3-41　MAP 3D—根据高程为曲面着色

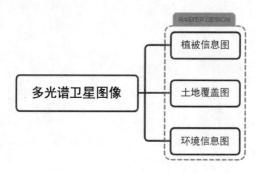

图 2-3-42

或者从 DEM 文件直接创建彩色高程图（http：//help.autodesk.com/view/RSTR/2019/ENU/？guid＝GUID-87C8FBAA-4293-41DD-971A-7B8E5BA28B3E），如图 2-3-43 所示。

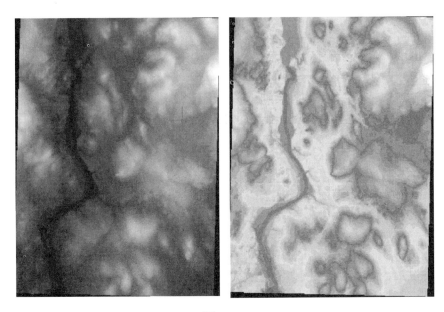

图 2-3-43

Raster menu ⊳ Correlate ⊳ Match

（4）InfraWorks 中运用点云数据生成地形。

我们前文讲到的点云数据导入 Infraworks 后，继续用其生成地形（图 2-3-44）。

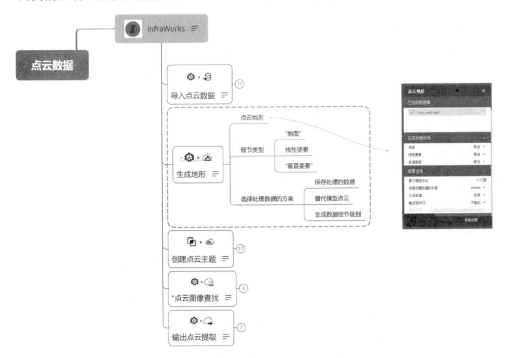

图 2-3-44　点云数据生成地形部分

对信息的分析、应用、展示的主要目的是因为要让一些已有的数据变成流动的，在站点内部和信息站点之间流动起来，流动的数据才是信息。使我们的信息模型更好地服务于设计。

## 三、使用预定义与可视化编程技术处理信息

通过预定义的动作、宏以及预定义工作流等功能，BIM 技术相关的软件已经具有一些信息的智能筛选和操作的能力，因而可以代替我们完成一些枯燥而重复的机械工作。例如 Civil 3D 中的宏定义，AutoCAD MAP 3D toolset 的预定义工作流，都可以自动完成一组过程。

（1）预定义工作流（图 2-3-45）。

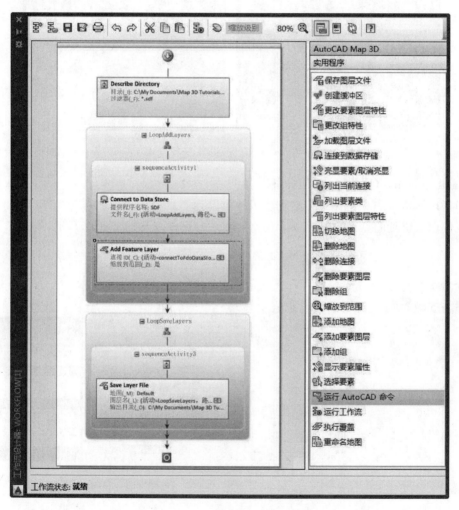

图 2-3-45

LoopAddLayers 可对指定的项目集合迭代执行指定的动作。将检查"显示目录内容"活动中指定的文件夹中的每个 SDF 文件。对于每次迭代都会连接到一个 SDF 文件并将要素图层添加到"显示管理器"中。

（2）可视化编程软件 Grasshopper 将点云文件转变为地形（图 2-3-46）。

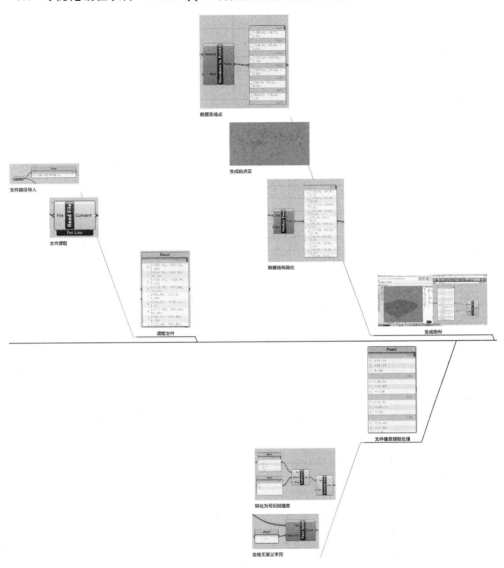

图 2-3-46

原始点云文件（图 2-3-47）。

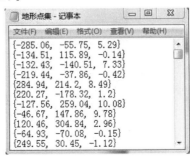

图 2-3-47

读取文件（图 2-3-48、图 2-3-49）。

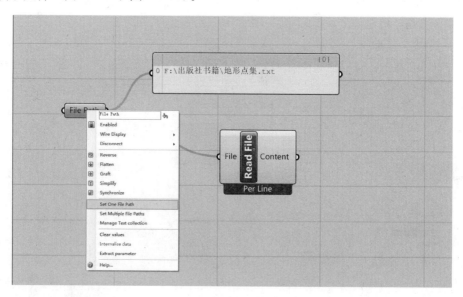

图 2-3-48

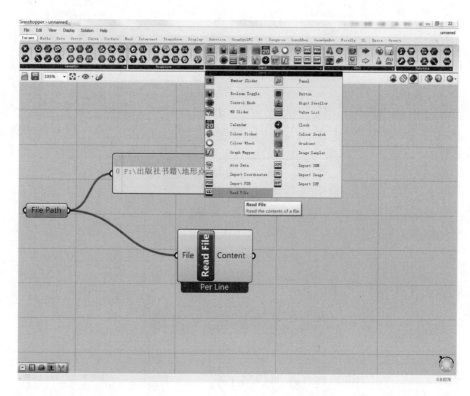

图 2-3-49

删除无用字符（图 2-3-50）。

生成空间点（图 2-3-51）。

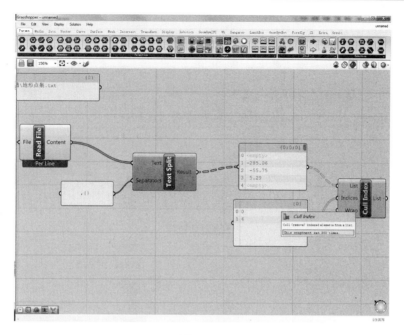

图 2-3-50

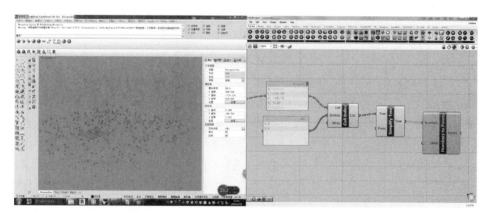

图 2-3-51

生成地形（图 2-3-52、图 2-3-53）。

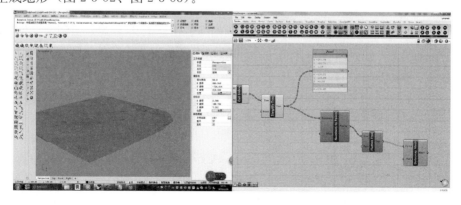

图 2-3-52

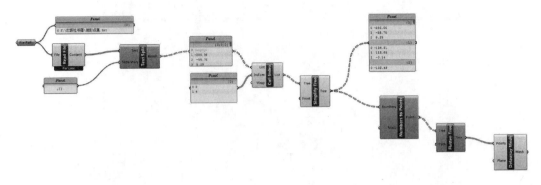

· 图 2-3-53

## 本 节 小 结

如果要处理的问题更为具体、个性化，以至于软件的设计方或者平台还没有进行预制的相应功能的开发，那么我们就可以通过可视化编程技术和云技术实现许多信息处理方式的自定义，以及流程的编制和预设。用过针对特定的行业、企业、项目或者功能的信息处理方式定制和标准设定，即可以将重复机械的人工劳动减到最少，也可以将信息处理的人为随机性降到最低，进而将建筑信息的系统性和建筑信息工作流的工作效率提升到最高。而且可以最大限度地满足企业、项目的针对性要求，满足建筑工作中存在的特异性。

除了方便便捷，设计师可以快速掌握进行许多二次开发功能的可视化编程技术，现有的 BIM 技术系统在二次开发上都是开源的，因此可以方便地进行针对企业的二次开发。通过云协作，可视化编程成果和二次开发的资源也可以轻松快捷的进行共享，从而避免了同样问题重复的开发问题。

信息工作模式所带给我们的超越了空间、模糊了时间的便捷性，让工作效率以一种非线性的速度大大的提升。在云技术与可视化编程技术协助下，设计师可以突破原有软件功能的限制，从而最终达到本质上一切需求性的、非设计的因素都可以在这个工作流中由相关专业人员完成，而非今天的由设计师自己学习许多计算机技术来完成。

建筑设计工作者的核心价值在于综合信息、设计以及决策，新的工作流带来了新的分工模式，将建筑从业者从无穷尽的对于新的技术的学习和应用中解救出来，让其再次专注于寻找设计策略，解决设计问题，是一种基于网络、信息的再一次分工调配。通俗点说，就好像我们发现了一种新的"流水线"，这将从根本上改变了我们的生产模式、管理模式，极大地提高了我们的生产力。

## 第四节　建筑设计前期信息的向下传递

### 一、概述

在前面的过程中，我们将收到的来源于各个供应方的单一的，或者多个单一数据的合集整理成为建筑信息系统中的一部分。比如，将原本规划中可能用 123 来指代基地的模型和地勘中用 ABC 指代的基等信息进行整理处理，最终形成了一个我们称之为"场地"的建筑信息集合。这个场地包含有规划的限制条件、地勘的数据报告；有气候、自然条件的信息；有地形的变化还有周围的建筑、绿化、水系等基本条件，甚至可能有卫星的地图、人口、环境、消费的统计数据等信息。

在已经将建筑设计前期阶段拥有的所有的信息都进行了清理、定义以及整合，甚至进行了进一步的分析取得了一些辅助设计的新的基本信息之后，我们要面临的问题是——谁要使用这些信息？如何使用这些信息？

这就是我们本部分需要解决的问题——信息如何向下游其他信息站点传递，如何将信息再分类和分流才能让使用者以最高效和最合理的方式使用信息，从而将信息设计的优势发挥到最大。

## 二、信息的分流与再分类

信息向下一个站点传递其实就是信息移动并到达使用信息的对象或者处理终端的过程。这里可以拆分成两方面来看，一方面是从信息本身的角度，另一方面则是从处理和使用信息的主体，信息站点的角度。从信息自身的角度看，在开始传递时，信息将不再按照其形式进行分流，而是按照它所携带的内容进行分类分流。

这一阶段的信息分流是指将接收的信息以内容进行重新再分流，以供之后的信息流程中不同分工的从业人员方便接收使用。经过之前的过程，信息被整合入建筑信息化设计的工作流中成为建筑信息。在这里我们按照建筑信息化设计工作后续信息处理站点的需求对建筑信息进行再分类，并将这些已分类好的建筑信息进行再一次的信息分流，将对应的信息引导流向其所归属的对应的信息处理站（设计工作）。

这个过程就好像乘客在通过了安检之后寻找正确的列车和站台，或者我们日常在就诊时经过预诊的判断而后被分流通向不同的部门候诊一样，是一个信息的再组织过程。建筑设计前期这一部分工作的任务就是尽可能精准地将已经进行了再分类的信息输送到其目的地（图 2-4-1）。

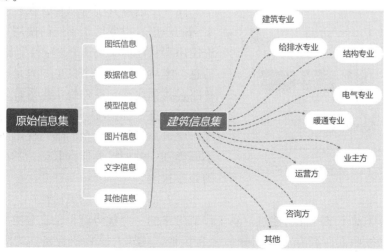

图 2-4-1　信息的重新分类

**1. 信息的再分类**

此时的信息分类所依据的就不再是信息存在的形式，而是信息本身所携带的可供我们读取的内容了。然而我们会发现这种分类是很难被定义的，因为同一种信息可能会同时服务于多种目的，有多种被分类的可能性。这里我们需要强调建筑设计前期信息向下传递的过程中，信息再分类过程中的一个重要特性，即"信息的分类不是唯一的，也不是一一对应的"。

（1）信息再分类的不唯一性

这种不唯一性首先体现在同样的信息可以归属于多个信息分类，如图 2-4-2 所示。

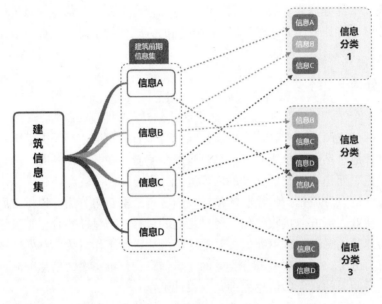

图 2-4-2　信息的分类不唯一

从上图我们可以清晰地看出同样的信息可以出现在不同的类别中，但在这里读者需要尤其注意的是信息自身仍然是唯一的（图 2-4-3）。

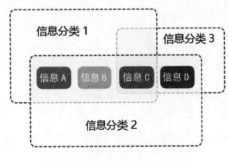

图 2-4-3　信息的唯一性

同一个信息其实可以包含在多个类别中，被不同的使用者提取用于不同的使用目的，但是无论使用者从任何"渠道""路径"提取到的相同信息，本质上都是一个信息，只是通过不同的系统路径找到而已。在建筑信息系统中，存在拓扑关系的信息，都是唯一的。在实际的信息化设计工作中，为了保证信息的唯一性，所有的信息在不同类别中首先需要保持联动，其次需要有唯一的修改权限。

（2）信息再分类的灵活性

信息再分类的不唯一性为建筑信息工作流带来的一个优势就是信息分类的灵活性。我们可以将信息按照其所属专业来划分，分为场地、建筑、结构、设备、规划、景观、管理、策划、咨询等类别；可以按照信息其空间性进行划分，例如多个地块的项目按照地块将信息分类、对于综合类建筑将信息分为裙房、地下室、转换层、标准层的信息等；可以按照信息被使用的方式分为虚拟的信息和实体的信息；或者按照信息被读取的方式分为视觉图形信息、数据统计信息和文字描述类信息；按照信息服务的设计阶段将信息归为设计信息、管理信息、施工信息、运维信息等（图 2-4-4）。

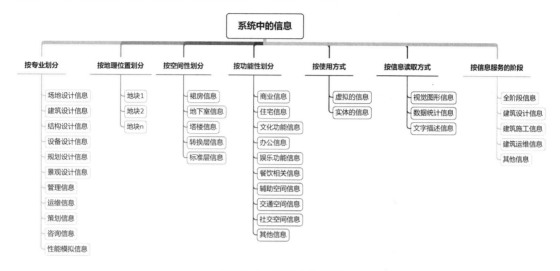

图 2-4-4　系统中的信息

注：上图只是简略地列举一些常见的分类方式。

除了我们列举出的这部分大的分类，BIM 技术通过信息筛选的相关功能（例如，过滤器、代码集、编组，以及可视化编程和二次开发的辅助功能）可以不断地增加新的分类，比如拥有某一共同特点的构件都分为一个新的类别，或者拥有某种颜色的形体都分成一个新的类别，高程高于某一范围的高程线，面积大于某一个值的所有房间等。

例如，如图 2-4-5、图 2-4-6 中所示的在 Autodesk Revit 中运用过滤器功能，第一组图中给水排水的喷淋和暖通的新风、排烟、空调移机风机盘管系统同时被显示。通过过滤器将裙房的暖通设备可见性取消后，我们可以在第二组图中单独筛选显示给水排水的喷淋系统，便于我们进行设计、操作和分析。

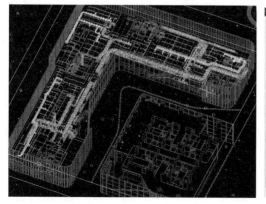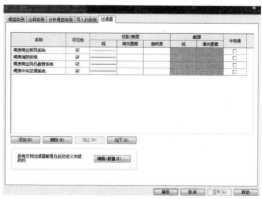

图 2-4-5

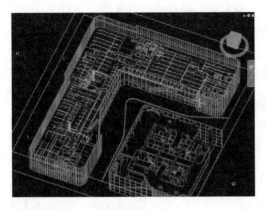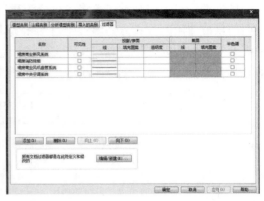

图 2-4-6

（3）信息分类的动态性

建筑信息系统中信息分类的可能性几乎是无穷的，根据使用者对信息的使用需求变化，信息分类是可以不断地增加的。所以建筑信息系统中的信息分类个数是不固定的、动态的，一直都在发生变化。信息的不同分类随着使用者的需要，可以随时在建筑信息系统中的各个位置被创建（注意，信息分类不等于信息，信息是有限的、唯一的）。

从这个角度看，在信息的再分类这一问题上，使用者是完全自由的。使用者可以自由地创立信息的筛选原则，从而定义一个信息类别，因此这种分类的具体操作是无法被穷尽的。但是对于建筑信息系统来说，不论是信息还是信息分类都并不是越多越好，对于实际的设计工作而言，我们需要的是能最快速地得到有效信息。就好像在一个交通体系中我们并不是分散的线路越多越好一样，我们需要的是能最直接、最快速地到达我们的目的地。为了能够达到这种分类效果，我们在信息分类的基础上还要引入信息结构的概念。

**2. 信息的结构**

要如何组织这些信息才能方便、高效地获得和使用信息，从而满足我们设计、施工、建造、运营的需要呢？这就需要我们进一步思考关于信息结构的问题。相对于前文的部分，信息结构的相关知识会相对的抽象一些。

（1）改变平板的数据结构

改变原本散布的平铺数据结构，是为了更好地将其信息化，使用信息并完成信息的传递，进而完善我们的建筑信息系统。

传统的工作流中因为没有（或不重视）信息这一概念，因此信息形式往往是没有经过组织的。在信息化设计的一开始，就需要为建筑信息系统设计信息的架构，这在新的信息化工作流中非常重要。

如前文所论述，在传统的生产流程中，建筑设计前期我们所收集的大量资料是无规律、平铺在我们面前让我们使用的，其存在的方式是不定向的并且随机的。这种数据模式首先并不是信息，其次它的结构是与建筑信息系统完全不同的。因此，这种数据结构迫切地需要改变以适应新的信息化工作模式，在做出改变之前，首先我们需要了解建筑信息化设计下的信息系统的信息结构（图 2-4-7）。

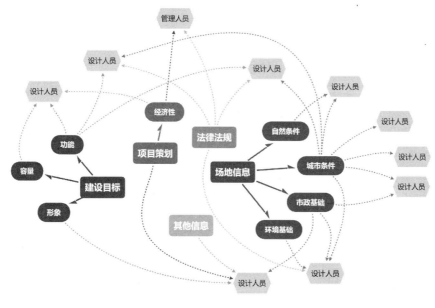

图 2-4-7

（2）信息的等级制度——逻辑层级（Hierarchy）

当我们在实际进行信息分类工作的时候，很快就会发现不同分类其重要程度并不是平行一致的，有些分类总是比另一些分类看起来"更重要"。

这是因为在建筑信息系统中，信息所处的结构位置并非是"平等的"，而是一种有等级的结构。信息是分级别的，就好像我们日常处理事情的优先级一样，如果对所有的事情一视同仁就会引起工作的混乱。因此在每一个信息的分类方式中，都会存在一级的信息——最重要的信息，需要优先被考虑和处理；二级的信息——次重要的信息，需要及时的被考虑和处理；三级的信息——再次要的辅助信息，可以酌情处理等。就像从信息的制约性角度来看，有的信息类别对于设计有强制性的要求，有的信息类别则是建议性的要求，有的信息只是辅助型的补充信息。这些信息的处理优先级有着明显的不同。

而从信息对专业分工的范围影响看，有的信息类别需要被专业性较高的人了解并遵守，有的则只面向部分专业的人，还有大量的信息只需要在某一专业内部流动，甚至只在某一个具体的设计过程或者某一处细节设计的时候才会被使用。

同样的，从纵向的信息所服务的时间和阶段上看，信息所覆盖的阶段也不尽相同，有从始至终贯穿整个设计流程的信息，也有仅服务于场地设计、建筑空间设计，或者场地市政设计等某一个设计范畴的信息类别。

从信息的适用范畴看，有只针对某一个项目的特殊信息，有某一个公司或者设计单元所共享的信息（可以通过二次开发预制化），还有可以进一步推广至行业运作的信息（许多这种通用的信息都被包含在了软件的预设中）。

不难发现，无论上述哪一种情况，信息都是有等级的。在这里可以粗略地先将其理解为一级信息、二级信息和三级信息。而上文中所提到的四种情况则是建筑信息等级制度经常涉及的四个维度（图 2-4-8）。

通过这种方式进行再次分类整理过的信息，读者便可以根据自身所处的设计阶段、设

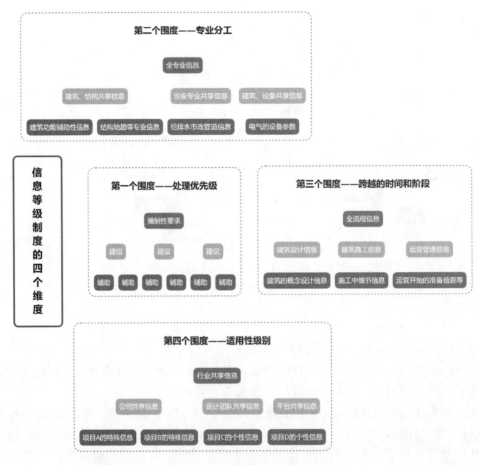

图 2-4-8　信息等级的四个维度

计专业，设计的目标轻松地取用相应级别的信息。本文将简略地显示了信息在四个维度分级下的信息结构，其中显示为红色的信息为一级信息，黄色中间字号为二级信息，绿色小字部分为三级信息，我们可以从图中看到许多信息没有完全展开，因为如果全部展开，信息过于繁杂，反而无法直观地进行观察。

　　从下图展开的信息状态我们可以判断出，这是针对一个处于深化设计阶段的项目中建筑专业团队人员提取的项目信息（图 2-4-9）。

　　信息化设计中的这种信息组织模式不仅清晰明确，并且符合设计的逻辑，我们可以轻松地识别出我们必须遵守的限制条件，或者说对于设计有决定性作用的制约因素。而随着工作的深入我们再逐层地提取下一个级别的信息，就好像我们在社会中有必须遵守的国家法律、地方法规、地区准则还有公司的制度，其重要程度和约束力、强制性递减一样。

　　BIM 技术中的属性定义和提取系统也符合信息的等级制度，如在 Infraworks 中定义子集。

　　在 Infraworks 中可以使用表达式指定要素的子集。使用子集对要素类中的数据进行比较（图 2-4-10）。

　　高度筛选出的两个子集可以用于比较。此外，在 Infraworks 中创建子集之后还可以

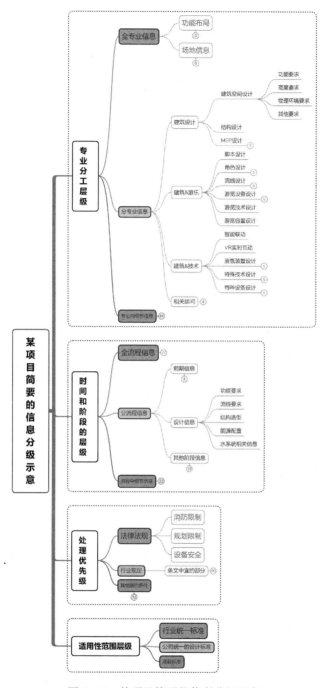

图 2-4-9　某项目简要的信息分级示意

进一步创建"子集的子集"（图 2-4-11）。

由此可见，Infraworks 中对于子集的定义和筛选就是按照信息的逻辑层级来定义的。这也说明我们所定义的建筑信息系统的逻辑层级结构是符合客观生产的。

（3）多个层级结构组成的空间信息网状系统

分类形成的空间信息结构（分类原则不唯一，但信息是唯一的，信息所归属的类别和

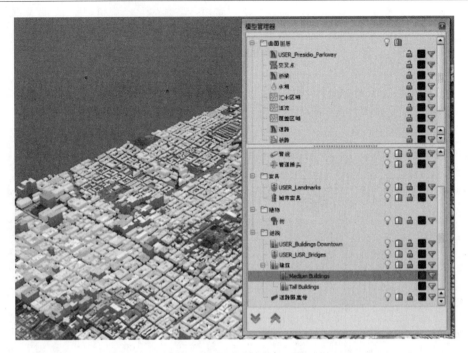

图 2-4-10　InfraWorks 子集

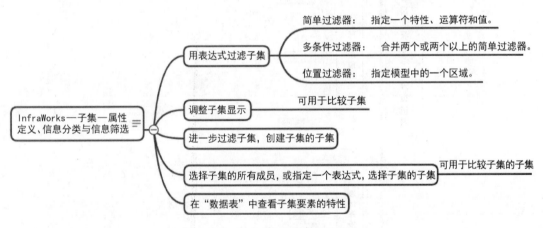

图 2-4-11　InfraWorks 子集工作流

分组可以是多样化的，所对应的目标也不唯一，可以被多种提取）的本质其实是对本身具有空间结构的建筑信息系统的描述方式。每一个分级中的信息还会有进一步的分类，而且这些信息其所属的类别并不唯一，因此就可以以每个信息为支点发展出一个信息的空间层次网络，信息会有自己的上级信息和下级信息（拓扑关系）。如果将这种抽象的概念应用于实践，那么建筑系统中的信息就不再是散布的，在它们之间存在着各种联系和轨迹将他们编织成了一个空间网状结构（逻辑层级与拓扑联系），如图 2-4-12 所示。

这就是信息结构的两个核心概念——逻辑层级的等级结构和拓扑联系空间网络

我们需要颠覆传统工作中信息的组织结构观念，将信息按照其分类、等级组织成为一个空间结构，同时保持信息的唯一性和一惯性。

通过定义信息的属性、创造信息的映射关系、所属关系来实现对于信息 ID 的编译从

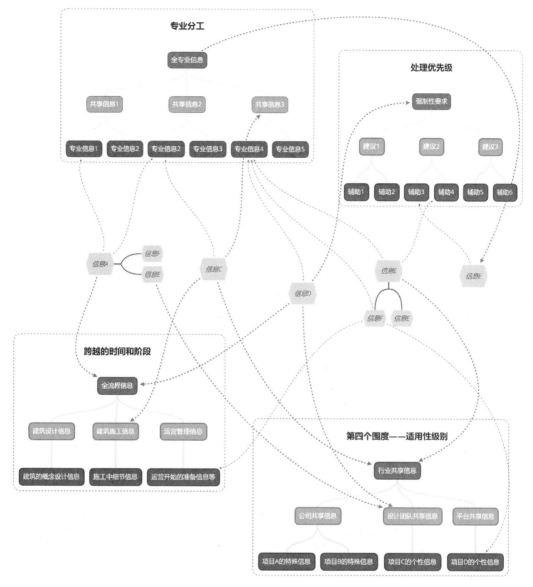

图 2-4-12 信息的网状结构

而使其可以精确地定位并提取、使用。但是信息本质上是服务于设计工作者，服务于某种目的的，信息和信息的使用者或者终端之间的关系又是怎样的呢？

## 三、接收信息的使用方

### 1. 改变随机的对应关系

传统的信息同信息使用者的关系是混乱且随机的，以前文所举的场地信息为例，实践之后就会发现，这是无法通过简单地将信息进行树状排列就能得到我们所希望的确定的联系的。下方右图便是我们将左图整理成树状图后的信息与使用信息的设计人员的关系（图 2-4-13、图 2-4-14）。

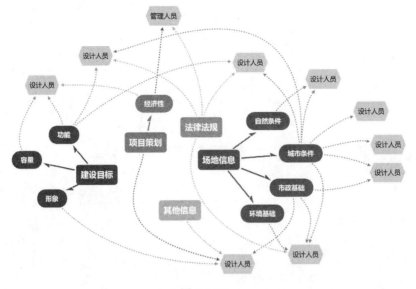

图 2-4-13

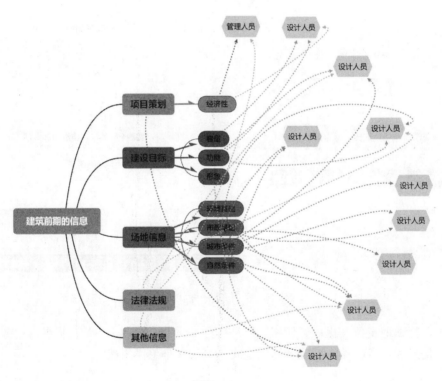

图 2-4-14

因此，在信息化生产流程中，前文所进行的信息的整理、定义和再分类是非常有必要的。不但要对信息端做这样的处理工作，对信息接的收端也要进行相似的处理。

**2. 对于信息使用者（接收方）的分类**

首先，需要按照同样的信息处理方式，将信息的使用者进行分类。这种分类是同实际的工作内容、设计团队、公司管理的组织架构密切相关的。所以信息使用者的分类某种程度上讲也是有层级的，不同层级的人员对于信息的使用权限是不同的，这一点很好理解。人员的组织与团队架构并不是我们本书所要论述的重点，因此我们就不详细地展开叙述了，只是简单地将信息的使用者按照其对于信息的需求而进行分类（图 2-4-15、图 2-4-16）。

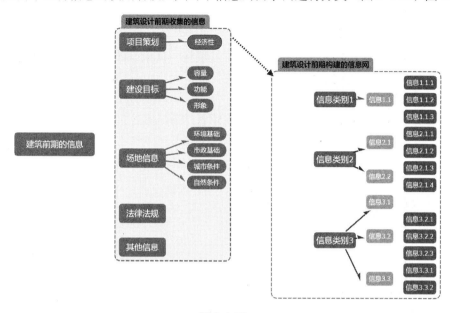

图 2-4-15

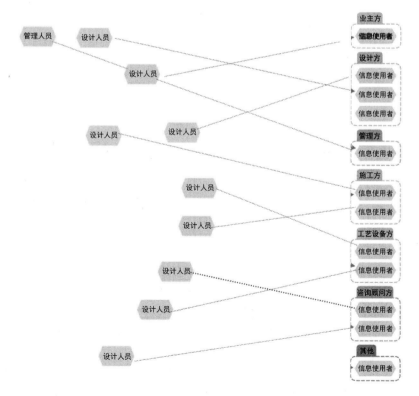

图 2-4-16

这里需要明确的一点是，分类方式并不影响信息系统本身的结构状态，信息使用者的分类影响的是建筑信息站点的设置，而不是信息模型的信息系统中所包含的信息量与关系。关于建筑信息系统的特点我们在第一章中就有所论述，这里就不再赘述了。

## 四、信息向下传递

在完成前面的工作后，我们就可以准备将处理好的建筑设计前期的信息向下传递给后续的信息站点。在信息传递的过程中还需要注意以下几点。

### 1. 定向查找与定向发送

在建筑信息化工作流中，信息流向信息使用者的方式是定向的，每一个或者每一类使用者收到的是从整体信息网中提取出的不同的信息集，如图 2-4-17 所示。

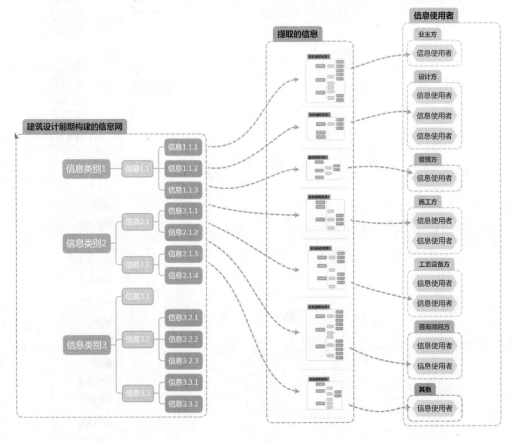

图 2-4-17

对于常用的、标准的信息筛选和分类，在现有的信息数字软件中多数已经有相关的定义，例如建筑云平台 BIM360 中对于项目成员的信息使用权限相关的默认规定，就展现出项目成员对于信息的获取权限的差异性（图 2-4-18）。

至此为止，我们一直在反复提及信息的分类不是唯一的，因此信息同信息使用者的对应关系也不是唯一的，同样的信息可以经过不同的分类同时为多个目的和多个使用者服务。但一定要注意的是，在这个过程中必须始终保持信息的唯一性和一贯性，从而维持建

图 2-4-18

筑信息系统的稳定。

**2. 权限设置**

为了达到信息的唯一性和一惯性，我们不能不提到信息的权限设置。前文所述的信息与使用者的非一一对应所赋予信息末端的使用者的是阅览的权限或者使用的权限——阅览权限和使用权限是可以多人共享的，是多节点的。

但是对于信息的编辑权限必须做出明确的规定，每当有新的信息进入建筑工作流中，这是我们必须首要完成的任务之一，而建筑设计前期的本质就是汇聚和转译大量的信息，所以这一点在建筑设计前期就显得尤为重要——对于每一个单一的信息在每一个单一的时间点上只能有一个人拥有修改权：即编辑修改权限是唯一的、单节点的、不可多人同时共享的。

**3. 单向传递与双向反馈**

拥有权限的使用者在修改信息之后，其修改的信息是只能向下流动传递给下一个信息站点和设计阶段呢，还是需要反馈信息的来源进行信息的修正呢？这个问题其实是关于信息的流动是单向的还是双向的问题。

一个有趣的现象是，在目前的信息技术发展状况下，双向反馈机制在单纯的信息收集、分析、应用的过程中还较少被用到的，但是在实际的设计工作中对于这种信息传递机制的需求却是经常出现的。关于这一点，我们将在第三章来论述双向反馈机制在我们的设计流程中的一个重要的应用——迭代设计。

对于信息传递模式这一部分的具体概念和操作在建筑设计前期涉及的比较少，这是因为这一阶段由设计活动产生的主观信息和新的内容比较少，因此这一点常常被忽略。而在之后的章节中将会单独进行论述。

**4. 动态与静态**

在进行信息的传递时，一定要时刻记住建筑信息化设计工作流中的信息是动态的，信息的分类与提取是动态的，信息和信息使用者的关系也不是一成不变的，而是动态的，是时刻变化的过程。

# 本　章　小　结

在建筑信息化设计流程中的建筑设计前期阶段，我们的重点在于信息的筛选整合处理——首先要明确这些信息的来源，其次要明确这些信息所属的时期（前期准备数据），最后要明确这些信息的类型：可能影响的专业，可能影响的设计相关人员工种的权限。

在这些概念清晰之后，才是具体的将信息按照信息的形式分类导入我们所使用的BIM、可视化编程和云技术相关建筑数字软件，并且进行属性设置、信息的映射、配置等定义工作。之后进一步进行间接信息到直接信息的转换，从抽象信息到可视化展示的转换等，对于之后的信息站点和使用者方便理解和接收的工作。最后，将我们所接收筛选和整合处理的所有信息都重新归类整理为符合建筑信息化设计流程要求和建筑信息系统结构的不同分支，流向下一个信息站点。

需要注意的是，这一次的分支并不是一个固定的数目或者固定种类的分流，信息与使用信息的对象之间的联系既不是随机的也不是唯一的，根据信息的特性会产生变化，详见前文。

# 第三章

方案设计阶段

# 第一节　方案设计站点

## 一、方案设计站点的定义和信息特性

### 1. 建筑信息化设计流程中方案设计信息站点的基本概念

（1）方案设计信息站点的定义

建筑信息化设计流程中的方案设计站点是使用建筑设计前期引入建筑信息设计流程的基础信息，在设计人员的思维构思下一步步地构建出整个建筑信息系统的基本形态和结构，为接下来进一步细化建筑信息完成前置的信息创造和整理过程的站点。

方案设计阶段是重要的建筑信息处理阶段，它的主要工作是将思维信息转化为建筑信息系统的主干信息，这是一个思维信息进入构建建筑信息系统主要结构的过程。

在方案设计阶段，"建筑"这一信息范畴经历从无到有的建立，在方案设计阶段结束的时候，建筑信息模型中的几乎所有子系统的结构已经完成，整个模型信息的逻辑层级（hierarchy）主结构基本确定。

（2）方案设计站点的基本工作

处理并应用建筑设计前期准备的建筑信息，根据项目设立合理的二级信息站点构成与建筑信息设计流程，将设计人员的思维信息转化为建筑信息，处理并传递建筑信息，形成具备完整建筑信息系统结构的建筑信息模型，并将信息传递给建筑设计深化阶段或通过特定的建筑信息阀站输出阶段成果应用。方案设计站点的基本工作可以分为：

① 处理应用建筑设计前期准备的建筑信息。

② 根据项目设立合理的二级信息站点构成与建筑信息化设计流程。

③ 处理设计过程中系统外流入的新的信息。

④ 将设计人员的想法以信息载体的形式实现、传递并处理建筑信息，形成具备完整信息结构的建筑信息模型。

⑤ 将信息传递给建筑设计深化阶段或通过特定的建筑信息阀站输出为阶段成果应用。

相比于建筑设计前期，方案设计阶段不仅有信息的接收、整理和传递，还有大量的创造信息的过程——将思维构思以建筑信息的模式实现，这是一个思维信息进入建筑信息系统的过程。

在方案设计阶段，处理信息的重点在于如何组建信息系统的结构，通俗地讲就是如何处理工作的分工与顺序，传统流程的这一部分工作在建筑信息化设计流程中体现为信息站点的设置。

（3）二级和三级站点

方案设计站点作为建筑信息化设计工作流中的一个重要的站点，所跨越的时间长度较长，需要完成的工作内容较多，所以我们将其整体作为一级站点的基础上，从工作流进程上进一步将其划分为概念、概念信息建筑化和方案深化三个二级站点，分别对应不同的设计内容，这三个站点的工作内容相对独立，但仍通过信息串联在一起，彼此并没有明显的分界界面。

这其中方案深化站因为设计的专业分工进一步细化，我们又从信息所赋集的方式和内容角度按照专业分工将其分为建筑、结构、电气、暖通、水专业等三级站点，具体设计的专业内容根据项目的具体情况会有所差异，此处仅列举常规专业用以说明论述（图 3-1-1）。

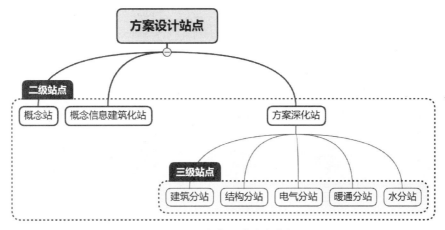

图 3-1-1　方案设计站点分级

**2. 方案设计站点的信息特性**

本书一直在反复强调新的工作流是一个以信息为核心的工作流，因此对于方案设计站点，我们也需要首先理解其信息特性。不同于建筑设计前期"接收→整理→输出"的线性流程，方案设计站点的信息活动更为综合（图 3-1-2）。

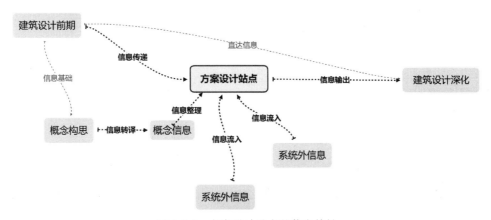

图 3-1-2　方案设计站点的信息特性

首先，方案设计站点需要接收来自上游站点——建筑设计前期站点输出的信息。

其次，在设计过程中，仍需要将建筑系统外流入的信息转化为建筑信息导入，并进行信息的定义与整合、信息的分类、分级并且将其连接进现有的信息网中。

最后，也是站点最核心的工作内容，是需要将设计者的概念设计的思维成果转译为信息成果汇入建筑信息系统，并且输出给下游的建筑设计深化站点。

## 二、信息的接收与管理

**1. 接收上游站点传递的信息**

（1）信息的无缝衔接

建筑设计前期站点中我们已经处理了大量的基础信息并将其整理为具有逻辑层级

（Hierarchy）的空间网状结构。在建筑信息化设计工作流程中，信息的传递是连贯的，因此在方案设计阶段的开始时我们可以直接继承这个网状的信息集，并不需要对设计前期传递的信息进行进一步的处理，这也是信息化的工作流带给我们的巨大优势——去除信息交接造成的工作停滞，更消除了信息交接的不完整、不确定所带来的设计误差的可能。

（2）按照阶段定义来引入信息

我们需要注意的是，从工作流的阶段层面看，建筑前期输出的信息并不是所有信息都服务于方案设计站点，因此为了精简信息量，我们在方案设计站点应该预设一个"信息集定义"，从而将所有在建筑设计前期被定义为"方案设计站点"或者"全流程"的信息引流入站点内部，而其他站点需要的信息可以直接输出传递至下游的目标站点（图 3-1-3）。

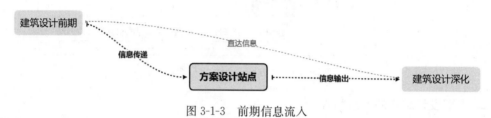

图 3-1-3　前期信息流入

（3）维持信息的空间网状等级结构

除了将不属于阶段的信息筛选出来不导入站点以外，方案设计站点应该继承建筑设计前期的全部信息，并且保持其空间网状的等级结构。

**2. 系统外流入的信息转化为建筑信息**

在设计过程中，建筑信息系统并不是封闭、孤立的，所以仍然面临着系统外信息的流入。在方案设计站点，我们处理这部分外来信息引入建筑信息系统的基本思路、理论和建筑设计前期的信息引入是一致的。通过之前的原理方法将这部分信息重新整理、分类后汇入建筑信息系统，继而用于本站点或者传递向下一阶段（图 3-1-4）。

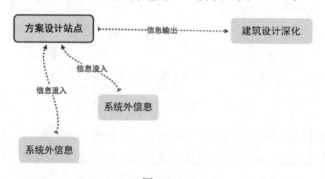

图 3-1-4

我们仍然采取同建筑设计前期中对于信息流入相同的处理方式：

首先，将信息按照信息的形式分为六类，而后根据所使用的信息数字软件的特性将信息导入。

然后，进行信息的属性定义以及配置，从而准备将其分类并入建筑信息系统。可能的话将适用的信息进行可视化或者数据化（规范、制约条件的设置等）。

最终，将建筑信息并入建筑信息系统结构（图 3-1-5）。

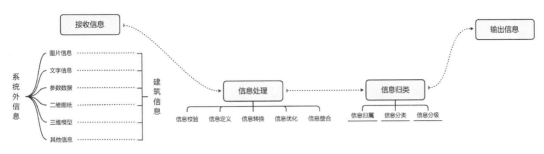

图 3-1-5　系统外流入信息的工作流

（1）接收信息——系统外信息转化为建筑信息

我们为了方便信息的导入，根据数字软件对于信息形式的功能设置和处理方式，将信息导入类别分为六大类，分别对应相应的功能接口。

A. 文字信息

作为一些描述性的信息，在传统的设计流程中文字信息是很难被处理的。但是新的数字技术软件通常都具有强大的文字信息处理能力，因此我们通过属性定义可以将描述性信息（文字信息）也作为一个主要的信息类别纳入我们的建筑信息流之中。

文字信息对应的接口很多，BIM 软件中几乎所有的对象都可以进行标准的或者自定义的属性设置，还可以新建一些规范、约束等来反映文字信息（图 3-1-6）。

图 3-1-6　信息分类导入—文字信息

B. 图纸信息

主要指各种平面图纸，常见的如 dwg、dxf 等格式的二维设计图纸。我们对于这种信息的处理并不陌生，建筑数字软件对于图纸信息的兼容性都很好。需要注意的是，为了达到信息对接的顺畅无误，导入的图纸需要注意坐标与单位的统一，以及相关属性、阶段、权限等相关附加信息的设置（图 3-1-7）。

C. 图片信息

图片信息直观地说，就是二维的光栅图像等其他非矢量的、不易直接编辑的非信息化数据对象。传统流程中我们一般将图片只作为参照或者参考图片来使用，而在新的建筑信息化设计流程中，目前的技术中已经有可以专门处理图片信息的一些软件、插件或者相应的功能。例如，我们常用的图片信息接口软件——Autodesk 组件中的 Raster Design 工作集、MAP 3D 工作集、Recap 等。其对于图片信息处理的核心功能除了清理图片、调整图

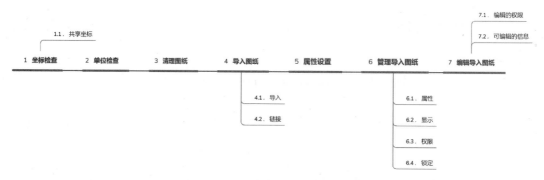

图 3-1-7  信息分类导入—图纸信息

片显示以外，还有将光栅图片对象转换为矢量绘图对象以及将光栅图片存储为 dwg 格式，甚至直接将一组图片转换成为三维模型的强大功能（图 3-1-8）。

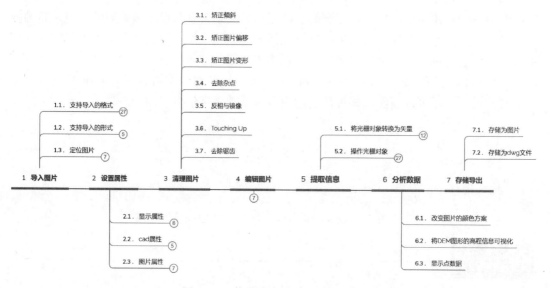

图 3-1-8  信息分类导入—图片信息

D. 模型信息

需要导入或者链接的三维模型，其来源通常是一些常用的建筑三维建模软件，如 Sketch up、Rhino、3D Max、Autodesk CAD 等，以及一些场地和基础设施建模的软件，如 Civil 3D、Infraworks 等。

导入和链接模型信息的过程比较直观，需要注意的仍然是导入时坐标、单位的统一，以及模型相关的属性的定义（图 3-1-9）。

E. 数据信息（图 3-1-10）。

数据信息是一种我们在建筑信息化工作流中需要面对的特有的信息类别。因为在传统的流程中，我们并不具有处理大量数据的能力。在数据信息的处理上，通常我们直接依赖数字软件所预设的一些功能，例如导入、链接数据（厂家的产品参数等），或者将数据转化为模型（运用点云数据生成地形等），或者单纯地保存这部分数据（链接或者导入一个本地数据或者网络数据源），对于数据的处理由于数据其自身涵盖的范围广而繁杂，所以

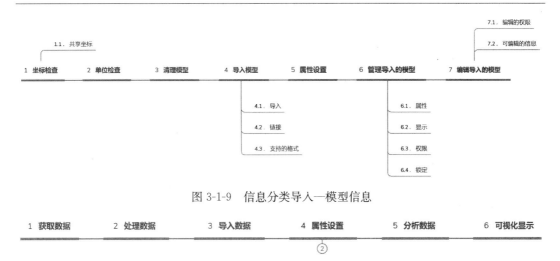

图 3-1-9　信息分类导入—模型信息

| 1 获取数据 | 2 处理数据 | 3 导入数据 | 4 属性设置 | 5 分析数据 | 6 可视化显示 |
| --- | --- | --- | --- | --- | --- |

图 3-1-10　信息分类导入—数据信息

我们没法一言以蔽之，只能在后文中具体问题具体处理。

F. 其他信息

其他不属于上述五大类的典型信息暂且将之归为一大类，可能需要个别处理，例如现有地块、地役权和道路红线（RoWs）的数据文件等。

（2）信息处理

我们对于每一个类别信息的处理方式虽然在流程上有所区别，但是原理上都是相通的。需要注意的是，在导入信息的时候，导入的信息同系统中其他信息是否存在定位上的对应关系、单位是否统一、信息是否冗余重叠等。并且需要尽可能完善设置信息的附加属性，包括其来源，所属类别，服务的阶段、专业、分工、优先级别等，这是我们在方案设计阶段对导入信息所需要进行的基本信息处理工作的内容与范畴，具体而言包括以下内容（图 3-1-11）。

A. 信息的校验

首先需要完成对导入信息的基本检查工作。一方面是确保信息的真实和准确性，另一方面则是确认文件的安全性和文件图形的完整性，从而保证后续工作的顺利开展。

B. 信息的定义与配置

信息的定义与配置是给每一个信息编制身份 ID（系统结构信息）的过程，所以这个过程千万不要怕麻烦，需要尽可能将信息用于筛选和定位的所有属性都定义出来。

对于重复的或者批量导入的拥有同样属性的信息，BIM 软件通常还提供通过表达式或者通过脚本进行筛选和定义的可能性。

对于表达式和脚本预设还不能完成的重复定义与配置工作还可以进一步通过可视化编程和二次开发来完成，减少机械重复的劳动。

C. 信息的转换

信息的转换是信息流中重要的一个环节，由于基本上均作为预设功能默认被包含在 BIM 软件中，我们需要进行的信息转换通常分为两大类。

第一类是简单的格式转换，以方便不同软件之间的信息交互与整合，这一类根据每种

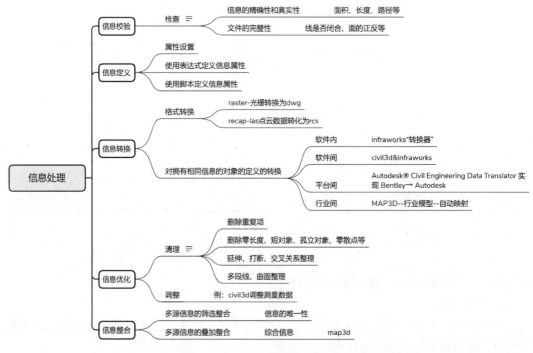

图 3-1-11 系统外信息处理流程

数字软件支持导入、导出和工作使用的格式，可以灵活的相互转换。

另一类则是"对拥有相同信息的对象的定义的转换"，这是建筑信息工作流所特有的将信息带来的优势进一步展示出来的一种转换模式。在建筑信息流中我们拥有的信息是有一惯性的，但是不同阶段、不同专业和不同软件在运行过程中对于这种信息的定义和运用却不尽然相同（图 3-1-12）。

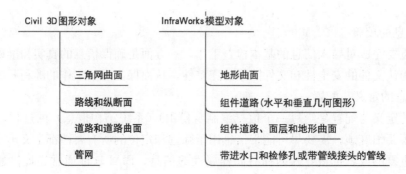

图 3-1-12 信息的转换

可以看出，同样的信息在 Civil3D 和 InfraWorks 中的定义方式是有差异的，但是这两个 BIM 软件之间良好的协同工作性已经将这种信息定义的转换变成导入时候的自动操作，从而节省我们反复进行信息映射的设置工作（图 3-1-13）。

如果我们有进一步个性化的需求，仍可以通过自定义设置、可视化编程技术和二次开发进行个性化的预设。

图 3-1-13  infraworks—Civil 3D 之间的默认信息转换

D. 信息的优化

信息优化的内容主要包含但不限于图中所展示出的两大类。

① 清理：包括对于图形、模型文件中无用、冗余信息的删除和整理，让文件变得更干净易于进一步操作。

② 调整：根据实际需要局部或者全部的调整导入的信息，如图 3-1-14 所示的批量调整测量数据。

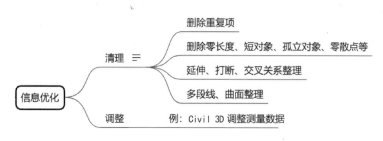

图 3-1-14  信息的优化

对于信息的优化工作同样是设计工作者所不擅长而依赖软件的功能完成的工作，这个时候信息工作流和云技术所带来的细节分工以及资源共享就体现出了优势。设计从业者可以将自己不擅长的信息处理工作交由更为专业的人来完成，只需要提出功能要求即可（图 3-1-15）。

E. 信息的整合

信息的整合在同时面对多源流入信息的时候显得尤为重要，我们对于信息的整合也将分为两个大的类别。

① 其一是信息的筛选式整合，即将多源的信息进行比较，最终选择其中的一个信息导入系统，其余的则排除在系统之外。

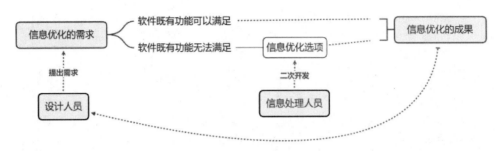

图 3-1-15　信息的优化

② 其二是信息的叠加式整合，这种多用于一系列的相关信息，例如基于同样地理位置的地形、地貌、数据、图形、模型等信息；通过 BIM 软件的协同工作的特性将它们综合起来置于统一的空间中以便观察使用（图 3-1-16）。

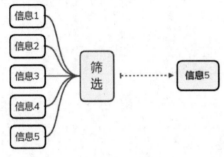

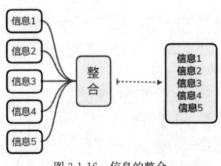

图 3-1-16　信息的整合

（3）信息归类

信息的归类是为了能更好地查找、定位和使用信息。我们在前文也强调过，在建筑信息工作流中，信息是一个拥有层级的空间网络结构，我们将建筑信息分类，从而将信息纳入信息系统的网络结构之中。

1）信息的归属

信息的归属指的从整体的信息系统结构中对信息进行基本的属性定义，而此处所定义的四个系统结构的维度是每一个信息在进行分类定义过程中必须被定义的四个基本属性：

A. 信息的阶段；

B. 信息的专业；

C. 信息处理的优先级；

D. 信息的适用范围。

2）信息的分类

信息的分类是针对信息内容而言的具体的分类，可以使用数字软件已经预设的各种属性设置，也可以根据需求个性化所增加的属性参数而增加分类。例如，在 Autodesk Revit 中创建的结构楼板的实例属性和类型属性，可以进行的设置内容如图 3-1-17 所示。

我们可以根据使用需求，创建"过滤器"来增加新的更具体的属性分类（图 3-1-18）。

3）信息的分级

建筑信息系统结构的核心特征之一就是逻辑层级，在具体工作中涉及信息结构的一项重要工作是信息的分级。这种分级是一个信息概念，一般情况下我们将大部分信息分为三个层级来进行定义，这种分级的定义同时作用于信息归属和信息的各种具体分类。

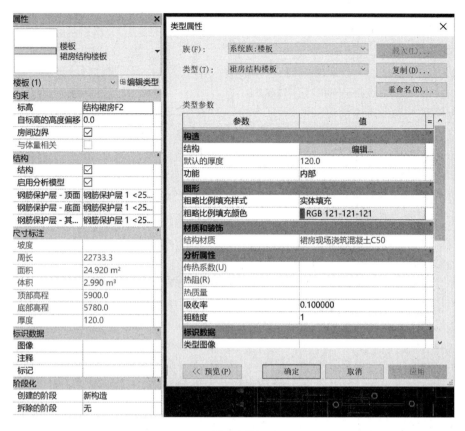

图 3-1-17

图 3-1-18

从信息归属的四个维度上看：

A. 信息的阶段

一级信息——全流程的信息。

二级信息——站点间的共享信息。

例如我们在本站点接收到的前期信息。

三级信息——站点内部流动的信息。

内部处理交互的信息，或者经过整理成为综合信息或者转变为其他成果从而不继续向下传递的归档信息。

B. 信息的专业范畴

一级信息——全专业信息（例如，场地的定位、建筑的轴网、标高等）。

二级信息——专业间共享的信息（例如，建筑的形体和结构选型）。

三级信息——专业内交互信息（例如，电气专业的设备选择）。

C. 信息的处理优先级

一级信息——强制性信息（例如，消防规范中的强制性条文、其他法律法规等）。

二级信息——建议性信息（例如，规划管理条例中的建议信息等）。

三级信息——辅助信息（例如，相关数据统计、问卷调查、场地图片等）。

D. 信息的使用范围

一级信息——行业共享信息。

一般针对这种信息许多平台和软件开发商会开发适应性的功能加以利用。

二级信息——公司级别的共享信息。

这一类信息可以通过二次开发，或者借助专业人员加以合理的预设来帮助设计人员利用，或者是设计师使用可视化编程技术进行处理。

三级信息——项目特有的信息。

这一类信息的处理可以不进行预设的操作，而只解决具体问题（图 3-1-19）。

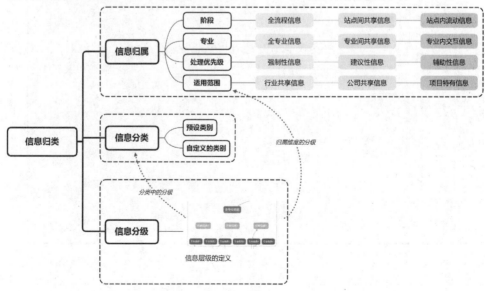

图 3-1-19　信息分类及分级

即使在信息其他具体的分类中，信息也是有级别的。因此，我们在取用信息的时候可以根据我们的使用需求精确定位，有针对性地取用。比如，我们现在所处的建筑方案设计站点，从信息的阶段层面上讲，我们只提取一级全专业信息，包含建筑方案设计阶段的二级信息以及属于建筑方案设计阶段的三级信息；从专业层面上来说，我们提取建筑方案设计阶段涉及的建筑、结构、水、暖通、电气这几个主要的专业的信息即可，诸如专门针对造价、管理的二级和三级信息我们就可以不导入本站点。这样我们便可以从建筑信息系统中定义出一个属于本站点的信息集，需要注意的是：

① 这个信息集仍然是一个具有逻辑层级的空间网状结构。

② 这个空间网状结构同信息集外的信息之间并不是被割裂的，而仍然通过其他分类和属性联系在一起。

③ 这个信息集不是静态的，而是动态的，随时可能有信息流入，也随时有可能有信息流出（我们对于信息的属性定义越精确，这个信息集就越完整、准确，作用也就越大），如图 3-1-20 所示。

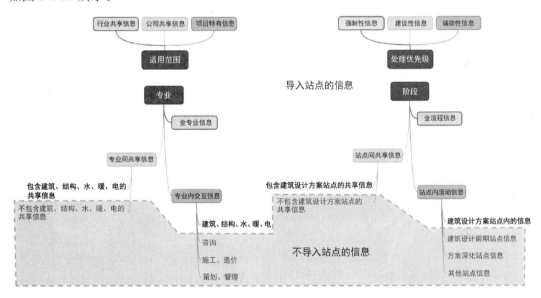

图 3-1-20 导入与不导入站点的信息

### 3. 设计创造的信息的转译

在实际工作中，方案设计站点信息处理的重点和难点都在这最后的一点，即设计创造的思维的成果的建筑信息化。相对于前面的信息处理方法，这部分的内容将贯穿本章之后的部分，读者在实践中也需要多加练习和理解。

（1）思维创造的信息

创造是一个同设计前期的信息收集处理截然相反的过程，不是将已有的丰富的信息筛选集合和汇聚过程，而是由一个中心的概念不断衍生、生长、发散的过程（图 3-1-21）。

（2）建筑信息化转译

创造所用的设计语言就同创造本身一样，有着很强的个体性的，依赖于设计师自身的艺术感性、逻辑能力和创造才能。并且是从抽象的思想中提炼出来的成果，在方案设计站

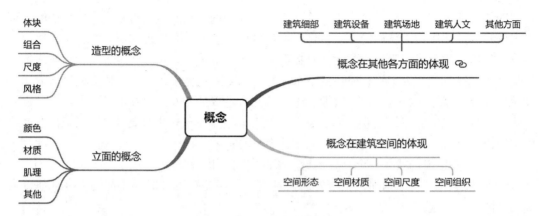

图 3-1-21　概念创造的信息

点需将这些思维的信息逐渐转化为可以被信息化建筑信息系统识别、处理、使用的建筑信息，这个过程我们是借助数字化软件来完成的（数字化软件的大部分功能都是服务于这个过程的），如图 3-1-22 所示。

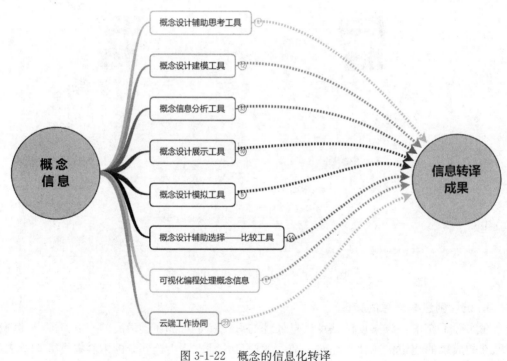

图 3-1-22　概念的信息化转译

# 第二节　二级信息站点的设置

## 一、概述

方案设计站点的二级站点的一般设置方式如图 3-2-1 所示。

图 3-2-1　二级信息站点的设置

## 二、概念站

### 1. 回归设计的本源

一提到信息化、数字化的设计，许多从业者的脑海中都会第一时间出现许多数字软件。许多时候设计似乎变成了由所选软件的特性开始，并被软件的一些功能甚至从业者掌握软件的能力所限制。有时候我们需要问下自己，我们的设计是从哪里开始的？是从 Sketch Up 的体块推敲开始，还是从 Revit 的概念体量开始，还是从 Rhino 或者 Auto-CAD？在建筑信息化设计流程中，我们要了解的是，一切的信息化工具都是服务和辅助思维的，设计是从设计师的思维创造开始的。概念站中运转的是原始的设计过程，回归设计的本源，而非依据设计工具的特点。概念站中的许多成果是设计师思维的产物，是一种思维信息，还没有完全转化成为建筑信息，这是概念站信息处理在整个建筑信息化设计流程中的独特之处——概念站中大量处理一种动态的信息，是一种思维成果与建筑信息的中间态，概念信息。

### 2. 概念站工作流

在概念设计工作流中，通过综合分析和利用建筑设计前期所传递下来的信息以及本站流入的相关信息，会发现项目所面临的主要矛盾，并提出多种策略进行推敲，这种分析和策略的推敲是在设计师的思维中完成的。

与此同时，设计者通过思维创造引入概念，同之前的策略整合起来构思方案。在这个过程中新产生的信息会不断地反馈到最初的信息整合和推敲过程中来，以确认主要矛盾是否得到解决，最终得到一个既能解决项目主要矛盾又能满足设计概念的建筑设计方案。

可以看出，概念站的建筑方案创造过程是一个迭代的过程，在构思的过程中不断地产生新的信息反馈作用于设计的起点，这个过程多次往复。概念站中信息化工具在处理信息的时候起到辅助作用，主要的信息处理发生在从业者的思维中，从业者不断地将思维信息和建筑信息进行交互，得到新的结果，然后再继续的往复。这个时候的信息化数字软件只是一个信息，方便交互与分析平台。

我们在后文中提及的概念设计过程中的迭代建模就是这一过程的直观体现（图 3-2-2）。

### 3. 概念站的常见信息处理内容

概念站的信息处理内容在实际工作中存在很强的个异性，因为对于每一个项目而言，其亟待解决的主要矛盾都是个体的。而对于相似问题设计者可以提出的解决方案又可能是各异的，因此我们仅列举部分常见的设计内容供读者更好地理解维度和尺度上概念站所处理的信息内容：

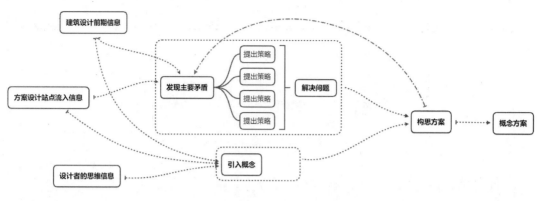

图 3-2-2　概念站工作流

可能需要进行解决和提出设计策略的包括场地布局、建筑的形体设计、造型设计、大空间以及特殊空间的形式和布局、结构选型等。

## 三、概念信息建筑化站

### 1. 概念

当我们将一个单纯的形体信息（一般为建筑的概念信息）深化为一个大家可以识别、认同为一个建筑物的过程，就是概念信息的建筑化过程。所以，概念信息建筑化站点是将概念站中引入的概念信息和其承载的初始设计转化为建筑行业内部通用的信息语言，将概念信息转化为建筑信息系统中的建筑信息的处理过程。

概念信息建筑化站是接下来方案深化阶段完成建筑信息系统的基本结构的基础，也是后续的信息交互协同设计的起点。

### 2. 概念建筑信息化站工作流

在概念信息建筑化站点，首先我们要完成的任务是第一个层级的建筑属性定义，即将没有建筑意义的不易被解读的各种概念信息先赋予在建筑中"是什么"的属性定义，这是概念信息向可以被行业理解和在各种阶段使用的建筑信息转化的第一步（图 3-2-3）。

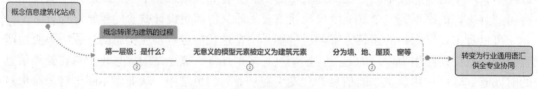

图 3-2-3　概念信息建筑化站工作流

虽然这个阶段项目所包含的工作主要由建筑专业单专业中的单独人员完成，但是需要为下一步建筑专业内部多人员合作，以及各专业加入到工作流中创建一个协作模式和体系，以便后续的信息交互协同设计。

### 3. 信息处理内容及输出

（1）设计内容

在这个转化过程中，我们需要完成的主要是两个类别的工作。

一是从真实的建筑界面的角度出发的对于建筑各个界面的定义，例如将体量的顶面定义为建筑屋顶，侧面定义为建筑外墙，底面定义为建筑地面，内部的水平分割定义为建筑楼面等。这一步不涉及具体的构造做法和属性分类（图 3-2-4）。

图 3-2-4

另一方面是从建筑的空间角度出发的对于建筑各个功能空间的组织和布局。例如，垂直交通的布局、水平流线的组织、功能分区和基本划分等（对于场地的规划和设计，属于对室外空间的设计也属于此类），如图 3-2-5、图 3-2-6 所示。

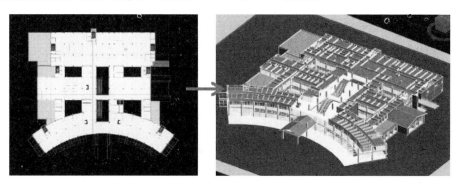

图 3-2-5                                              图 3-2-6

（2）输出信息

在概念信息建筑化这一二级站点信息处理后产生的建筑信息在输出处理上分为三类，这种分类也适用我们之后的所有信息站点（图 3-2-7）。

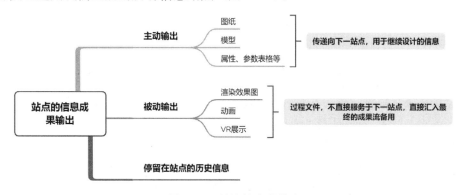

图 3-2-7　站点输出的信息

1）主动输出的信息：是下一个站点需要进行继续设计所必需的信息，这部分信息我们定义为本站需要主动输出的信息。在概念信息建筑化站这类信息包括建筑的形体、基本的层高轴网已进行空间划分的，它们将作为深化工作的基础，以供结构和设备专业加入工作流中进行设计。

2）被动输出的信息：是我们设计过程中得到的如渲染图纸、动画和其他一些展示性的数据分析等（由建筑信息阀站输出的信息），其作用不是为了进一步的构建建筑信息系统，可能是同建筑信息系统外的信息交互需要，如咨询或者业主方沟通使用等。这部分信息往往不需要将其导入下一工作站点，许多信息可以直接跨越工作流的中间站点汇入最终的成果展示中备用。

3）停留在站点的归档信息：这部分内容主要是在设计过程中没有被采用的比选方案，或者交流沟通的过程文件等，我们只需要将其归档即可，不需要进一步传递下去。

## 四、方案深化站

### 1. 概念

方案深化站点是对传统生产流程调整较大的站点，在建筑信息化设计中，原本的扩大初步设计阶段的工作被分别地合并进方案设计阶段和建筑设计深化阶段，而其主要进入的二级信息处理站点就是方案设计阶段的方案深化站点，结构的初步设计工作要在这里完成。不仅如此，暖通、给水排水、电气专业的基本空间设计和初步设计也要在方案深化站点中展开，这是传统的方案设计阶段所不具备的。

"早介入，早发现，多协作，少问题"也是建筑信息化设计全流程的巨大优势之一。

### 2. 方案深化站工作流

（1）三级站点的设置

在方案深化站点，我们一般是通过分专业设置的三级信息站点来进行信息的处理（图3-2-8）。

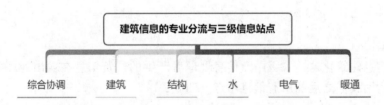

图 3-2-8　建筑信息的专业分流与三级信息站点设置

（2）站点间的信息交互——协同工作

信息站点之间的信息交互带来的信息化协作模式简单来说是一种信息交互关系，从原来的点对点的一维链接，变成信息系统的网状链接。协作模式由传统流程中所有的专业都与建筑专业单向联系（或彼此间单线联系，或由建筑专业帮助联系）进行合作的关系，转变为可以在三级站点之间直接交互信息的新的网状拓扑关系（图3-2-9）。

在这个过程中，我们可以看出不同专业的站点其进入工作流的时间节点是不同的，所以对多专业信息协同的管理工作也与以往的设计管理有着很大的不同（图3-2-10）。

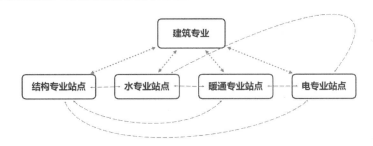

图 3-2-9　三级站点间的基本关系

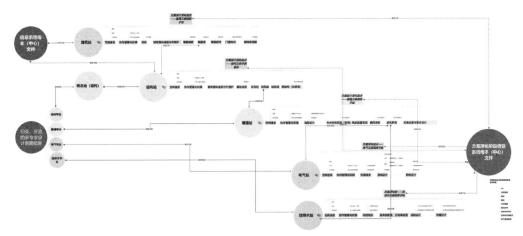

图 3-2-10　三级站点间的关系

### 3. 信息处理内容

方案深化站的设计内容主要是按照其在工作流中的位置和各专业的协同状况而定的，我们暂且按照各个站点进行建议的设计深度的定义（图 3-2-11）。

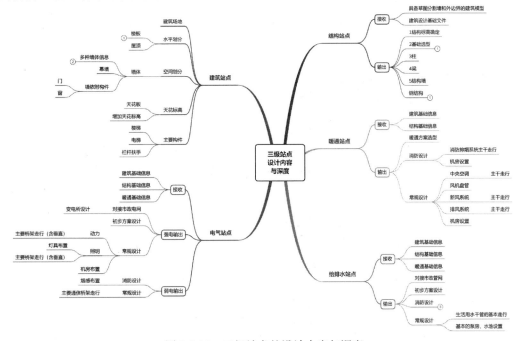

图 3-2-11　三级站点的设计内容与深度

第三节 概 念 站

## 一、概念站的基本概念和信息处理范畴

**1. 概念站概述**

（1）概念设计开始于人的思维

BIM技术、云技术、可视化编程技术带给了我们技术上的革新，让设计师能轻松地进行人机交互从而在计算机的辅助下创造出更多、更复杂的设计成果。但是这里需要注意的是，不要过于将注意力放在掌握数字软件与技术的"技巧"上，因为这些技术只是我们创造所采用的工具，设计的源动力始终源于设计者的创造力（图3-3-1）。

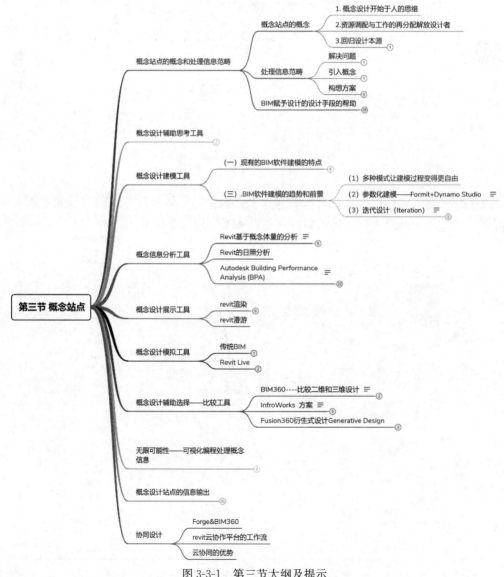

图 3-3-1　第三节大纲及提示

　　如何开始一个设计流程，是从在云上建立创建共享账户和团队开始吗？是从在 Sketch up、Rhino 或者 Formit Pro 中推敲建筑形体开始吗？是从 InfraWorks 中划分场地开始吗？还是从在 Revit 中建立项目开始呢？如果我们陷入这样的讨论那我们就偏离了设计的根本，设计开始于设计者，或者说一个设计团队。我们纵观建筑史，不同的时期总有杰出的作品，然而它们所处的时代所赋予它们的设计手段、施工技术、建设材料等都是迥然不同的，新的技术固然赋予建筑新的形式（比如框架结构解放了建筑平面，让现代建筑成为可能等），但是创造出形式的总是"人"和人的"创造力"，也可以说设计的成果在最初是人思维的产物，我们通过各种技术和手段最终将其实现成为实体——建筑。

　　因此，一个进步的建筑设计流程必然也是一个可以最大限度释放设计者能力的生产模式，在建筑信息化设计中，我们将赋予设计者更大的自由，而非将他们束缚在生产工具——数字软件的使用中。

　　了解建筑信息化设计如何通过信息手段辅助和提升设计师的自由度，远远比关注这个过程中使用了什么软件，或者深入学习本书的案例中使用的软件要重要得多。

　　（2）信息的调配与再分配对设计者的解放

　　今天，我们追求最大化地利用信息带给我们的优势。信息化设计的目的绝非让技术或者信息代替我们去设计，恰恰相反，信息化设计的目的是能够最大化地解放设计工作者，将他们从追赶日新月异的新的计算机技术、掌握新的设计工具的过程中解脱出来，让他们重回设计的本源，能最大限度地将思维集中于设计本身。

　　例如，在信息化工作流程中，我们试图将许多重复、繁复、机械的劳动由脚本预先编制程序来代劳，从而节省设计师的工作时间，而这部分编程、信息处理的工作在信息流中除了可以由某些设计师完成外，还可以由更专业的人员完成。这些人员不需要被包含在建筑团队之内，而只需要在云平台上协作完成，这就突破了我们原有的建筑设计公司的信息和技术的封闭性，从更大的一个层面实现了资源的调配和工作的再分工。通过在云端的信息调配与再分配，大大解放了我们的生产力和创造力。

　　具体到概念站，在建筑设计前期被整合好的信息将可以根据设计者的想法被方便地进行调配与再分配，最终协助解放设计者的思维。

　　（3）回归设计本源

　　在建筑信息化设计工作流中，概念站点的工作相比于许多现行的建筑数字化设计工作流更加关注如何借由信息技术回归设计的本源，而非依据设计工具的特点进行构思。概念站中的许多成果是设计师思维与计算机处理结合的产物，是一种概念信息，还没有完全的转化为建筑信息，这种介于建筑信息和思维信息之间的概念信息，具有很强的自由性和活力，可以有效地辅助设计，让设计师更加关注设计本身的专业内容和艺术创造。

　　**2. 概念站处理信息的范畴**

　　从信息系统的角度看，概念站点主要是一个创造信息的过程，并且创造信息的形式并不局限于建筑信息，还有大量"中间态"的概念信息。概念站处理信息的范畴可以从三个方面理解。

　　（1）解决主要矛盾

　　每一个项目都会受多方面的因素制约，在概念站阶段，这些因素都已经由建筑设计前期建筑信息化，并且进行了整合与分类并传递下来，因此我们可以方便地提取信息应用。

概念站设计者的一个首要任务就是将原本复杂、矛盾的问题综合起来，通过对这些信息及信息分析结果（由建筑设计前期传递）进行思考，提出创造性地解决问题的方案。

在解决问题的过程中，具体的项目问题来源和问题产生的位置差异性有时很大，有的项目可能受规划的限制很严苛，需要在寻找退界、限高和建设容量中进行平衡；有的项目可能地质条件不理想，结构选型受限导致建筑形体也相应地受到限制，需要寻求折中的解决方案；有的项目还可能受到其功能空间形态的限制，比如剧院、体育馆等，其强势的空间、流线要求制约着其建筑形态，建筑结构及其他方面的设计等。

这些矛盾都是影响设计根本的主要矛盾，我们按照信息的层级来理解可以将建筑设计过程中待解决的问题也分层级来理解，那么第一层级的问题就是主要矛盾。整个建筑设计过程是一个不断解决问题的过程，而主要矛盾这一层级的问题就是我们在概念站所需要解决的问题和信息处理的目标（图3-3-2）。

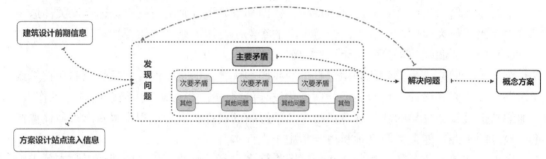

图 3-3-2　概念站点的工作流

（2）引入概念

概念所引入的信息不受软件和信息格式的限制，例如，许多设计师仍然习惯从手绘草图开始工作，或者用实体模型辅助思考，概念也有可能只有一些描述性的文字，或者某个数学生成法则、规律等。

概念的生成过程可以说是一个理性和感性兼具的创造过程。如果说我们没有前期收集资料、分析问题，思考解决问题的策略的过程，只是天马行空的想象，那么就是无的放矢，这种不是我们所谈的概念；而如果我们仅根据分析得到的结论机械地输出结果，而不进行感性创造，那么千篇一律的单体也不能称为创造，更不能称为设计或者建筑艺术。

所以引入概念是一个感性和理性兼具的过程，引入的是形式自由、开放的思维成果，而我们所面临的挑战便是如何将这个创造性的思维成果转译成为可实现的建筑信息。

（3）构想方案

构想方案的过程中，建筑就已经开始有了雏形，我们已经开始将我们思维的成果转向建筑化，虽然在建筑信息化设计流程中，概念信息的建筑化会在下一个站点完成，但是相关的思考在本站点内部已经进行了一些尝试和思考，这样有利于我们排除一些无用的概念从而达到最终的概念。在这个过程中，我们可以借助信息化软件所赋予我们的强大分析、模拟、观察、表现等辅助手段，更好地完善我们的概念。

在构想方案创建概念信息的过程中，读者可以结合1和2中的信息和结论来思考一些一级层级的设计内容，例如场地布局、形体设计、建筑的造型、大空间及特殊功能空间的形式及布局、结构选型以及其他主要问题。

**3. 建筑信息化设计流程带来的设计提升**

在了解了需要进行的工作内容之后，我们现在来了解一下新的建筑信息化设计工作流和新的信息技术到底赋予了我们什么样的新工具来完成设计内容、改善设计流程、提高设计生产力。

（1）概念设计辅助思考工具

A. 思维导图与信息层级

思维导图其实就是结构逻辑图。在设计中同时面临大量信息和问题的时候，容易因为来回的处理问题而失去重点，头脑风暴之后也容易让人对大量信息之间的关系产生混乱。思维导图对于整理信息的层级，发现主要矛盾，整理思考的成果，明确设计方向都很有帮助。

B. 思维导图与可视化编程

思维导图对于编程是非常好的辅助工具。因为一旦程序的编写复杂起来，编程经常会因为程序的庞大而出现"见木不见林"的情况，对于程序整体的逻辑层级关系的把握将会变得越来越困难。而思维导图就是为了让我们在编程工作的过程中方便地整理思路和逻辑关系的辅助工具。

（2）概念设计建模工具

BIM 数字模型为概念设计建模提供的工具可以从三方面来理解。

1）首先以 Revit 为例，在目前的 BIM 建筑工作流中使用的建模工作流和步骤如图 3-3-3 所示。

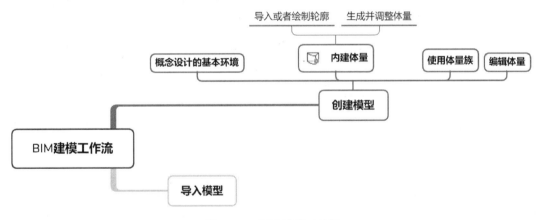

图 3-3-3　BIM 建模工具流

2）而同时 BIM 软件也能适当地兼容其他三维建模软件所创造的模型（图 3-3-4）。

3）随着建筑信息工作流的发展，利用信息协作的优势，还有更多可以解放我们设计思维的工具，以及无限的可能性待我们进一步挖掘（图 3-3-5）。

（3）概念信息分析工具

建筑数字软件所提供的丰富的辅助分析工具其原理都是利用信息模型携带的丰富信息，对此加以分析、筛选、展示，来辅助我们进行决策和设计。

在概念设计阶段，我们主要涉及的是对于设计总量的估算，基本性能的预测，设计环境的了解和建筑形体的观察等。

A. 在 Revit 中运用体量楼板和明细表分析面积、体积、表面积和周长（图 3-3-6）。

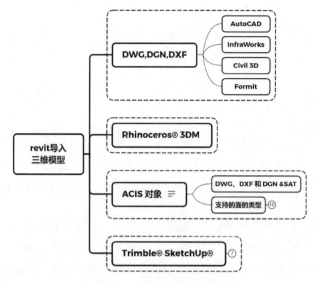

图 3-3-4　Revit 导入三维模型

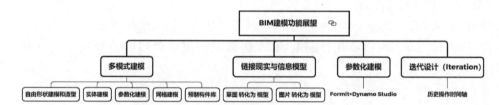

图 3-3-5　BIM 建模功能展望

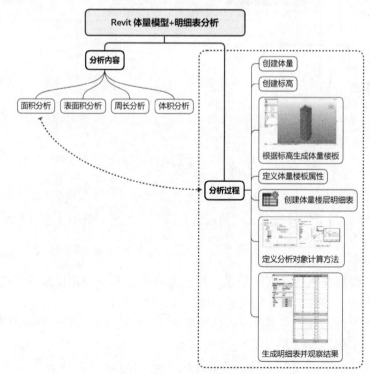

图 3-3-6　Revit 基于体量的分析

B. Revit 的日照模拟等。

在 Revit 中可以通过设置进行"静止日光研究""一天日光研究""多天日光研究""照明日光研究"四种分析（图 3-3-7）。

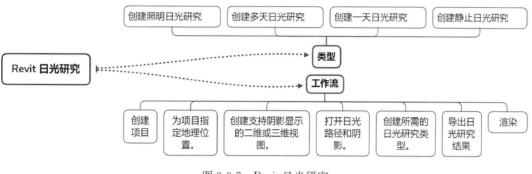

图 3-3-7　Revit 日光研究

C. 流体分析——Autodesk Building Performance Analysis（BPA），Flow Design for Revit（图 3-3-8）。

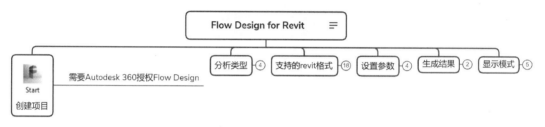

图 3-3-8　FLOW DESIGN FOR REVIT

（4）概念设计展示工具

仍然以 Revit 为例，在概念设计阶段，其所提供的展示工具主要针对平面展示、模型展示和分析结果展示三个类别的成果。而模型展示又分为静态地渲染图片展示和动态地漫游动画的展示（图 3-3-9）。

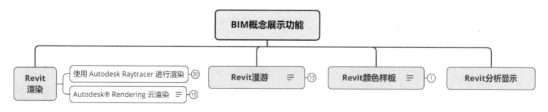

图 3-3-9　BIM 概念展示功能

（5）概念设计模拟工具

现在越来越多的基于云技术（如欧特克公司的 BIM 360 云）的"附加功能"被开发出来辅助设计，Enscape、Revizto、Fuzor、Lumion、Unity、Unreal 等实时渲染以及可以进行 VR 模拟的软件作为附加模块被集成到了 Autodesk 工程设计组件的平台中，诸如 Revit、Navisworks 等。我们以 Revit Live 为例，来展示如何实时的模拟建筑场景。将 Revit 中的方案放置在实际的基地中去观察其空间及形态来优化设计，可以置身于设计之中，观察、感受 。这种直观的方式在提升设计的完成度的同时也能便利地将设计效果展示和传达出来，这可以极大地提高建筑业与其他行业（如建筑使用者）的交流效率（图 3-3-10）。

图 3-3-10　VR 模拟

（6）概念设计辅助选择——比较工具

概念方案设计阶段是思维非常活跃的阶段，因此不可避免地会出现多方案的比选过程。针对着一个过程，我们在这里为读者简单介绍几个概念设计的辅助比较工具。

A. BIM 360 文档比较功能

在 BIM360 的文档管理模块中可以对项目相关数字文件进行二维图纸和三维模型的比较。可以通过比较看到不同版本（二维图纸还可以用不同的图纸对比）图纸和模型之间发生的新建、移动、修改、删除的编辑以及改动。这种信息比较处理有助于我们更好、更方便地进行方案对比。而且在之后的流程中进行协同的时候也能让我们更直观地观察不同专业的图纸之间的对应关系，以及不同版本图纸和模型之间的变动，减少我们核对信息的工作量（图 3-3-11）。

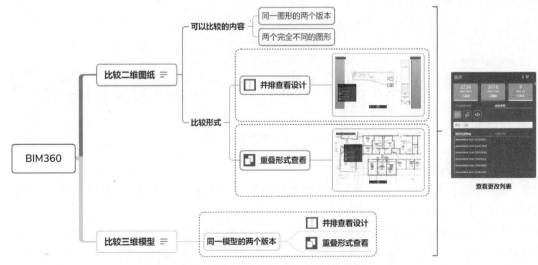

图 3-3-11　BIM360 docs 的比较功能

B.	InfraWorks 方案

在诸如 Infraworks 一类的 BIM 软件中，提供可以存储多个比较方案的可能性。现在还可以将比较方案存储到云端，通过将比较方案置身于其实际环境中去观察，以期更好地进行方案对比，并且可以在云端随时选择一方案或者合并多个方案来发展主体的方案(图 3-3-12)。

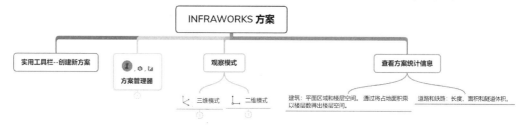

图 3-3-12　InfraWorks 方案功能

这些多方案的存储和比较功能带来的优势是方案分支——比较—合并的推进过程（图 3-3-13）。

图 3-3-13　方案分支合并的推进过程

BIM 软件如 Fusion360、Infraworks、Civil 3D、Revit 都提供同时创建多个方案的可能，并且可以从二维和三维上比较多个方案，从而帮助设计决策者选择一个最佳方案运用于项目。这样将原本只能在按照时间顺序纵向进行的任务通过信息网络转换为一个横向并行的任务工作流，从而使工作变得高效、便捷、丰富。

C.	衍生式设计——Generative Design

衍生式设计是一种信息工作流程所特有的比较方式。是一种通过根据设计目标进行的相关参数的设定，进而自动计算生成所有符合条件的可能的形式的工作模式。这种设计方式现在已经运用于工业设计工作流中，例如 FUSION 360 已经集成了衍生式设计的内容（Generative Design），如图 3-3-14 所示。

通过衍生式设计，我们能很好地直观观察复合条件的所有可能结果，并且按照每种属性特征进行筛选并深入观察其特性。即使我们不将这些结果用作最终的方案，也能有效地

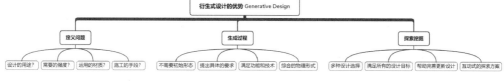

图 3-3-14　衍生式设计的优势

为我们提供基础的形式建议，从而帮助我们更好地进行设计。

虽然这种从末端倒推的工作模式是无法代替设计师的主动设计的过程的，但是越是设计师越难以全面地涉及细节问题，衍生式设计因为限制条件变得越来越具体，就显得越发的有效，所以在不久的未来必然会成为设计师不可缺少的高效比较帮助工具。而将它结合进建筑信息工作流只是时间问题（目前就可以通过可视化编程技术和二次开发部分实现），这也是 BIM 技术和基于云的建筑信息工作流未来发展的必然趋势之一。

（7）无限可能性——可视化编程处理概念信息

使用可视化编程工具可以方便地进行复杂的建筑造型设计。在概念设计阶段，其基本程序编辑分为"数据信息处理"和"形体空间处理"两部分。

可视化编程技术可以极大地帮助设计师扩展数字软件的能力，让数字软件更符合设计师的习惯，并且通过强大的信息处理能力带给信息化设计近乎"无限"的可能性。

可视化编程技术的引入可以极大地加强原本 BIM 技术处理信息的能力和针对一些个异性信息（如非常复杂建筑形体的项目）的处理能力，从而极大地扩展数字软件的能力，真正达到全方位信息化辅助设计的目的。

（8）协同设计平台（云技术）

我们以 Autodesk 公司现在所提供的 Bim360 云协作平台和其下一代的更新产品 Forge 为例，进行说明如图 3-3-15、图 3-3-16 所示。

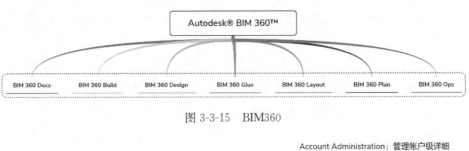

图 3-3-15　BIM360

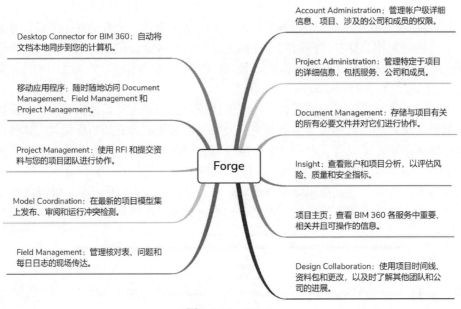

图 3-3-16　Forge

基于云的协同工作从概念设计中就能发挥出巨大的优势，我们可以从这三个方面理解云端协同设计对我们的帮助——工作内容、工作方法和工作效率、工作成果（图3-3-17）。

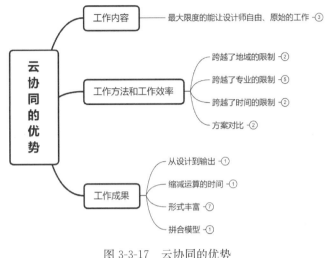

图 3-3-17　云协同的优势

## 二、概念设计辅助思考工具

### 1. 思维导图与信息层级

思维导图其实就是结构逻辑图。在设计之初，同时面临大量的信息和问题的时候，容易失去重点，头脑风暴之后也容易让人失去方向，思维导图可以用来整理信息的层级，发现主要矛盾，整理思考的成果以及明确设计方向（图3-3-18）。

### 2. 思维导图与可视化编程

思维导图对于编程也是非常好的辅助工具，因为一旦程序的编写复杂起来，编程经常会因为程序的庞大而出现"见木不见林"的情况。对于程序整体的逻辑层级关系的把握将会变得越来越困难，而思维导图就是为了让我们在编程工作的过程中方便地整理思路和逻辑关系的辅助工具。

虽然可视化编程环境已经比传统的编程环境直观很多，但是一旦程序模块多起来之后，还是容易造成逻辑的混乱，因此学会使用思维导图是一个非常良好的习惯，也对实际的可视化编程有很大的帮助。

思维导图有很多相关的制作软件，使用也都非常简单，这里就不再赘述，读者可以选择一个自己适合的思维导图制作工具（图3-3-19）。

## 三、概念设计建模工具

### 1. 现有的 BIM 软件建模的特点

传统 BIM 软件的建模流程的特点在于直观，符合原本的计算机建模习惯，其建模的速度和对复杂形体的建造能力都很出色。但是缺点在于，建模的逻辑并不基于对方案的推敲，修改的能力较弱或会带来不可接受的工作反复；其次需要熟练掌握复杂的计算机软件功能才能将思维想法顺畅地转化为建筑信息。

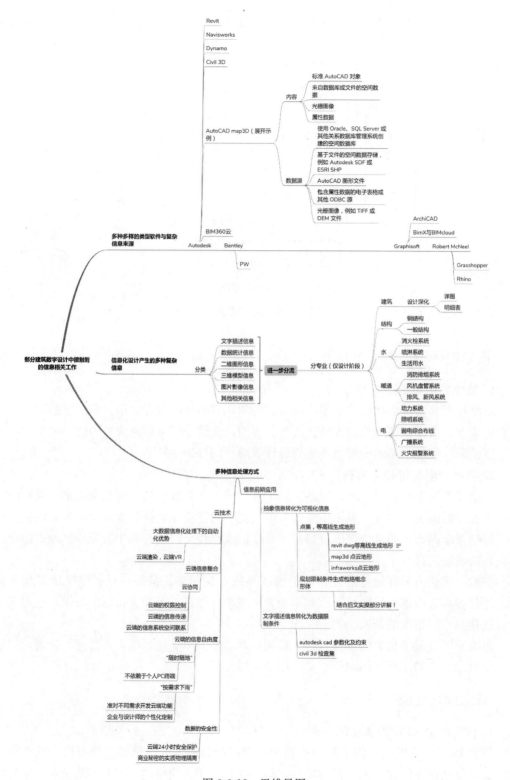

图 3-3-18　思维导图

图 3-3-19　思维导图示意

我们以 Autodesk 公司的 BIM 360 云协作平台中建议的建筑信息化核心软件之一的 Autodesk Revit 为例，进行这部分的介绍和讲解（图 3-3-20）。

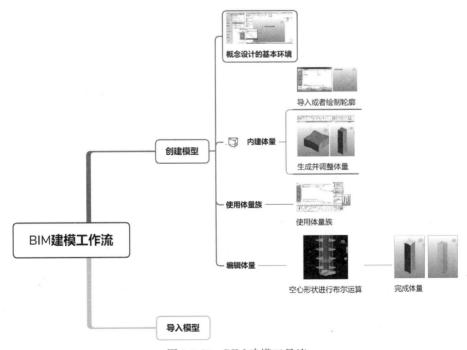

图 3-3-20　BIM 建模工具流

（1）创建或者导入体量

首先创建一个概念设计的基本环境。

"文件"选项卡➤新建➤概念体量➤"新建概念体量——选择模板文件"（图 3-3-21、图 3-3-22）。

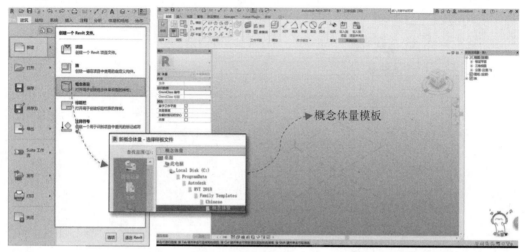

图 3-3-21

图 3-3-22

"体量和场地"选项卡➤"概念体量"面板➤⬚（内建体量），如图 3-3-23 所示。

图 3-3-23

输入体量名称（信息 ID）➤体量在位编辑（图 3-3-24）。

图 3-3-24

内建体量操作功能与界面都同我们前文所展示的概念体量模板中基本相同（图 3-3-25）。

图 3-3-25

创建工作的基础标高（可以只创建对于形体有限制性的节点标高），如图 3-3-26 所示。

图 3-3-26

导入二维或者三维的参照（本例以导入 cad 二维轮廓为例），如图 3-3-27、图 3-3-28 所示。

图 3-3-27

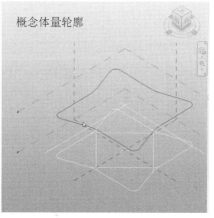

图 3-3-28

选择轮廓线▶创建形状▶实心形状，生成体量▶调整高度对齐标高▶完成基本体量（图

3-3-29，图 3-3-30）。

图 3-3-29

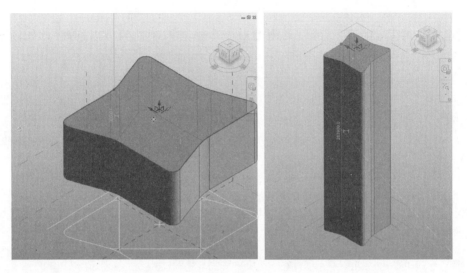

图 3-3-30

我们也可以在体量模板中完成体量的创建而后再主体文件中放置或者导入体量、体量族（图 3-3-31）。

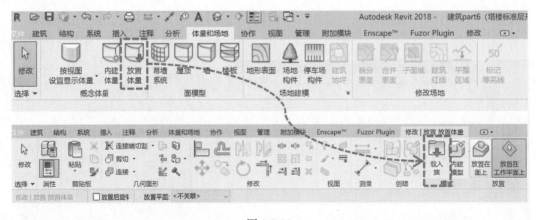

图 3-3-31

在载入"北塔楼概念体量"后，可以在放置体量的属性栏中选择概念体量并且放置到模型中，可以放置多个重复的体量模型（图 3-3-32）。

（2）编辑体量

选择体量》"修改体量"选项卡》 （在位编辑），如图 3-3-33 所示。

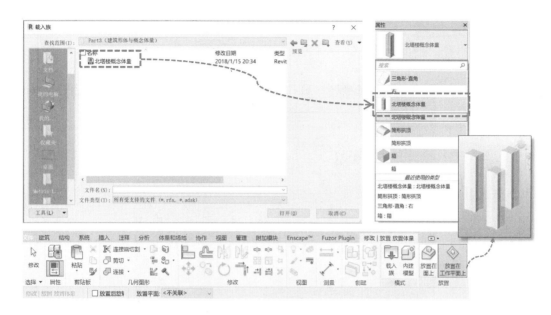

图 3-3-32

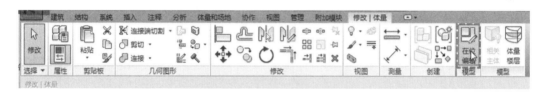

图 3-3-33

创建用于剪切体量的空心形状（图 3-3-34、图 3-3-35）。

图 3-3-34

运用空心形状和实心形状结合生成概念体量（图 3-3-36、图 3-3-37）。

选择完成体量或者载入到项目中来完成体量编辑工作。

（3）导入模型

Revit 现在支持导入的三维格式主要有：

DWG 或 DGN 文件、Trimble® SketchUp® skp 文件、Rhinoceros® 3DM 文件、SAT®文件（图 3-3-38、图 3-3-39）。

在模型导入后，对于导入模型的数据兼容性和编辑性都较差，所以在实际的工作中建议导入简单的体量模型，并且用增加图层的管理设置以方便在 Revit 中调整其显示（图 3-3-40）。

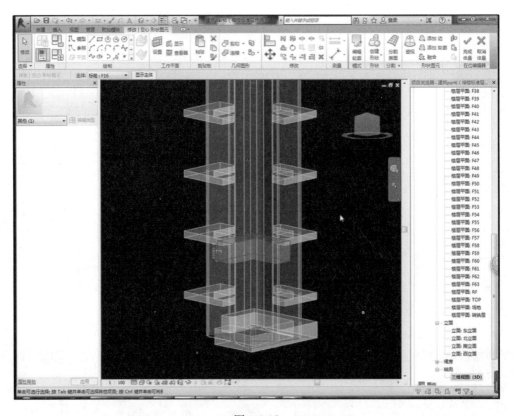

图 3-3-35

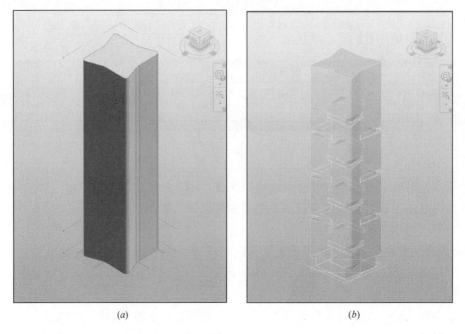

$(a)$            $(b)$

图 3-3-36

图 3-3-37

图 3-3-38

图 3-3-39

### 2. 数字软件建模的趋势和前景

数字化的建筑设计平台一直致力于提供更好的概念推敲的工具，用来克服传统建模方式的缺点。Autodesk 的 Formit 与 Dynamo 和 Revit 配合已经可以较好地实现方案的推敲。

（1）多种模式让建模过程变得更自由

数字软件现在已经或者计划融合多种建模模式（其中有些功能已经融入工业设计的数字制造流程，只是还没有推广至建筑信息化设计工作流中）。未来的自由形状建模和造型、实体建模、参数化建模、网格建模、预制构件库等相关技术会越来越简化普及，信息化数字软件对信息的处理能力会越来越强。多种建模的模式和技术发展会让概念到模型的过程变得更加轻松（图 3-3-41）。

曾经的 BIM 工作流的软件开发工作者们也在试图尽可能地将我们思维或者感性的成果快速直接的信息化。例如，配合手绘的草图进行建模，以及通过多角度的图片来生成三

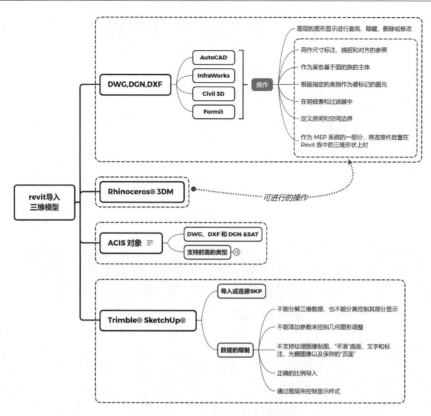

图 3-3-40　Revit 导入三维模型

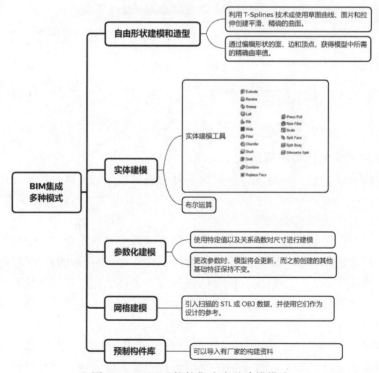

图 3-3-41　BIM 软件集成多种建模模式

维模型（或者将推敲的实体草图模型直接转换为电子信息模型）。

　　在建筑信息化设计中，这部分的任务最终将通过云端计算完成，并不需要使用者拥有繁复的硬件或者软件来完成各种复杂的功能。

　　如图 3-3-42 所示，介绍了草图到模型（Raster—CAD—Model），草图和三维建模交互设计（Fusion360）以及从实体模型到三维模型的转换（模型—图片—Recap—三维模型）。

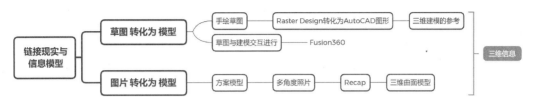

图 3-3-42　链接现实与信息模型

　　（2）参数化建模——Formit＋Dynamo Studio

　　可以通过 Dynamo Studio 可视化编程软件编制参数化模型的基础而后发布至 BIM360（图 3-3-43）。

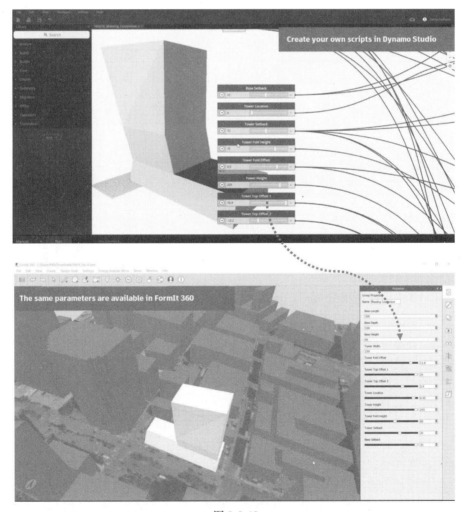

图 3-3-43

然后在 Formit 中的模型会集成 Dynamo Studio 为其编制的参数，通过调整相应的参数而完成形体的调整。

（3）迭代设计（Iteration）

我们在概念设计和方案设计阶段经常面临多方案的对比，或者形体的反复调整，许多模型建模的工作我们常常需要反复完成。

而在 Fusion 360 中，历史建模包含历史时间轴。时间轴可捕获在设计过程中使用的命令。我们更改最初的形体方案的时候，可以返回并编辑所有这些操作，而无需对下游进行任何更新，一切内容都会自动更新。目前这种功能也可以在可视化编程软件（如 Grasshopper 和 Dynamo）中方便实现，这也是可视化编程技术进行建筑概念设计的巨大优势之一。

历史时间轴可以方便我们对初始的体量进行调整对比（图 3-3-44）。

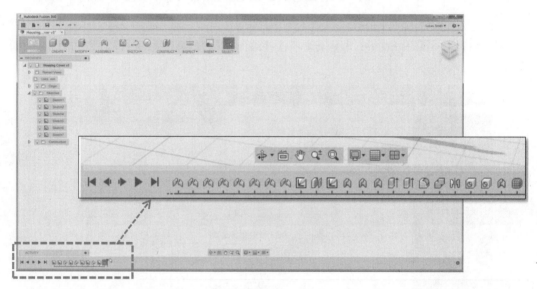

图 3-3-44

## 四、概念信息分析工具

### 1. 在 Revit 中创建面积分析

"修改 ｜ 体量"选项卡 ➤ "模型"面板 ➤ （体量楼层），如图 3-3-45 所示。

可以选择体量楼层并在左侧的属性栏中进行相关的设置，我们在"用途"栏中将所有的体量楼层按照办公、商业和餐饮来进行定义（图 3-3-46）。

单击"视图"选项卡 ➤ "创建"面板 ➤ "明细表"下拉列表 ➤ （明细表/数量），如图 3-3-47 所示。

在"新建明细表"面板中选择"体量楼层"，创建"建筑构件明细表"，在"明细表属性"中选择用途、标高、楼层面积，并且新增"面积比例"的计算函数（图 3-3-48）。

在明细表属性设置的"格式"中将楼层面积和面积比例的计算方式都改为计算总数。

在明细表属性设置的"排序/成组"中选择线根据"用途"进行升序并且勾选页脚以及空行，选择"标题、合集和总数"并且"逐项列举每个实例"（图 3-3-49）。

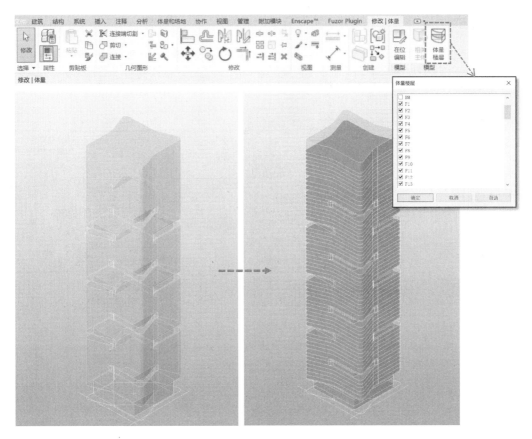

图 3-3-45

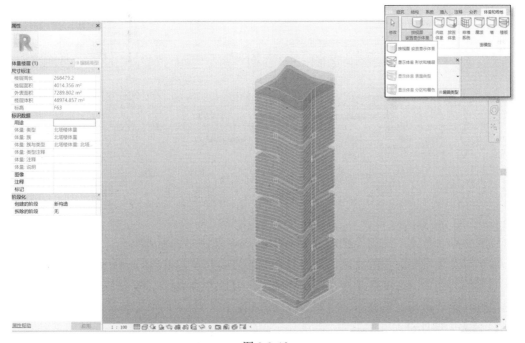

图 3-3-46

图 3-3-47

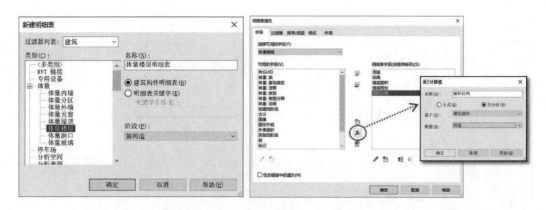

图 3-3-48

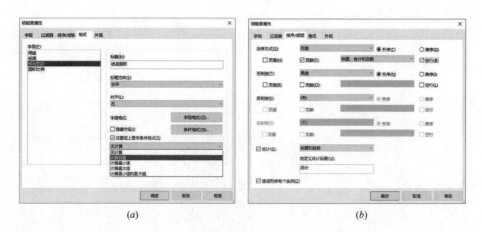

(a)　　　　　　　　　　　　　　(b)

图 3-3-49

生成明细表及其属性如下图，我们可以通过面积明细表看出每一个标高的楼层的用途、面积以及其占总面积的比例、每一种功能的总面积及其占总面积的比例（图 3-3-50）。

同样的，还可以运用概念体量以及明细表来分析外表面积、周长、体积等。明细表功能是造价与统计对信息模型非常重要的应用方式。

**2. 日光、照明分析**

在 Revit 中我们可以通过日光路径、日光设置来创建日光研究，从而直观地展示自然

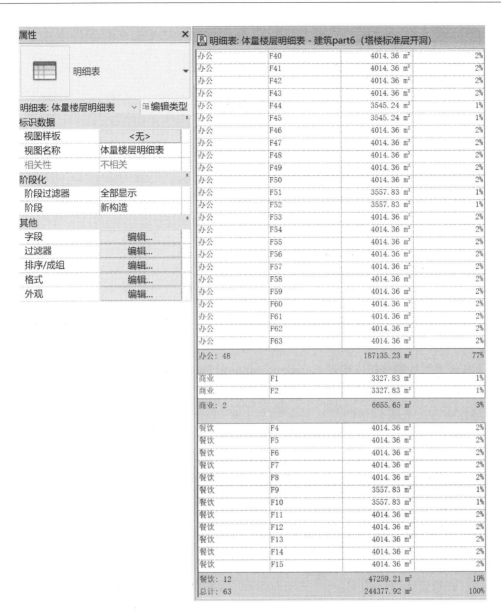

图 3-3-50

光和阴影对项目外部和内部的影响。通过这两者设置的组合，我们可以进行静止日光研究、一天日光研究、多天日光研究和照明日光研究四种分析。并且对日光位置、共享日光设置、视图专有照明设置、时间间隔和地平面设置进行预设。

（1）静止日光研究可以显示项目位置在指定日期和时间的日光和阴影影响。

（2）一天日光研究可以动态的展示项目在指定日期的指定时间段内阴影的移动情况。（各帧之间的时间间隔可以设定在 15 分钟到 1 小时）。

（3）多天日光研究可以动态的展示项目在特定日期范围的特定时间或某个时间范围内阴影的移动情况。（可以将时间间隔指定为 1 小时、1 天、1 周或 1 个月）。

（4）照明日光研究可以展示从活动视图中的日光位置投射的阴影（图 3-3-51）。

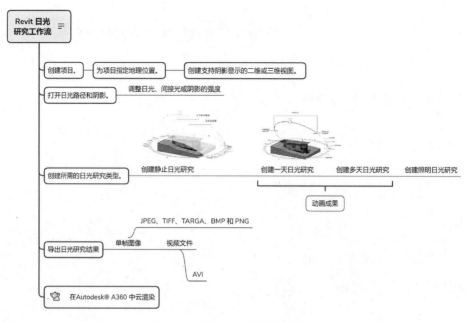

图 3-3-51　Revit 日光研究工作流

### 3. 其他建筑性能分析（借助 Autodesk Building Performance Analysis）

运用 Flow Design for Revit 进行风洞分析。

拥有 Autodesk 360 授权的账户可以通过 Flow design 来模拟风洞试验，通过对风向、风速、风在垂直高度方向的分布形态以及模拟范围的设置，可以通过模拟计算输出风速和气压分布的结果图，并且调节结果的显示属性（图 3-3-52）。

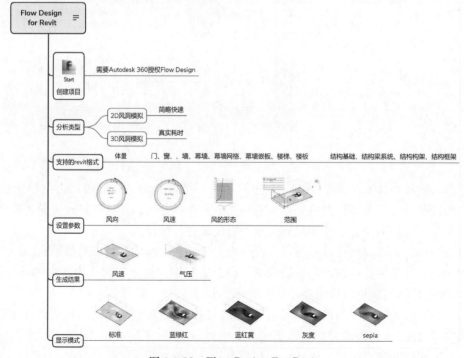

图 3-3-52　Flow Design For Revit

## 五、概念设计展示工具

在概念设计阶段，针对平面的展示主要是颜色方案的配置（由于在接下来的站点中会更频繁的使用，我们在此不做展开介绍）、分析显示（暂不介绍）。这里我们着重介绍模型的展示，Revit 支持静态和动态的展示，静态的展示可以使用 Revit 内置的渲染引擎 Raytracer 或者通过云平台 BIM 360 的服务进行云渲染。在 360 云上渲染不仅可以渲染静态帧，还可以渲染 VR 模拟场景，全景视图等。同时 Revit 还可以在场景中漫游并渲染、导出漫游动画，用以进行设计展示（图 3-3-53）。

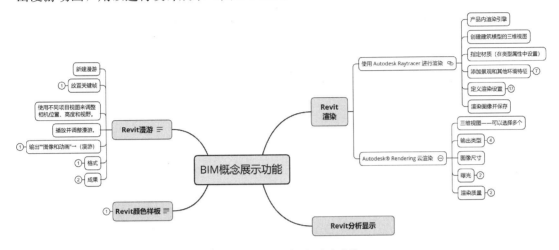

图 3-3-53　BIM 概念展示功能

（1）渲染（图 3-3-54）

图 3-3-54

A. 使用 Autodesk Raytracer 进行本地渲染（图 3-3-55）

B. 云端渲染（图 3-3-56）

（2）漫游动画

"视图"选项卡▶"创建"面板▶"三维视图"下拉列表▶ (漫游)，如图 3-3-57、图 3-3-58 所示。

在许多信息化数字软件中都有类似的功能，如 Civil3D 中创建好道路模型之后也可以沿着道路虚拟驾驶浏览道路的三维模型。在驾驶界面里面可以设置视线的高度、行驶的速度、模型的显示样式等参数。在 Infraworks 中也有故事板的功能用于动态展示设计成果。

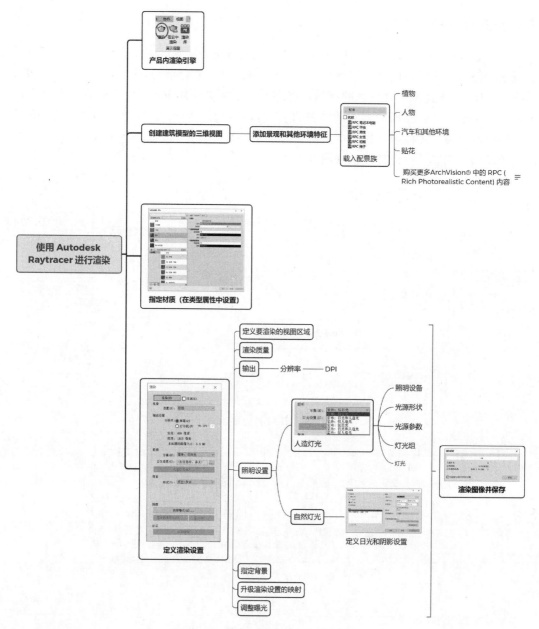

图 3-3-55　Autodesk Raytracer 渲染

## 六、概念设计模拟工具

　　传统的 BIM 技术流程的建立在个人电脑（PC）的信息处理与工作组织上。其基于计算机建模的习惯可以提供高效率的处理信息。在对整体流程思路清晰的成熟团队中，能显著提高工作效率。但是其缺点在于，需要熟练掌握复杂的计算机软件，以及掌握软件工作流的逻辑关系，才能将思维想法顺畅地转化为建筑信息，这也是为什么 BIM 技术的推广一直难度较高，时间成本比较高。

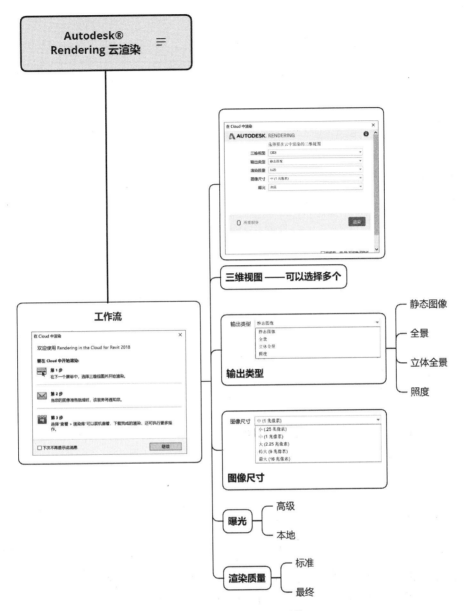

图 3-3-56 Autodesk 云渲染

图 3-3-57

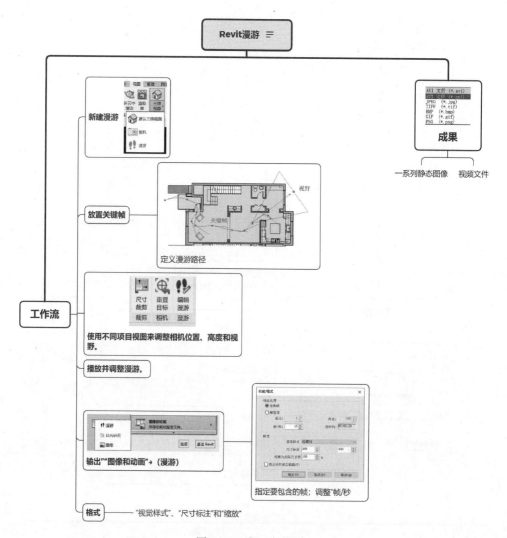

图 3-3-58  Revit 漫游

现在越来越多地基于云技术的"附加功能"被开发出来，简化了设计人员所要掌握的软件技巧。比如为了更轻松、更真实、更轻松地模拟建筑场景，Enscape、Revizto、Fuzor、Lumion、Unity、Unreal 等实时渲染以及可以进行 VR 模拟的软件，作为附加模块被集成到了 Autodesk 工程设计组件的平台中，诸如 Revit、Navisworks 等。这种情况更加反映了以个人电脑（PC）为基础的计算机数字化工作模式（BIM）正在向以中央服务器信息集成交互处理的信息化工作模式转变（建筑信息化）。

图 3-3-59

我们仅以 Revit Live 为例，简单地介绍新技术带给我们的模拟便利性和设计的优势（图 3-3-59）。

作为集成在 Revit 中的云端功能，Revit Live 为设计者们提供了实时渲染、动态观察自己的设计成果的可能。只需要在附加模块中的 LIVE DESIGN 中选择"Go Live"。由于计算会在云端后台进行，并且可以使用 Revit 中设置的三维场景、材质、画面、灯光和日光设置，所以设计者不需要进行反复的设置，从而节省了时间，简化了操作，可以说是"傻瓜相机"式的简单操作，然而得到的结果却是史诗级的（图 3-3-60）。

图 3-3-60

点击 Go Live 激活 Revit Live 并且自动完成上传、渲染准备和下载的过程（图 3-3-61）。

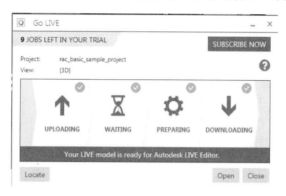

图 3-3-61

Revit Live 可以识别 Revit 中的材质和光的设置，借由 Revit Live 设计师可以通过调整材质光照的情况来多维度地观察和审阅自己的设计，甚至通过与 VR 的结合而产生更直观的空间感受，进一步修正自己的设计。同时，设计师也可以通过 Revit Live 向业主更直观地展示自己的设计（图 3-3-62）。

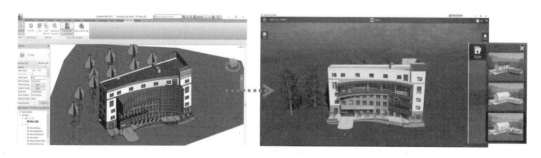

图 3-3-62

Revit Live 与 VR 设备结合的 VR 实时体验（图 3-3-63）。

同时由于云平台的兼容性，还可以实时地将 Revit 中的概念方案放置在实际的基地上下文中去观察其空间及形态来优化设计。VR 技术更是让我们在设计的过程中就可以置身于设计之中，观察，感受。这极大地促进了交流，可以最大化地消除设计师与建筑使用者

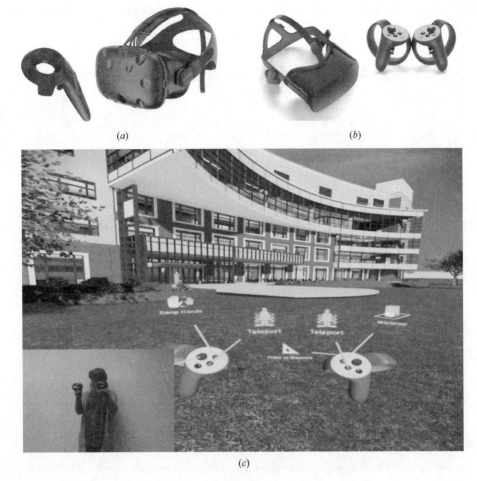

图 3-3-63

之间因为专业差异造成的沟通问题，进而大幅减少建筑工作中的修改量。与此同时，我们设计的灵活度，对于设计成果的控制力均会大大得到提升，能够传递完成更高质量的设计成果。

## 七、概念设计辅助选择——比较工具

### 1. 方案比较

（1）比较三维模型

我们在概念阶段推敲体量的过程中就可以使用云端技术 BIM360 比较三维模型的功能，这将让我们更加直观地对比两种概念的特点。虽然在概念阶段就显现出不错的优势，但比较功能对于后期更为复杂的综合模型来说，会体现出更大的优势（图 3-3-64）。

（2）比较二维图纸

在 BIM360 中不仅可以比较同一个图纸的不同版本，还可以比较两个完全不同的图纸内容。与模型比较类似，虽然我们在概念阶段可以通过这个功能重叠基础条件或者多个版本的草图用以推敲方案，但是在工作进行到多专业的协调、多方的配合和设计流程中的反

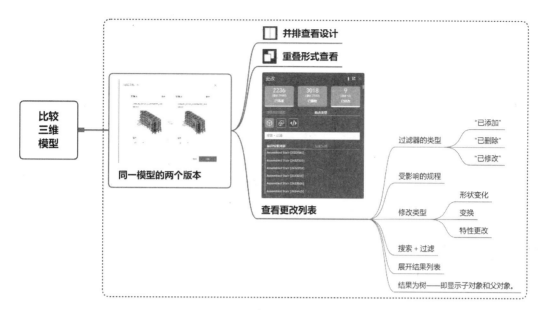

图 3-3-64 比较三维模型

复以及对接的时候，该功能的优势会更加明显。尤其是在建筑信息化设计没有全面普及的情况下，还存在着大量的二维图纸的比较需求。

在实际应用中，我们可以轻松地对比结构图纸中的结构构件同建筑空间是否冲突，或者在两个版本的建筑修改中是否有对暖通系统和设备产生影响的新的修改等。这大大减少了我们人工核对、检查图纸的时间和精力，让我们能将注意力更好地集中于设计，更高效、更准确地完成项目设计（图 3-3-65）。

**2. InfraWorks 的方案功能与迭代设计**

Infraworks 提供方案的功能，同时存储多个可能。既可以选择将这些可能的方案保存在本地，与其余主体部分一起结合观察；也可以上传至云端，同上下游的其他整体和细部模型一起结合起来对比观察（图 3-3-66）。

除了 InfraWorks，在 Revit 中也提供了一个文件中针对某一部分模型或者某一个问题存储多个解决策略的功能。这些功能所赋予我们的是一个设计主体—设计分支—合并设计的设计推进流程。

这种工作模式如果结合我们在前文建模中提到的迭代设计，就可以在每一个分支中进行迭代式的小循环设计而不影响主体的工作流：从同一主设计创建多个分支并支持团队进行迭代，避免出现任何中断，并且最终将分支与其他分支合并以及合并回主设计（图 3-3-67）。

这种自动迭代建模的过程会大大节省我们进行多方案比选分析的时间。目前的工程数字软件如 Fusion360、Infraworks、Civil 3D、Revit 都提供同时创建多个方案的可能，并且可以从二维和三维上比较多个方案，方便管理人员确定并选择一个最佳方案并运用于项目。这样将原本只能在按照时间顺序纵向进行的任务通过信息网络转换为一个横向并行的任务工作流，进而大幅提高了设计的质量和效率。

网状的信息结构可以为每一个信息集合提供一个自身的接口，从而使我们在工作中摆

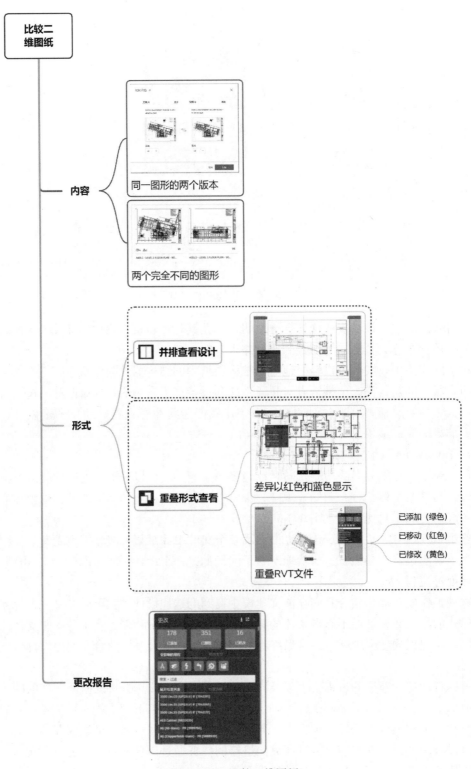

图 3-3-65 比较二维图纸

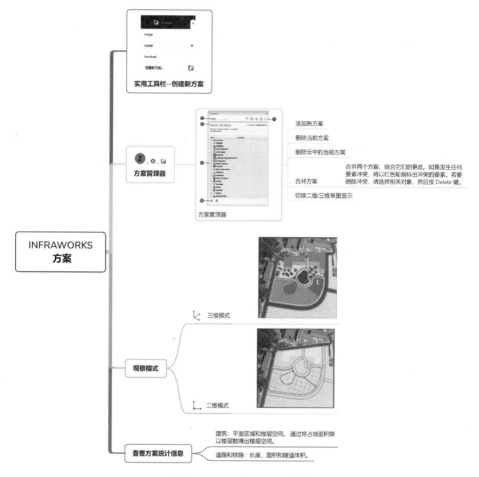

图 3-3-66　infraworks 方案

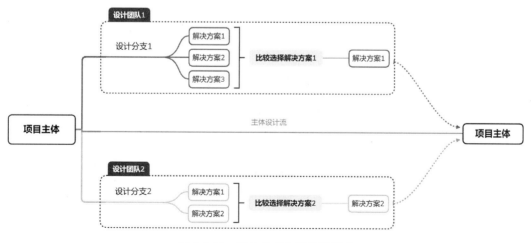

图 3-3-67　设计分支合并推进模式

脱孤立地看待不同方案。使得设计师可以在整个项目的整体视角下更好地判断和选择合理的实施方案（比如，不同的结构的形式同建筑空间的协调和配合程度，或者不同的暖通系统对建筑空间产生的影响）。

这在本质上是得益于系统之间信息的逻辑层级结构和信息之间的拓扑关系，也就是建筑信息系统的基本特性。正是因为这种结构，我们在建筑信息化设计中才可以对任何一个信息和信息分类进行信息映射或者替换而不影响整体。

### 3. 衍生式设计（Generative Design）

传统的设计流程中我们会在设计初期进行头脑风暴。虽然这种思维创造是必不可少的过程。但是针对每一个具体问题的解决，头脑风暴却并不一定是最好的选择。这种发散式的思考方式依赖于团队成员思考的偶然性，而且短期的头脑风暴虽然可以提出很多创意，但对于这些创意的后续性却严重地缺乏估计。经常会出现一种因为当时思考得不够深入而被采纳的创意，在深入到一定阶段和一定程度时被放弃的情况。因此，头脑风暴其实对于团队整体的建筑经验要求很高，要求团队可以有预见性地排除一些可能，这对设计师团队的经验要求是很高的。然而，即使是拥有相当充分经验的团队，依然存在很大的偶然性（一些判断受人的状态、情绪等影响较大）。

在信息化设计中，我们希望能有一种数字辅助设计工具，可以帮助我们排除一些可能性，辅助决策。衍生式设计运用了一种跟我们的传统设计思维截然相反的工作流程——先拥有目的而反推条件。这种方法能够最大限度地利用计算机的优势，为我们提供一种穷举式的新的选择集。不但对于方案的概念设计有很大的帮助，对于建筑设计的整体工作流程中的各个阶段均有很大的帮助。而对于衍生式设计来说，越是细节的问题，限制条件越多，这种设计方式的优势也就越大。

随着限制条件的增加，衍生式设计所提供的比较层级和层次也就越丰富（可以按照每一个限制特性进行定义筛选），越是设计师难以全面涉及的细节问题，衍生式设计因为限制条件变得越来越具体，就显得越发的有效。在建筑信息化设计的继续发展中，衍生式设计必然会成为设计师处理各个阶段问题时不可缺少的比较的帮助工具。因此，将它结合进建筑信息工作流只是时间问题，是未来 BIM 技术与云技术融合的信息工作流的必然趋势（图 3-3-68）。

## 八、无限可能性——可视化编程处理概念信息

可视化编程是建筑信息化设计的重要辅助工具，具有迭代和批量处理信息的能力，可视化编程的发展成熟对于建筑信息化设计是十分重要的，今天的建筑信息化设计技术就是由 BIM 技术、可视化编程技术和云技术共同组成的。

### 1. 可视化编程技术简介

在很多建筑从业人员的思维里，可视化编程是一种非常复杂的技术。其实可视化编程技术其实并不神秘，甚至直接从字面上就可以理解。

可视化编程技术是一种新型的编程技术，不仅应用在建筑领域，在许多计算机相关领域都有着广泛的应用。这种编程技术的优点是逻辑关系十分直观，并且不需要考虑太多（甚至完全不考虑）计算机语言的基本代码编写。

在可视化编程的环境下，计算机的基本代码均被制作成了一个个"单元程序包"，实

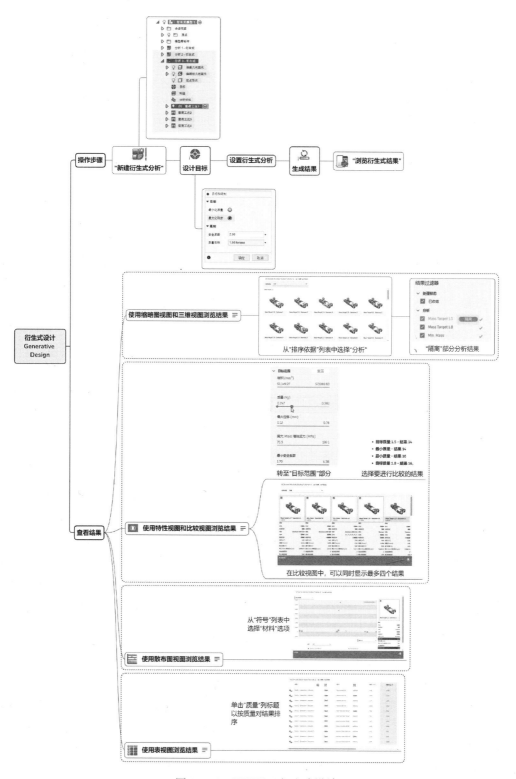

图 3-3-68　FUSION 衍生式设计

现某一种功能。在进行程序编写时，只需按照逻辑去链接这些程序包即可，这样就没有了计算机语言编程的各种连接麻烦，而且相当直观简单。对于建筑从业者来说，可视化编程最重要的一点是，不需要掌握计算机语言就可以实现基于编程的自定义操作能力，和特异性、针对性地解决问题的能力。

可视化编程可以让建筑工程师们方便地对软件进行能力的扩展，也就是一种二次开发行为。这极大地扩展了建筑数字软件使用的自由性，同时也极大地扩展了建筑工程师能完成的信息化设计的广度和深度。

接下来，我们将以目前被广泛使用于建筑业的可视化编程软件 Grasshopper 为例子，进行可视化编程概念信息化设计的讲解。

我们以 Grasshopper 为例进行可视化编程的信息处理方式讲解，这样讲解的优点在于基于一个实际的软件可以使读者在学习的过程中更加形象，并且可以进行实践来加深学习，如此一来可以有效地避免编程学习的一个难点——过于抽象。

而且可视化编程的基本原理在各种软件上几乎是一致的，信息处理模式也是极为相似的。这是因为它们归根结底都是利用软件自身的程序模块进行程序重新编写组合，形成"新的功能"，这种排列组合的逻辑与方式都是一致的。各种软件的不同其实主要是其"宿主"提供的程序包的不同（如 Grasshopper 是基于犀牛的程序库，而 Dynamo 是基于 Revit 的程序库，这两者本身就有很大的差别），而不是本身的编辑逻辑和信息处理方法有什么不同。

因此我们以 Grasshopper 作为例子讲解，对于读者理解可视化编程的逻辑与原理是没有任何问题的，而且理解了这些之后，未来在使用其他可视化编程软件的时候（如 Dynamo）可以很方便地跳过一些基础介绍，直接进入具体的操作学习。

**2. Grasshopper 的基本处理信息方式与优势**

Grasshopper 软件在界面上就与传统的建筑数字软件差别非常大，这是可视化编程软件的一个特点，读者不必被大量的"工具"所吓倒。在前面我们讲解过，可视化编程是将系统的程序包进行重新组合完成一个特定功能的过程，因此宿主软件的每一个基本的程序模块都可能在可视化编程软件中成为一个工具（图 3-3-69）。

上图可以清晰地发现可视化编程软件和传统软件巨大的工作空间差别。软件的设计是为了可以方便地使用并发挥最大的作用，因此这种界面的巨大差别直观地说明了一个问题，可视化编程数字技术与传统的三维建筑数字技术有着完全不同的工作模式。

传统的数字软件的一个工具可能就是十几个基本程序运行的结果，而在我们使用 Grasshopper 这类可视化编程软件的时候，就相当于直接面对和处理这十几个"基本程序"。因此，可视化编程的工具是比数字软件工具更加"基本"的工具，因此自然数目更多，相应的功能也更加单一。

Grasshopper 处理信息的方式就是将这些基本的程序模块进行组合，形成一个完整的逻辑，最终处理一个信息问题。读者可以这样理解，在数字软件中建立一面墙要牵扯诸如空间起始位置定义、结束位置定义、墙的高度厚度等信息处理，我们简单地画一个墙，其实计算机在后台的运算中是进行了这么多步的信息处理，最终才会生成一个墙体在我们的信息模型中。

Grasshopper 等可视化编程软件其实就相当于我们直接进行计算机后台的这种处理过

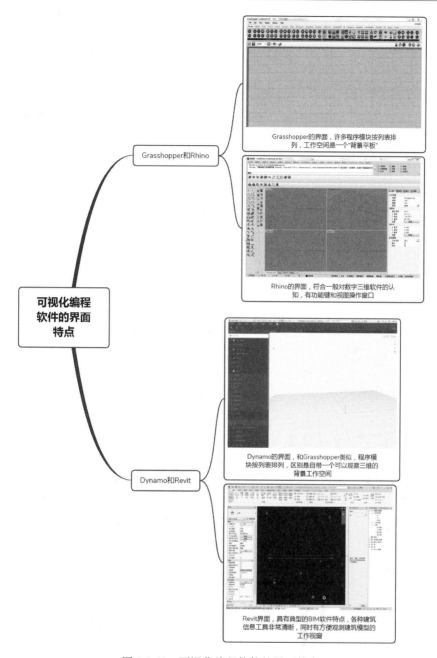

图 3-3-69 可视化编程软件的界面特点

程，我们将用"计算机的处理问题方式"来解决一个建筑信息问题，对于一面墙这样的已经有专门功能工具的信息创建读者可能不会体会到可视化编程的优势，甚至会觉得繁琐。但是对于一个数字软件本身可以实现，但是没有现成工具按钮的设计问题时，可视化编程的优势就十分明显了。我们可以自己组织程序模块，形成新的"工具"来解决我们面临的问题，而不是像过去求助于软件开发公司进行专门的二次开发。

读者可以简单地将每次可视化编程的信息处理，看作是一个特定"插件"的编写（图3-3-70）。

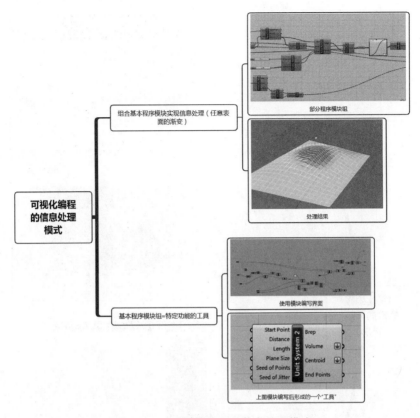

图 3-3-70 可视化编程的信息处理模式

　　上图的程序编写完成后，就形成了一种特定的"插件"工具，除了处理了本身面临的建筑问题外，还可以应用于任何有相关需求的建筑项目，只要更换个"输入"就可以。由此可见，可视化编程技术具有强大的通用型，同样的问题不必反复解决（图 3-3-71）。

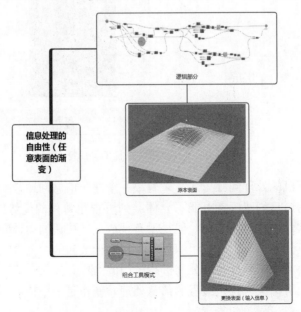

图 3-3-71 信息处理的自由性（任意表面的渐变）

可视化编程技术的优势不仅如此，它还有更大的优势，更加细致和自由的信息处理流程和迭代设计能力。

我们都知道，工作越细化，能够控制和处理的问题就越多，相应的方法也会更自由。例如，同样都是一面墙，使用可视化编程建立相当于把这个墙放在了"X光下"，它的信息构成逻辑和系统结构一清二楚，我们可以通过对其中的一个程序模块进行调整来做到对墙体更加细致的修改，同时，我们也可以将很多需要的、预设功能中被"隐藏的"信息输出，这样我们的设计会变得更加自由，而不是被系统的预设功能所限制（图3-3-72）。

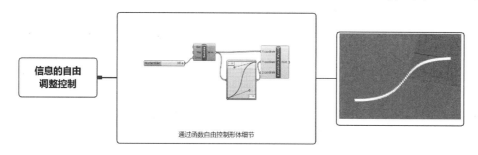

图 3-3-72　信息的自由调整控制

这样我们就获得了更强大的对建筑信息的控制力和更加自由的处理建筑信息的方法。

Grasshopper信息处理过程中形成的信息系统文件与建筑信息系统的特征天然吻合，都是逻辑层级的拓扑结构。程序模块作为一个基本的"信息处理站"它们之间的联系完全是拓扑的。这也是为什么很多建筑工作人员会觉得可视化编程技术对于建筑"特别的好用"。与建筑信息系统良好的相性让可视化编程技术可以将迭代设计带入建筑信息化设计流程中。因为对于一个拓扑的信息系统结构而言，一个单元的更改就会自动地引发相应的连锁反应，从而生成不同的结果，整个过程完全是自动完成的，而非传统的重新绘制。这让建筑的修改变得非常方便，并且更加自由。你甚至可以在设计的最终深化阶段去修改一开始的，诸如形体等非常初始的设计问题，却不必担心带来巨额的信息处理问题。一切都是自动依据信息之间的拓扑关系完成的，这样就极大地解放了建筑生产力，让建筑生产不再拘泥于固定的时间流程（图3-3-73）。

**3. Grasshopper 在概念设计阶段的应用**

使用Grasshopper可视化编程工具可以方便地进行复杂的建筑造型设计，在概念设计阶段，其基本程序编辑分为"数据信息处理"和"形体空间处理"两部分（图3-3-74）。

**4. Grasshopper 的迭代设计（图3-3-75）**

## 九、概念站的信息输出

即使是在现有技术基础的信息工作流中，BIM与可视化编程数字软件为概念设计提供的工具也已经非常丰富，并且还在不断完善。因此从概念设计站点向下一个二级站点输送的信息的形式也是多种多样的。

（1）包括概念方案的模型及其附加的信息。

（2）分析生成的表格、报告、图形和动画的展示。

（3）为了直观观察而生成的展示和模拟的成果（如图片、动画和VR互动场景）。

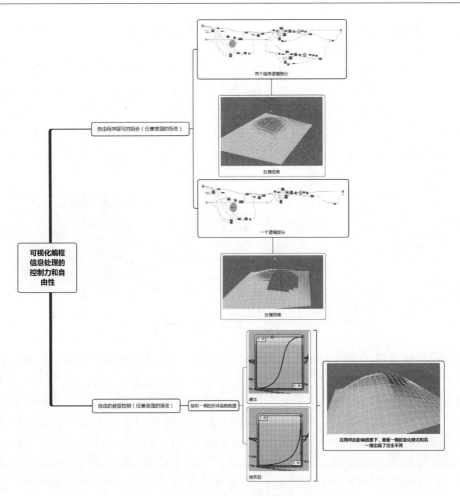

图 3-3-73　可视化编程信息处理的控制力和自由性

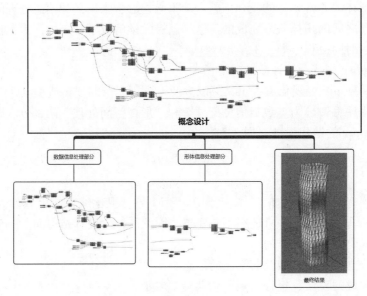

图 3-3-74

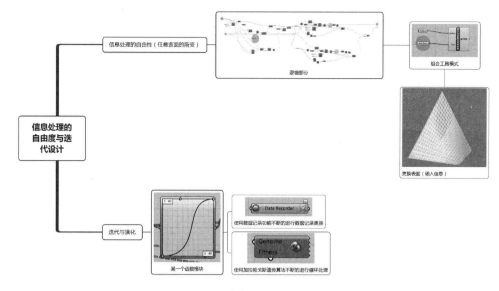

图 3-3-75

（4）为了更好地推敲方案所创造的多个分支平行方案，这些方案从二维、三维层面上的比较及这些方案置身于实际的整体模型中的状况。

（5）根据具体的自然与社会、地方和材料要求等属性要求而运算生成的一系列可能的形式的衍生式设计所提供的多个或者多组信息模型等。

虽然成果的形式各异，但是它们都是已经集成在 BIM 软件流或者云平台上，因此信息的传递没有阻碍，这也是建筑信息化设计的巨大优势之一。因此，只要读者从概念和逻辑上了解本站点的主要工作任务和内容即可在后续的设计站点取用这些成果（图 3-3-76）。

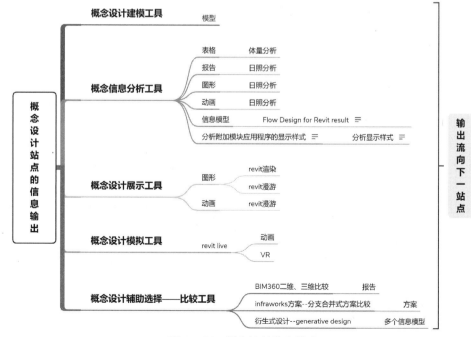

图 3-3-76 概念站的信息输出

当然，有某些信息，例如已经被筛选掉的备选方案或者过程运用的渲染草图、不需要的衍生式设计等这些在阶段定义上作为三级信息的信息，将仅停留在站点内部而不进一步传向下一站点；还有一些信息，例如一些渲染的图形和动画成果则会越过下一站点直接汇入下一次的汇报或者展示节点，这就是我们之前曾经提到的，在"设计阶段"维度上不同等级的信息的实际应用体现之一（图 3-3-77）。

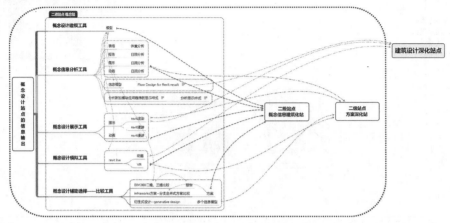

图 3-3-77　概念设计站点的信息定向输出

## 十、云端信息化设计简介

在前文信息工作流的概念设计工具中我们已经提到了一些基于云的服务，例如云渲染、云端的模型整合、云端的数据分析，以及衍生式设计和设计基础资料库等。云技术是贯通整个建筑信息化设计流程的基础技术，因此我们在这里结合概念设计对云端建筑信息化设计技术进行简介，使得读者在进行进一步学习之前对云的相关功能做到全面整体的初步了解。

我们在这里用 Autodesk 这一代的云服务 BIM360 和下一代的云服务的产品 FORGE 为例，来说明云端协同设计的优势（图 3-3-78、图 3-3-79）。

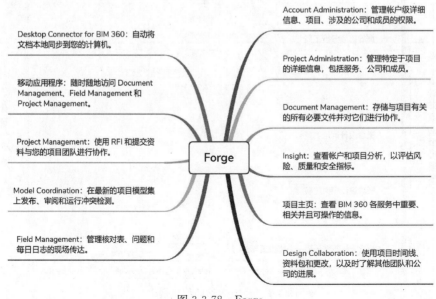

图 3-3-78　Forge

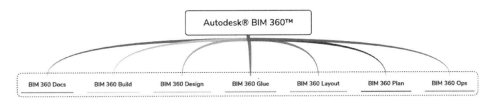

图 3-3-79　BIM360

我们在概念方案阶段主要使用 Revit Cloud Worksharing，以及云平台 Document Management、Model Coordination、Design Collaboration 的相关功能，这并不涉及过多地管理以及技术协同。

我们可以通过下图理解 Revit 云协作平台的工作流（图 3-3-80）。

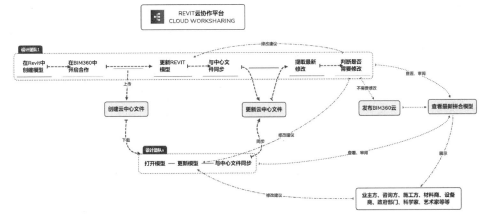

图 3-3-80　Revit 云协作平台

可以从这三个方面来理解云端协同设计对于我们的帮助——工作内容，工作方法和工作效率，工作成果。

**1. 工作内容**

首先需要特别强调的是，在实际的设计过程中并不是信息自动运算为我们代劳越多越好。设计本身往往还是依靠设计师的个人能力和决策，所以云平台对设计的工作内容所做的帮助并不是越俎代庖地"完成设计"或者简化设计，而是最大限度地让设计师自由、专注设计本身的工作。

在概念设计阶段，云协作主要通过一些配合草图进行建模、将实体模型通过照片转化为三维模型等方式来辅助设计师，尝试打破设计师的思维和信息化软件之间的界限。

**2. 工作方法和工作效率（Co-Design）**

我们可以通过 Revit 云共享（Revit Cloud Worksharing）跨越地点、专业、时间的限制，构建更多元、更有机的设计团队共同进行设计工作（Co-Design）。

首先，云端协作跨越了地域的限制支持多团队共同设计。我们可以通过 REVIT CLOUD SHARING 跨越办公地点的限制，让不同地区的多个团队同时进行同一项设计，并且可以在云端方便地进行协作交流。

其次，云端协作跨越了专业的限制，允许我们更轻易地获取常规流程外的其他行业的基础信息，并且得到其他专业工程师和艺术家的协助——包括气象学家、地质学家等提供的专业知识，还可以通过实时共享设计成果图片或者动画从艺术家、业主方得到反馈，可以将我们的设计想法简要地发送给材料商或者施工方，获得可行性的反馈。

最后，云端协作还跨越了时间的限制，支持多团队平行设计。可以将原本只能单线进行的工作流和方案比较工作通过设计支线分散给多个设计团队共同设计，然后通过 Revit cloud sharing 进行比较（这种比较不仅是并列和叠加式的视觉比较，还可以按照属性和性能进行筛选）。同时因为信息的云端交互，每个团队都可以在自己最适合的时间工作，这样既避免了跨时区协作带来的工作时间问题，也可以避免因为时差带来的无法及时协作和交换信息的情况。

**3. 工作成果**

通过云端的信息综合交互处理，减少了许多信息交互过程中的归档和解码过程，减少了大量的信息输入处理和分类整合工作（如第一章设计前期的工作），将设计到输出的过程减少到了最低。

通过云端强大的计算服务，可以将所需结果运算的时间大大缩减，节省了大量的设计时间。云端真实的图片、动画、VR 的渲染与制作，提高了展示成果的丰富性和完成度。在多团队共同设计，多比较方案共同进行的时候，云平台还可以让我们实时观察到完整的信息拼合成果。云帮助整个团队在实际的自然环境，包括地形、城市周边环境和天气日照条件的信息模型中去观察团队的设计成果（图 3-3-81）。

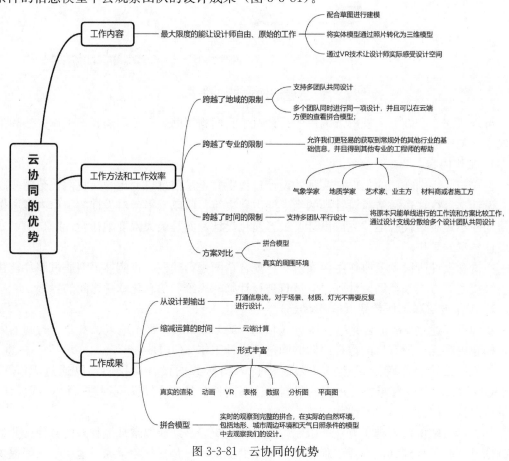

图 3-3-81 云协同的优势

## 第四节 概念信息建筑化站

### 一、概念信息建筑化站点的基本概念和信息处理范畴

**1. 概念信息建筑化站点的概念**

将一个单纯的形体信息（一般为建筑的概念信息）深化为一个大家可以识别、认同为一个建筑物的过程，就是概念信息的建筑化过程。所以，概念信息建筑化站点是将概念站中引入的概念信息和其承载的初始设计转化为建筑行业内部通用的信息语言，将概念信息转化为建筑信息系统中的建筑信息的处理过程。

建筑设计和建造的整个工作流其实可以理解为将原本环境中的信息综合起来，将预计建造在场地中的建筑从功能、场地、结构、材料、造价等各方面，可以寻找一个综合解决方案的过程。概念站提供了概念和解决主要矛盾的策略，它所提供的概念信息可能包括一些形式上和描述的信息，一些形体信息；有的时候可能还包括一种逻辑关系或者数学关系。

在概念信息化站点，我们需要将我们所拥有的概念用建筑的语言实现，用以展示创意和概念的造型元素建筑意义。建筑不同于雕塑，建筑必须满足特定的功能、经济、结构上的要求才能够得以实现，服务于业主和使用者。

许多概念信息表达的设计语言并不是能被所有人直接理解的建筑表达方式，需要经过逐层级的转化才能将概念信息转成可识别的建筑信息。这个转译的过程就好像将说不同方言的人通过普通话统一起来，才能进行交流一样。同样的，设计要向下进行，需要首先将其转译为行业内的通用信息语汇，这就是我们在概念信息建筑化站点的主要工作内容和目的。读者需要注意，这个过程不是一蹴而就的，因为概念信息在之后的流程中也会不断地进入建筑信息系统，因此在接下来的各个站点中，这一个过程都将持续地发生着（图 3-4-1、图 3-4-2）。

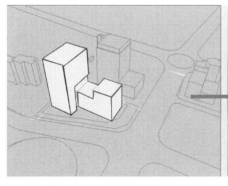

图 3-4-1

概念站点是一切的起点，而概念信息建筑化站点则是整个转译和设计过程的起点，在这一环节需要完成的主要工作可以归为两大类：

（1）信息模型的建筑化定义（逐层递进）

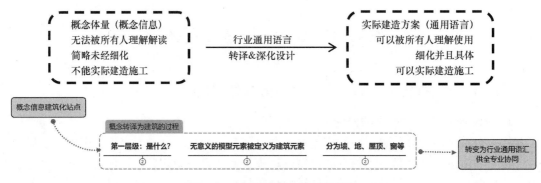

图 3-4-2　概念转译为建筑的过程

首先，赋予三维形体模型建筑的属性，例如我们拥有的概念体量是一个六面体，我们为其创造的体量楼板是一系列的水平面，在概念信息建筑化站点，我们便会将这个六面体分为"底面→地面，四个侧面→围护界面（外墙），顶面→屋顶"，从而完成对无意义的形体的基本的建筑属性定义（图 3-4-3）。

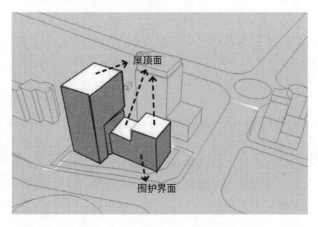

图 3-4-3

下一步，会对这些界面进行进一步的属性定义，将屋顶面和围护界面按照实际的使用来进一步分类（图 3-4-4）。

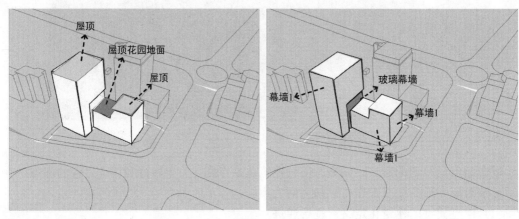

图 3-4-4

最后，我们将进一步设计并且定义其细节、建造、材料等信息使其实际上符合建筑的效果。围护界面是幕墙还是砌体墙？如果是幕墙，是金属幕墙还是玻璃幕墙？幕墙是如何划分的？幕墙构件是什么形式的？幕墙的转角是如何连接的？幕墙的材料和颜色是什么样的？类似这些的基本问题都需要在这里处理（更多细节的处理在方案深化站点和建筑设计深化站点，如构件的具体构造等，图3-4-5）。

图 3-4-5

通过上面的过程不难发现，概念信息最终成为建筑信息的过程也是按照信息的等级逐层渐进地发展的（图3-4-6）。

在信息建筑化中，设计深化过程是按照信息和待解决问题的层级来进行信息化推进的，不可一蹴而就。首先，方案设计站点本身只着重解决设计问题，而不强调施工、现场等因素；其次，作为方案设计站点下的次级站点，概念信息建筑化站点：

首先，只处理在深化层级中第一层级的问题，是处理建筑转译信息流程的起点；

其次，主要信息处理目的是将承载设计语汇的概念信息转化为承载行业内通用信息语言的建筑信息，为其他专业进入工作流进行协同工作做准备（图3-4-7）。

在这一部分，被处理的主要是视觉上可以看到的实体性的信息元素，也可以理解为所有的"界面"——墙面、地面、屋顶，而"空间"概念信息则在下一阶段处理。

（2）建筑空间被定义

另一个在这一站点加入到建筑信息化工作流中的信息就是基本的空间布局、流线组织关系，包括水平交通、垂直交通的组织等。这是不直观地展现在我们眼前，但却切实地关乎我们的使用的重要信息，也是下一个环节其他专业设计人员加入到流程中之前需要进行的必要准备。

同模型和界面的定义一样，在概念信息建筑化站需要解决的也仅是第一层级的空间信息。例如出入口、整体的功能布局、主要的交通流线、垂直交通的基本布局，我们这里用平面图进行示意，如图3-4-8、图3-4-9所示。

而具体到每一个房间的具体的形状尺寸、物理环境、使用等则会在后续站点进行进一步的深化设计（图3-4-10）。

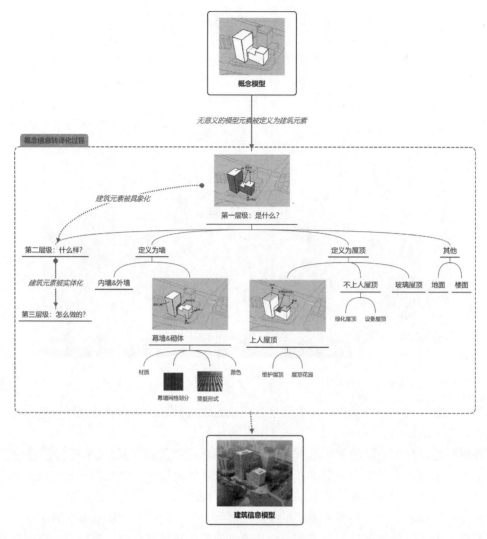

图 3-4-6　概念模型转译过程

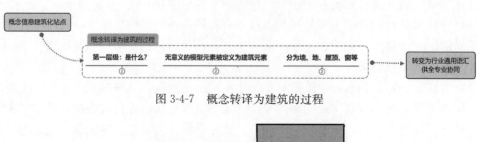

图 3-4-7　概念转译为建筑的过程

图 3-4-8

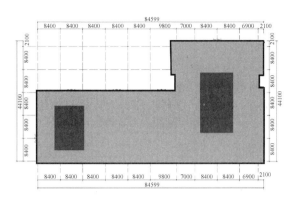

图 3-4-9

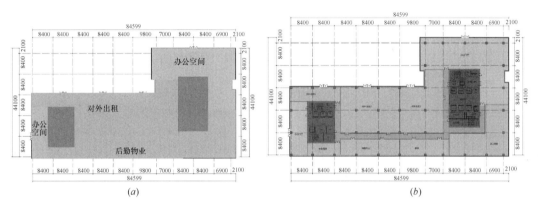

图 3-4-10

这种信息处理模式符合我们所定义的建筑信息系统的逻辑层级结构，第一层级的空间所对应的信息关系：功能分区、总体流线、垂直交通。而细化的第二层级对应的信息为，房间的尺寸、面积、使用需求、交通空间的形态、对于规范的复合；以及进一步细化的可实施的第三层级建筑细节信息都将在之后的各种信息站点中进行处理（图 3-4-11）。

**2. 处理信息的范畴与信息化协作**

在概念信息建筑化这个二级站点中，所要处理的信息范畴更多地针对概念站传递的概念信息，以及进一步丰富建筑信息模型和与信息模型相关的附加属性信息。

（1）基本概念信息建筑化处理

我们将主要使用 Revit 等 BIM 软件，配合云技术为读者演示这个概念信息建筑化的转译的具体处理过程（可视化编程技术的部分在后文单独论述）。常规上 Revit 在这部分的工作流可以拆解为三部分，基础准备工作（其中有部工作分同概念站点的工作重叠）、赋予实体建筑属性的过程（其中包括对于界面和空间的定义过程）、云协作（图 3-4-12）。

（2）多设计师之间的信息交换协同

在建筑设计工作中面临的项目尺度和类型都很多样化，加之建筑本身就是一个综合复杂的系统。因此在设计过程中，设计团队的信息交互从来都是重要的一环，高效的信息交互也是建筑信息化设计的优势之一。信息化的协作可以保证我们的设计信息在多个设计师或者设计团队间顺畅的交互，即使这些设计师彼此相距万里。信息化的工作模式也是建筑

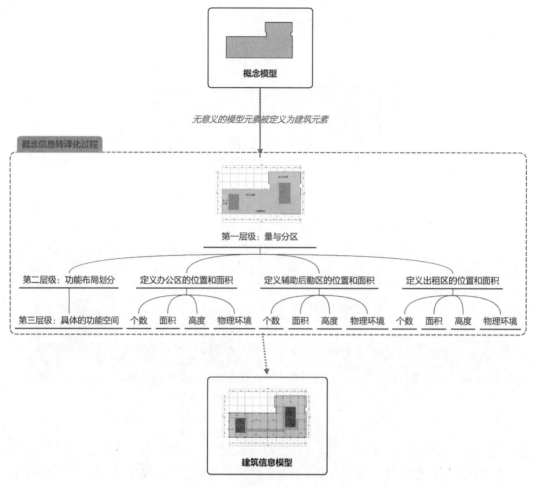

图 3-4-11　概念模型——空间层级

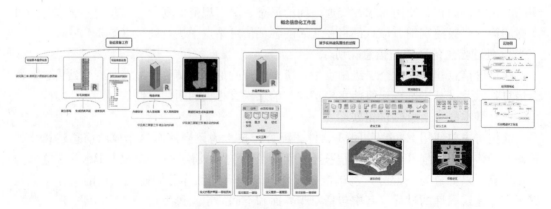

图 3-4-12　概念信息化工作流

产业全球化的基础技术支持。这里我们首先来了解一下现在的 BIM 协作模式（以 Revit 在协同工作中所提供的四种合作模式为例，图 3-4-13）。

以合作范围最广的 Revit Cloud Worksharing 为例，多个团队合作设计的工作流程如图 3-4-14 所示。

图 3-4-13

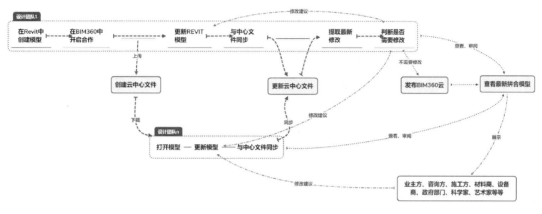

图 3-4-14　Revit 云协作

（3）为多专业人员之间的信息交换协同做准备

在概念建筑信息化站中我们为即将到来的多专业协作进行相应的准备。将抽象的概念信息转化为通用的建筑信息（专业的制图或者模型、描述表达），从而汇入建筑信息化设计工作流中，保证这些信息可以便捷、流畅地被其他各专业的从业人员接收，并在下一站点加入建筑信息化工作流中。

每个人的思维信息是没有共性的，因此将概念信息转化为彼此可以理解的建筑信息无论是对于承担概念站与概念信息建筑化站主要信息处理的建筑专业，还是未来将要加入工作流的其他相关专业，都是非常重要的步骤。就好像说不同方言的人需要用普通话交流一样，行业通用信息语言就像普通话一样，能让各专业的合作方拥有对于信息同样的理解来工作。

**3. 信息交互协作简介**

（1）多种协作模式（Revit），如图 3-4-15 所示。

图 3-4-15

（2）团队的构成以及权限的设置，如图 3-4-16 所示。

（3）基于文件的协作和基于局域网的协作，如图 3-4-17 所示。

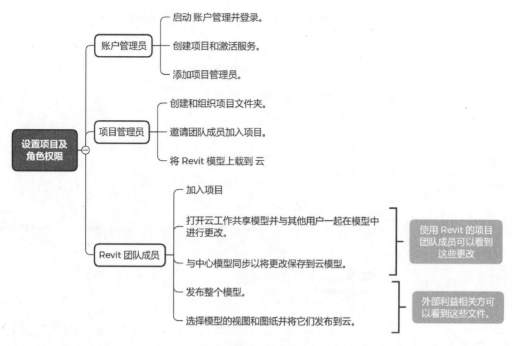

图 3-4-16

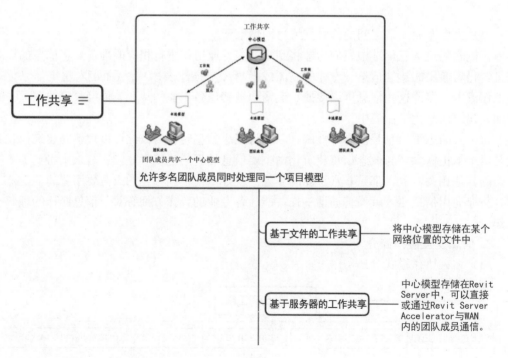

图 3-4-17

A. Revit 工作共享（图 3-4-18）。

B. Revit Server 基于局域网的协作（图 3-4-19）。

（4）基于云的中心文件协作，如图 3-4-20 所示。

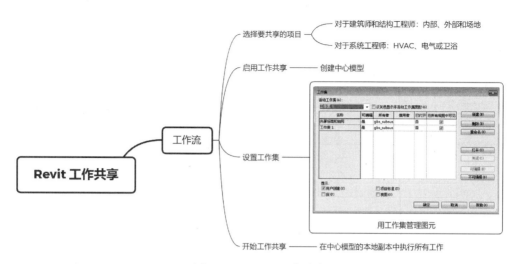

图 3-4-18　Revit 工作共享

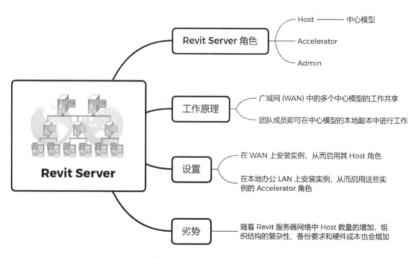

图 3-4-19　Revit Server

图 3-4-20　云工作共享 Revit Cloud Worksharing

## 二、概念信息建筑化工作流

### 1. 基本准备工作

基础信息准备工作包括项目的建立以及基本信息的设置，轴网标高的绘制、项目视图的设置、概念体量及体量楼层的建立等，其中部分信息是由概念站提供的概念信息（如概念体量等），如图 3-4-21 所示。

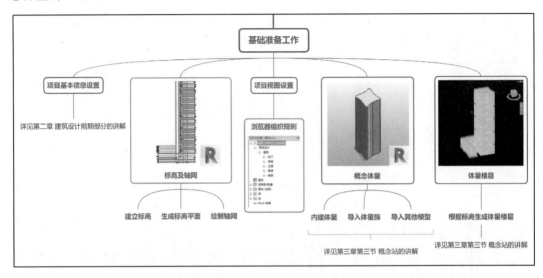

图 3-4-21　准备工作

项目基本信息设置：在第二章已经进行过详细的解释，包括如何增加项目参数等。

标高及轴网：标高和轴网的建立可以在建筑下的基准面板中找到，在平面图中会激活轴网，而剖面和立面图中则会激活标高栏（图 3-4-22）。

图 3-4-22

需要注意的，通常会先创建标高，完成后再绘制轴网。其次就是要选择合适的工作平面或者立面来绘制标高和轴网。

项目浏览器组织：建筑设计过程是一个长期复杂的工作过程，为了更好地进行工作的管理（建筑信息管理），需要为项目管理器中信息的显示设置一个自定义的排列方式（浏览器组织），如图 3-4-23、图 3-4-24 所示。

概念体量：

相关信息由概念站导入，概念体量生成或者导入的具体过程可以参见上一站点概念站中的详细解释（图 3-4-25）。

完成概念体量后，可以根据标高生成体量楼层，完成基础准备工作（图 3-4-26）。

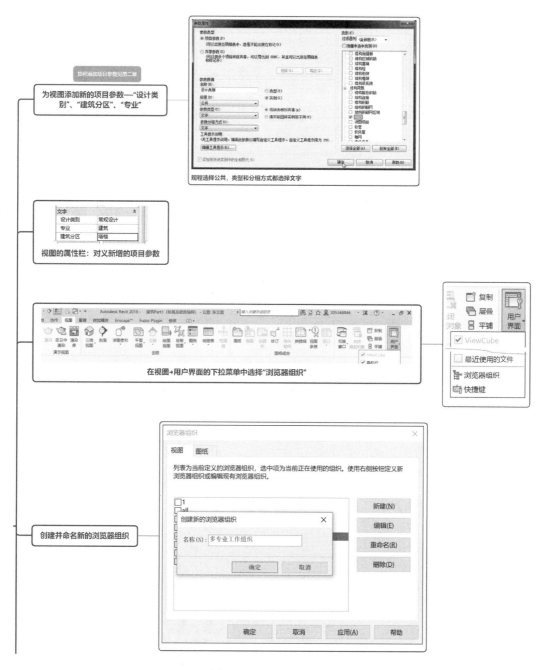

图 3-4-23 浏览器组织 1

## 2. 界面概念信息建筑化（图 3-4-27）

BIM 技术具备将概念体量信息批量处理，生成对应的建筑界面的能力。在 Revit 中使用面屋顶、面墙、面楼板和幕墙系统可以直接识别概念体量的面，进而可以迅速地生成建筑模型。我们以生成幕墙系统为例，如图 3-4-28，图 3-4-29 所示。

将所有体量的外维护界面都转变为：建筑外围护示意幕墙 1。我们可以在以后的方案中对"建筑外围护示意幕墙 1"的构造进行深化，或者将其进一步分类操作（图 3-4-30）。

图 3-4-24　浏览器组织 2

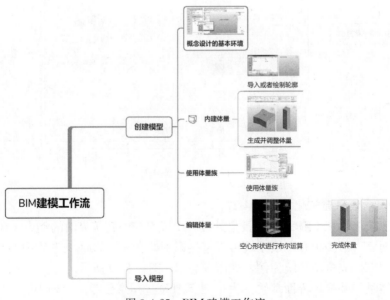

图 3-4-25　BIM 建模工作流

图 3-4-26

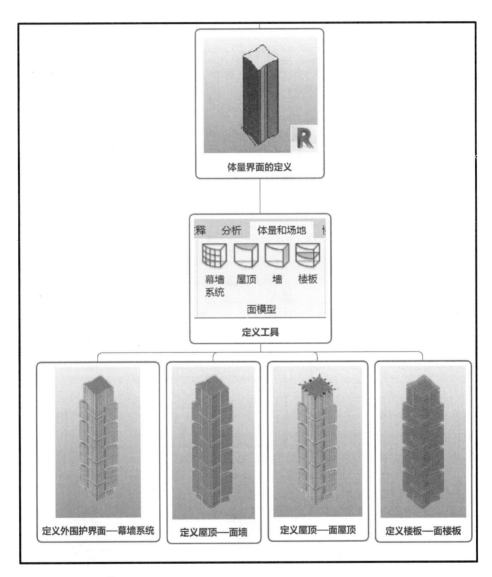

图 3-4-27

### 3. 对空间进行建筑化定义

对于空间信息的建筑化，主要有快速地划分空间和快速展示两方面的诉求。划分空间所需的基本墙体及附属构件（门、窗等）的绘制我们就不再赘述，需要注意的是绘制所在的标高、墙顶部的限制高度、定位的原则等（图 3-4-31）。

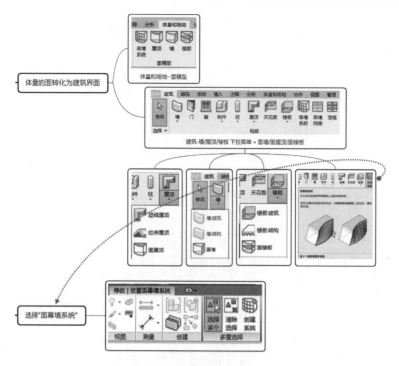

图 3-4-28

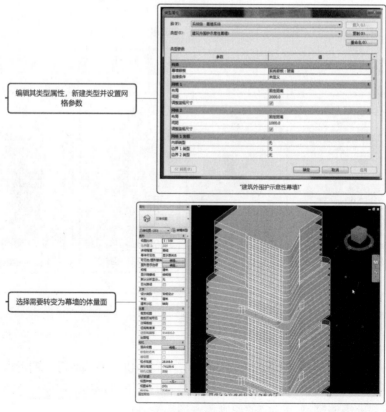

图 3-4-29

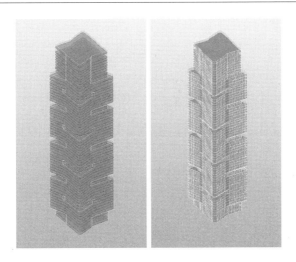

图 3-4-30

| 修改 放置 墙 | 高度: | 裙房F2 ∨ | 6000.0 | 定位线: 墙中心线 ∨ | ☑ 钅 偏移: 0.0 | □ 半名 1000.0 | 连接状态: 允许 ∨ |

图 3-4-31

　　在概念信息建筑化阶段不进行墙体的构造定义，初学者往往因此不习惯对墙体进行分类，但这其实是违背建筑信息化设计原则的，会给之后的工作造成巨大的困难。墙体作为一类构件信息，也是建筑信息系统的重要组成部分，因此关于建筑信息的分类原则也是适用于墙体的。本书的读者应该在先熟练流程之后，在初期就对墙体进行适当的分类工作，这会保证后续的深化修改工作可以顺利地进行（图 3-4-32）。

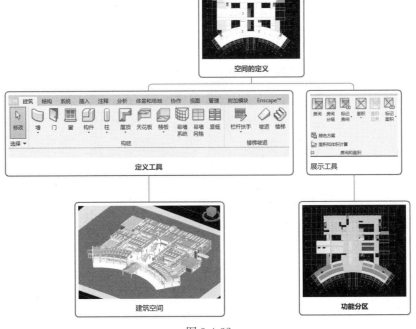

图 3-4-32

如何快速地将划分好的空间平面展示出来，提高交流设计的效率呢？我们可以通过创建色彩方案而自动完成根据房间名称的填色，从而在绘制和修改平面过程中随时可以展示、交流获得的反馈意见（图 3-4-33）。

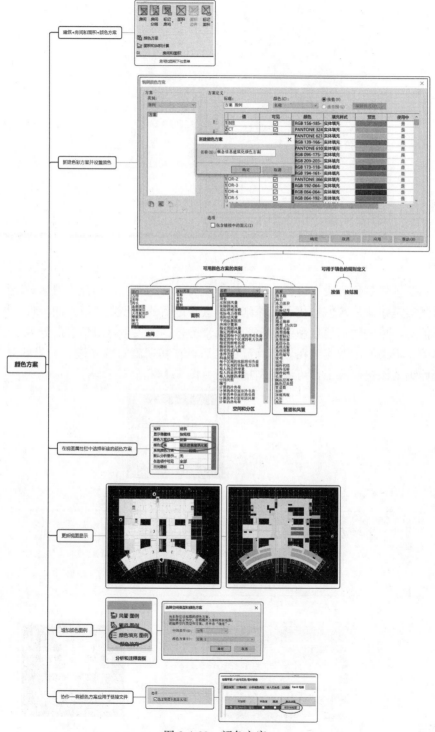

图 3-4-33　颜色方案

## 三、可视化编程概念信息建筑化——自由与可能性

### 1. Dynamo 简介

在概念站，我们依托可视化编程软件 Grasshopper 为大家讲解可视化编程技术进行的概念信息处理，在概念信息的建筑化部分，我们将依托 Revit 的可视化编程工具 Dynamo 进行讲解（图 3-4-34）。

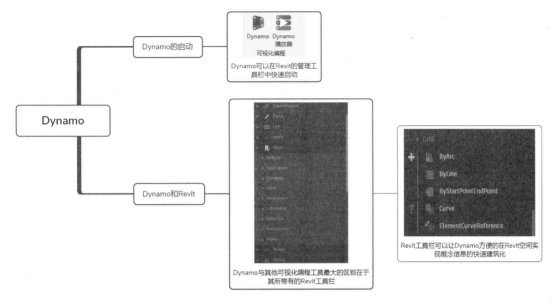

图 3-4-34　Dynamo

Dynamo 处理信息的方式和 Grasshopper 基本一致，在关于数据的处理上两者使用的工具几乎都是一致的。最大的区别在于对建筑化这一问题的处理上，Dynamo 因为依托的是建筑 BIM 数字软件 Revit，因此有很多的与概念信息建筑化相关的程序，而 Grasshopper 依托的 Rhino 是强大的三维建模软件，却不是一款针对建筑的软件，因此本身没有建筑构件信息。它的建筑化实现方式和传统的三维设计软件是一样的，即通过形体的一步步细化（虽然今天有许多 Rhino 和 Grasshopper 的 BIM 插件，但是本身倾向性的巨大不同使得 Grasshopper 的强项并不在于此）。

这也是我们使用 Dynamo 讲解概念信息建筑化的一个重要原因。这里大家可能会产生一个误解，就是 Grasshopper 只能进行造型设计，不能建造信息模型，这其实是对建筑信息化设计的理解偏差造成的。使用 Rhino 本身的工具进行的模型创建，只有最终的形体信息被保存，因此这是一个静态的建筑形体数据，并不是信息化的模型。但 Grasshopper 可视化编程在构建一个建筑模型的过程中，完全地记录下了所有的过程数据以及数据之间的关系，这样形成的一个可以流动交互的网状结构是完全信息化的，因此基于 Rhino 的 Grasshopper 可视化编程是完完全全的建筑信息化处理模式。

可视化编程软件需要基于一个图形引擎软件，虽然可以通过各种扩展工具赋予新的功能，但是主要的长处还是由所依托的图形引擎决定的。因为目前并没有一个非常强大的软件可以在各个方面都做得很出色，所以我们的信息化设计流程要依托多种 BIM 数字软件

和可视化编程软件来实现。

Grasshopper 强在形体的处理能力和迭代计算等能力上，而 Dynamo 因为依托建筑深度设计软件 Revit，因此在概念信息的建筑化以及建筑细化设计上有着巨大的优势。

读者在这里不需要担心具体学习哪个的问题，还是如之前所说，可视化编程软件的处理问题逻辑是一致的，绝大多数工具也是一致的，因此在掌握了一个软件之后，可以很快掌握另一个，并不需要专门花费大量时间进行学习。

而且因为都是信息化设计软件的原因，Grasshopper 和 Dynamo 之间的数据转换十分方便。

**2. 使用 Dynamo 进行概念信息建筑化**

Dynamo 可以和 Revit 进行有效的互动，将 Dynamo 中的概念快速地转化为 Revit 中的建筑信息（图 3-4-35）。

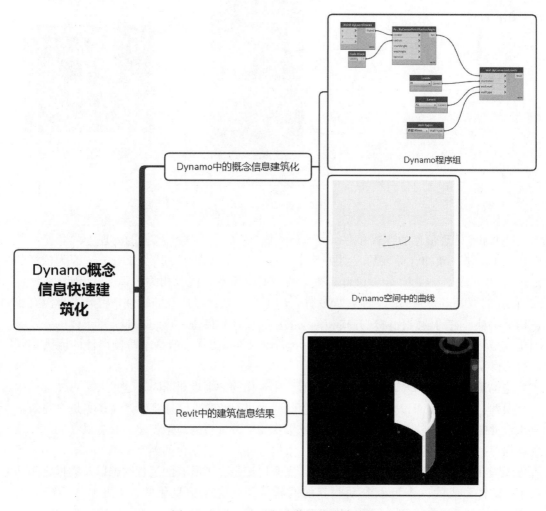

图 3-4-35　Dynamo 概念信息快速建筑化

**3. Dynamo 将已有的概念信息快速建筑化处理**

除了可以自身进行概念设计并将概念信息快速建筑化外，Dynamo 还可以处理多种其他工具产生的概念信息，并且快速地将其建筑化（图 3-4-36）。

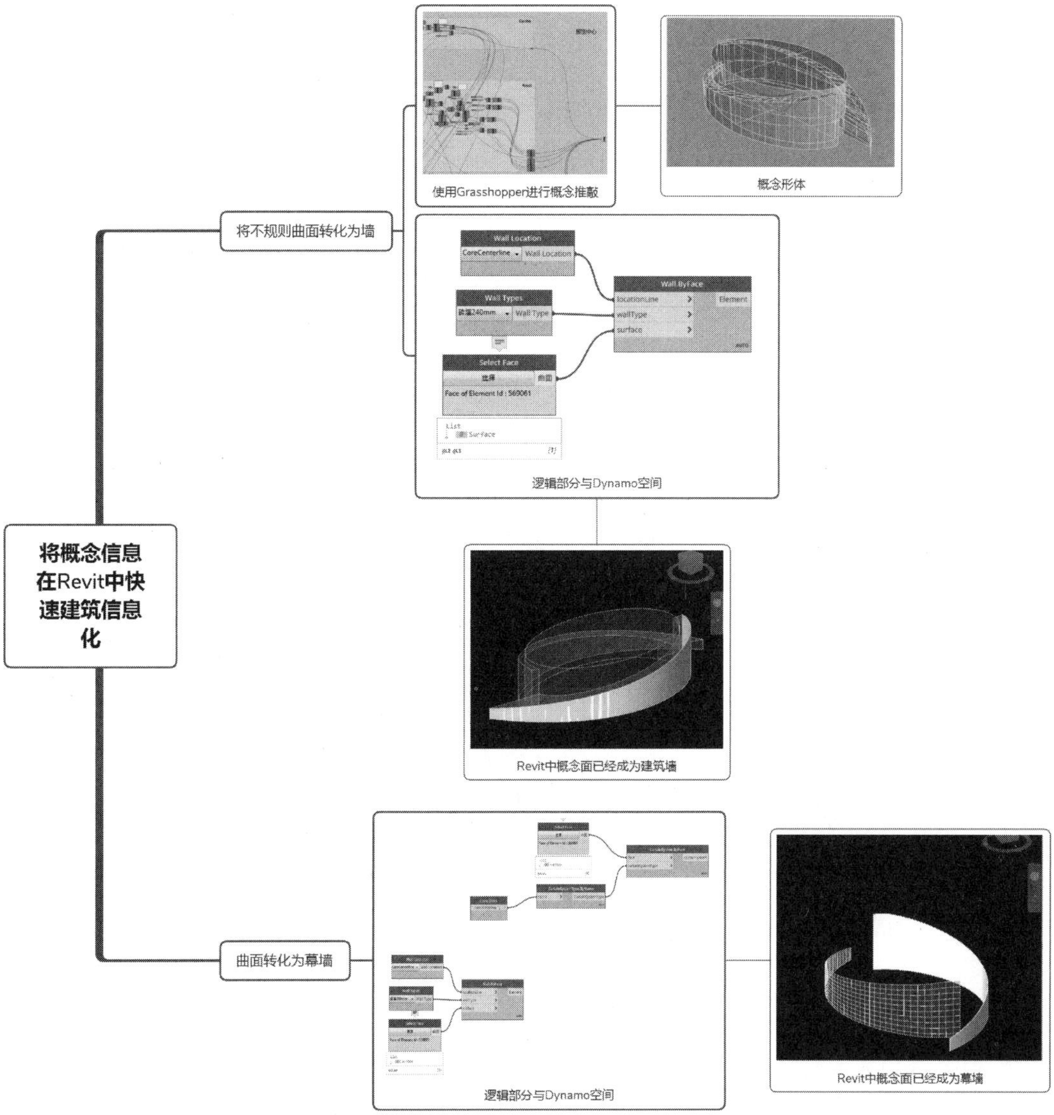
将概念信息在Revit中快速建筑信息化
将不规则曲面转化为墙
使用Grasshopper进行概念推敲
概念形体
Wall Location
Wall.ByFace
Wall Types
Select Face
逻辑部分与Dynamo空间
Revit中概念面已经成为建筑墙
曲面转化为幕墙
逻辑部分与Dynamo空间
Revit中概念面已经成为幕墙

图 3-4-36　将概念信息在 Revit 中快速建筑信息化

#### 4. 强大的扩展性能带来多种可能性

Dynamo 可以使用多种计算机语言进行基本模块的编写，对于建筑设计人员来说，即使遇上可视化编程的基本模块都难以解决的问题，却可以将问题集中在一个小的点上，这样即使需要计算机人员的帮助也可以精准地描述问题，通过专业计算机人员的简单编写就可以解决，而不用进行原本工作量巨大的开发工作。

Dynamo 提供的软件包下载功能可以让使用者上传自己编写模块的同时，下载相应的模块组件，这些组件极大地扩展了 Dynamo 的能力。

可视化编程软件因为是一种编程环境，因此非常容易制作和兼容各种扩展组件，这也使得这类软件具有相当强的可塑性和非常大范围的可能性。

这种自由度、可塑性和可能性，可以极大地扩展我们的设计能力，并且让我们对信息化设计的控制力和自由度都大大提高（图 3-4-37）。

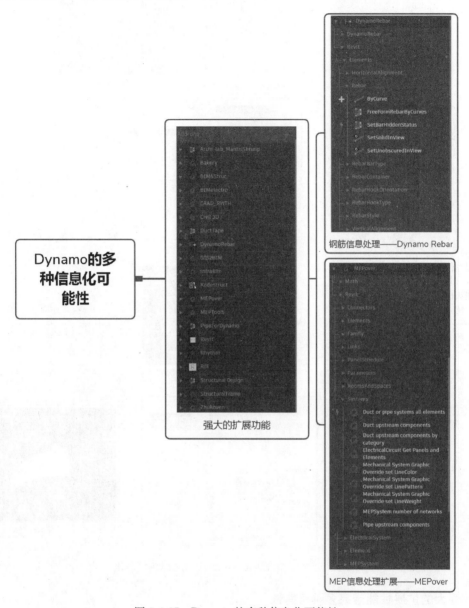

图 3-4-37　Dynamo 的多种信息化可能性

## 四、多人协作

### 1. Revit 的协作模式

Revit 的协作模式包括软件内部的协同、基于各种形式工作共享的团队协同、多规程的专业间协同（下一站点才展开详述），以及软件间（不同功能、阶段，或者目的）的协同，其所提供的常用的协作模式如图 3-4-38 所示。

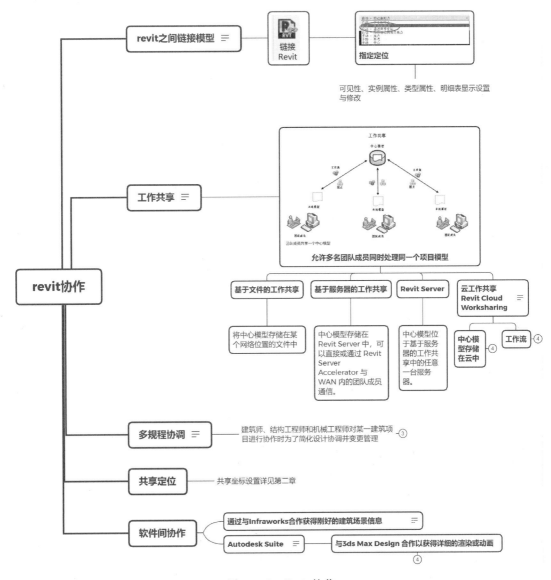

图 3-4-38 Revit 协作

## 2. Revit 之间链接模型

Revit 模型之间的链接，模型本身的兼容性和编辑性无需讨论，需要注意的是对于链接文件的管理——是插入还是覆盖（决定了是否链入嵌套的链接），坐标以及单位（如果没有设立共享坐标，一般按照原点到原点导入），链接的图层、可见性、在明细表中是否被识别的统计情况、实例属性和类型属性的设置以及链接的更新设置、是否对其更改进行比较提示等（图 3-4-39）。

## 3. Revit 的多团队工作共享

这部分内容我们在前文也曾经简单介绍过，可以分为基于文件的本地共享、基

图 3-4-39

于 WAN 的服务器工作共享、基于 LAN 的 Revit Server 共享以及基于云的 Revit Cloud Worksharing，我们从下文可以看出其区别主要在于信息母本文件（中心文件）所存放的位置（图 3-4-40）。

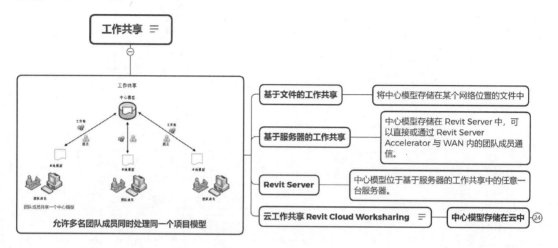

图 3-4-40  工作共享

而最能充分体现信息的优越性和信息工作流在协调工作上的强大能力的无疑是基于云技术的共享 Revit Cloud Worksharing。

在本阶段，我们首先需要了解能在云中对中心模型进行的基本操作——发布云模型、选择观察模型、放弃模型中的图元以便其他人进行编辑、查看和恢复云模型的早期版本（这种时间上的记录对于管理设计文件是一个很大的助力），如图 3-4-41 所示。

图 3-4-41  云共享

### 4. 信息化设计团队构成和权限设置

不论是同 BIM 360 Document Management 还是 BIM 360 Team 为基础开始工作，基本的团队架构和成员的权限设置与任务都是相似的——类似于我们前文对于信息的逻辑层级（Hierarchy）的定义。

团队成员的权限也分为三级：账户管理员、项目管理员，以及一般团队成员，其权限的差异在于跨项目、跨团队级别的负责人 →项目级别的负责人→一般的设计成员（图 3-4-42）。

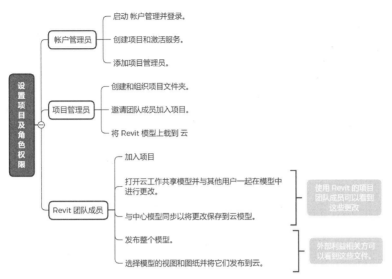

图 3-4-42　项目角色及权限

**5. 文件管理**

在 Document Management 中，根据第四点中项目的角色权限，其工作的层级分工如图 3-4-43 所示。

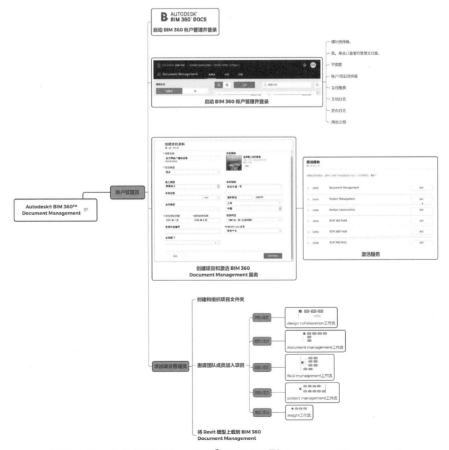

图 3-4-43　文件管理（Autodesk® BIM 360™ Document Management）

在 Document Management 中可以进行的操作和工作的流程如图 3-4-44 所示，可以将文件上传到云（并为其设置文档集分类，并且增加标题栏等附加属性），发布文档后就可以在 Document Managemen 的文件夹中看到并使用文件。在使用文件的过程中，可以在选择文件夹之后直接通过文字特征搜索，或者通过运算符进行复合的复杂搜索。除此之外，还可以为文件添加超链接，链接其他的图纸信息或者其他标签标记。与此同时，云不仅会保存历史版本文件，让我们有恢复删除文件的可能性，避免误操作或者设计繁复带来的困扰；还可以保存上传下载的日志，让我们的设计过程可以追溯。

由于文件被传至统一一个云端，并且格式统一，在云端可以实时查看拼合的完整模型，并且提供了多种查看方式，包括对比的拆分查看，重叠比较查看，第一视角查看，动态观

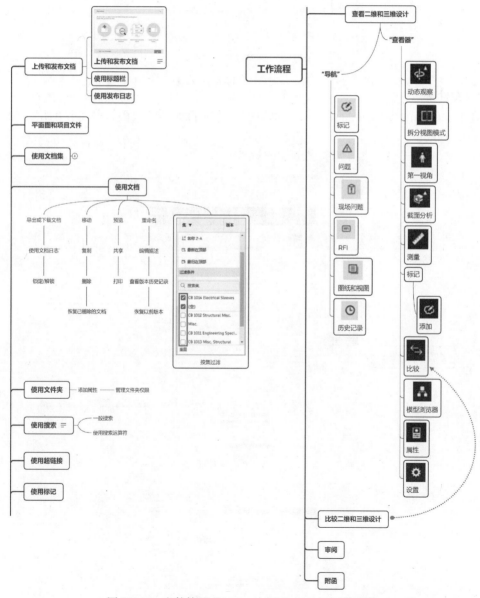

图 3-4-44　文件管理 Document Management 工作流程

察、截面观察等多种查看模型的方式。还可以进一步对二维图纸和三维模型进行对比，输出比较报告，帮助我们进行设计信息管理。

Revit 文件上传至云之前需要先对文件进行发布设置（图 3-4-45～图 3-4-48）。

图 3-4-45

(a)　　　　　　　　　　　　(b)

图 3-4-46

图 3-4-47

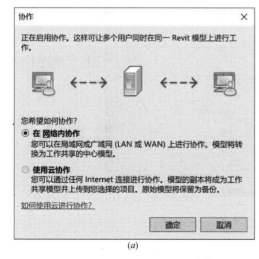

(a)　　　　　　　　　　　　(b)

图 3-4-48

### 6. 共享坐标的设定

详细的叙述见第二章（图 3-4-49）。

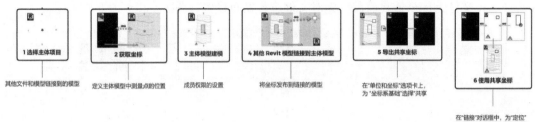

图 3-4-49

### 7. 在 Revit 中进行合作设计（图 **3-4-50**）

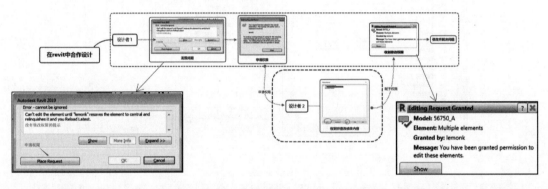

图 3-4-50

## 五、概念信息建筑化站的信息成果输出

在概念信息建筑化的过程中产生的新信息我们将之分为三种类型：主动输出的信息、被动输出的信息，和不输出停留在站点的归档历史信息（图 3-4-51）。

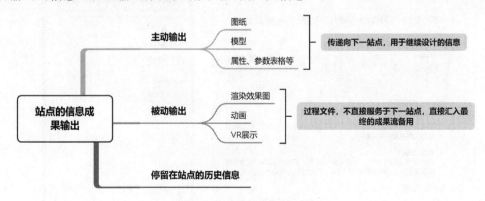

图 3-4-51 站点输出的信息

（1）主动输出的信息

主动输出的信息指的是下一站点继续展开相关工作所必须的信息，包括模型信息、图纸信息，一些描述性信息等。这里列举出一些主要的信息并且对其具体要求进行描述方便读者理解，但是读者需要注意在实际设计工作中会根据项目的具体情况而有所差别。

首先需要输出的是三维模型信息。在概念信息建筑化站点中信息加工处理之后，我们所输出的三维模型应该是一个已经从项目的场地限制、功能需求、概念、造型角度协调统一得比较确定的整体模型。

首先，从场地设计层面上应该解决了项目面临的主要问题，如场地高差、出入口、车流人流。其次，从建筑的层面上看，建筑的体量需要能满足各种物理条件，如光照、风、降雨的限制，满足规划限制条件，并且满足建筑内部功能的需求。并在此基础上，完成了建筑内外界面的划分，建筑地面、屋顶、楼面的定义。建筑内部功能空间的基本布局，包括垂直交通和水平交通的组织，功能的分区与房间的基本划分等。

另外，还需要输出二维图纸信息。在建筑信息模型中，图纸信息本质上只是三维模型信息的一个视角，但是在输出时仍然需要将加以加工整理，才能符合工程制图的规则与要求（这时候工程制图的规则也成为一种附加的建筑信息），虽然图纸的内容不一定完备，但是应该建立能够让各专业方便协同工作的文件管理体系（例如，前文所进行的浏览器设置，就是以专业和设计内容为基础进行的信息管理，在云端我们也可以对文件集 SET 进行相似的设置与操作）。

最后，我们还会输出一些辅助性的信息。例如，生成的明细表格、分析成果等，但是实际上，概念信息建筑化站点同接下来的方案设计深化站点之间是没有明显的界限和信息传递的界面的。首先，在设计过程中它们是连续的，处理的内容是深度上的差异而非本质的差异；其次，在这两个站点中使用的平台和软件工具都是相同的，所以不存在信息的转换过程（图 3-4-52）。

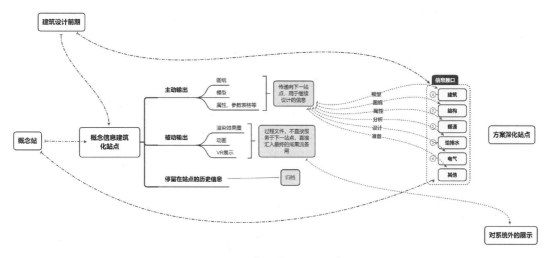

图 3-4-52　概念信息建筑化站点信息输出

（2）被动输出的信息

被动输出的信息指的是在概念信息建筑化站点中产生的不进一步服务于设计，也不需要流入下一站点，但是可以并入最终提交的成果或者用于后续其他站点的信息。这部分信息主要是一些展示性的成果为主，例如渲染图、动画、模拟、VR 展示、平面分区的图示以及一些基于建筑形体的基础分析等（例如，日光分析，风速分析等）。

这些成果在接下来的设计流程中并不直接被使用来构建建筑信息系统，或者是对构建系统的工作起到间接作用（如各种分析信息）。有些信息则直接流向建筑系统外的业主或者其他相关人员，供其审阅。或者并入最终提交的成果文件中待用，在此我们就不一一进行列举了。

（3）停留在站点的历史信息（归档）

这部分信息主要是在设计过程中因交流、反复而产生的各种文件和信息。这部分的信息量有可能很大但是并不需要向下传递，但并不是说归档信息就是"没用的信息"。相反，通过云平台，我们可以在日志中有效地管理这部分信息，以跟踪和控制整个项目，并且避免文件的丢失和设计反复造成的反复的工作量。

# 第五节　方案深化站点

## 一、方案深化站点的基本概念和信息处理范畴

### 1. 方案深化站点的概念

方案深化站点是对传统生产流程调整较大的站点，在建筑信息化设计中，原本的扩大初步设计阶段的工作被分别地合并进方案设计阶段和建筑设计深化阶段，而其主要进入的二级信息处理站点就是方案设计阶段的方案深化站点，结构的初步设计工作要在这里完成。不仅如此，暖通、给水排水、电气专业的基本空间设计和初步设计也要在方案深化站点中展开，这是传统的方案设计阶段所不具备的。

"早介入，早发现，多协作，少问题"也是建筑信息化设计全流程的巨大优势之一。

因此，我们对于方案深化站点的定义就是在概念信息建筑化站点提供的信息基础上，进一步进行建筑信息系统的构建和信息的深化处理。在信息的分级上，方案深化站点主要解决大量的二级建筑信息问题和部分三级信息问题，建立结构完备的建筑信息系统。

方案深化站点是项目的建筑信息系统基本结构完成的信息站点。

### 2. 处理信息的范畴

在方案深化站点这个二级站点中，我们所需要处理的基本信息工作流如图 3-5-1 所示，仍然是从接收、处理和输出信息三个步骤上来分析理解的。

在建筑信息化设计流程中的这一阶段，多专业的信息交互协同配合是非常重要的信息处理部分。建筑专业所要处理的信息范畴更多地仍是针对建筑信息模型和与模型相关的附加属性信息，新进入建筑信息系统的信息较少，需要进行的分析工作也较少。对于新进入流程的结构和设备专业需要在建筑专业提供的基本信息的基础上，利用数字软件进行分析、比较最终确定方案，这个过程可以参考前文建筑专业的相应处理方式。

这些新增的建筑信息会反馈给建筑专业，建筑专业更新模型及相关信息后再一次传递给各专业，从而进行信息的往复迭代的设计推进过程（从这一点也不难发现为从方案深化站开始信息的交互协作就变得十分重要），如图 3-5-2 所示。

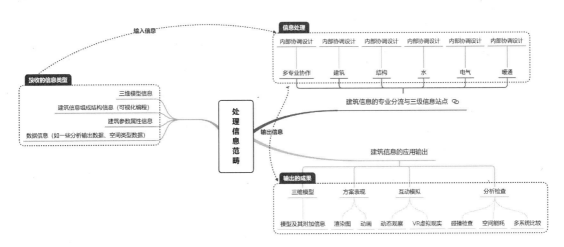

图 3-5-1　方案深化站点处理的信息范畴

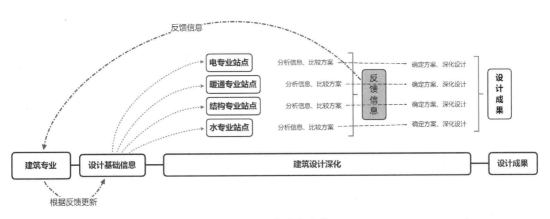

图 3-5-2　各专业合作

（1）接收的信息类型

基本上，在方案深化站点接收到的信息类型我们前文都已经提及，主要有以下四个主要类别：

三维模型信息；

建筑信息组成结构信息（如可视化编程）；

建筑参数属性信息；

数据信息（如一些分析输出数据、空间类型数据）。

（2）建筑信息的专业分流与三级信息站点

在本章的一开始我们已经分析过，由于方案深化站点的工作的复杂性，我们会进一步按照工作范畴将其细分为多个三级站点，平行展开工作（图 3-5-3）。

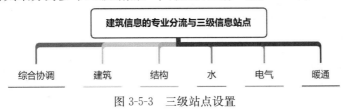

图 3-5-3　三级站点设置

　　站点之间并不是完全独立存在的，彼此仍会有信息的交互和信息的反馈过程，与传统设计相比，专业间的信息交互与协同不再完全依赖建筑行业的信息传递，而是可以直接进行，这大大节约了团队成员沟通的时间成本（图 3-5-4）。

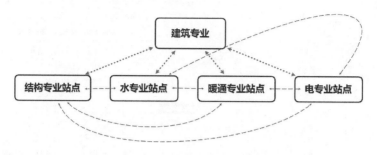

图 3-5-4　三级站点间的基本关系

　　对于每一个站点的工作内容与范畴的详细阐述我们会在后文完成，在这里我们只需要简要地理解站点的设置和它们之间的关系即可。

（3）建筑信息的应用输出

　　输出的信息根据项目的具体情况会有所差异，但是因为方案深化站的输出信息的丰富、范畴与深度会影响之后的工作流程，因此在这里我们会给出能保证下一站点顺利开始工作所必须提供的信息与建议输出信息深度（图 3-5-5）。

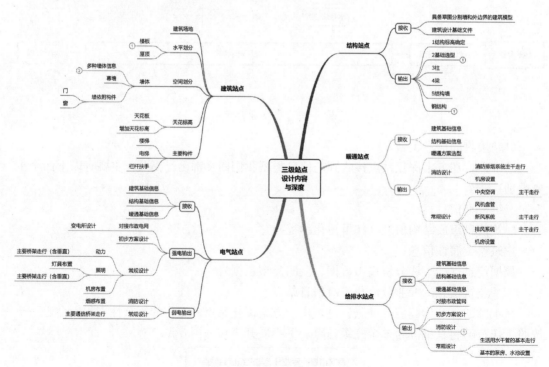

图 3-5-5　三级站点的设计内容与深度

## 二、三级站点的设置

在方案深化站点的工作中，涉及了多专业协作的设计，我们按照设计内容在站点内部设置了多个三级站点。根据项目的实际设计内容三级站点的数量和设置会有所差别，但是总体来说所有项目必不可少的站点包括建筑站点、结构站点、MEP—暖通站点、MEP—电气站点、MEP—给水排水站点。

站点的分布和站点的主要工作内容如图 3-5-6 所示。

图 3-5-6　站点分布及主要内容

（1）建筑站点

虽然这几个站点在工作流中是平行的，但是它们进入工作流的时间点并不是一致的，建筑最先进入工作流，接收到从概念信息建筑化站点传递的建筑信息后进行基本的信息深化准备工作（图 3-5-7）。

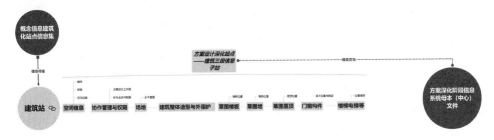

图 3-5-7　建筑站点工作流

（2）结构站点

而后结构进入工作流，结构站点不仅接收从概念信息建筑化站点传递的信息，还有从建筑站传递的最新的设计信息。此外，不能忽略的是建筑设计前期站点直接定向传递到结构站点的信息，这三种信息共同构成了结构站点开始工作的信息基础（图 3-5-8）。

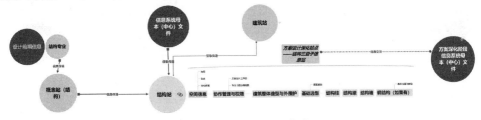

图 3-5-8　结构站点工作流

（3）MEP—暖通站点

随后 MEP 中最先进入工作流的是暖通专业。由于概念信息建筑化站点还没有暖通专业，所以暖通专业不直接从上一站点接收信息，而是从建筑站和结构站接收信息，以及建筑设计前期分流而直接导向暖通专业的相关信息（图 3-5-9）。

图 3-5-9  MEP 暖通站点工作流

（4）MEP——电气站点和 MEP——给水排水站点

最后进入工作流的是 MEP 电气和 MEP 给水排水专业，因为它们除了接收建筑站、结构站、和建筑设计前期的定向分流信息以外，还需要暖通站点的信息基础（图 3-5-10）。

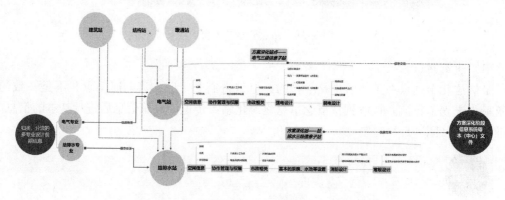

图 3-5-10  MEP 电气及给水排水站点工作流

（5）三级信息站点的综合组织

从上文各三级信息站点开始工作所需要的基础信息来看，各站点间实际的组织关系如图 3-5-11 所示。

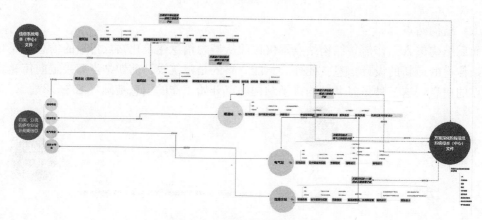

图 3-5-11  各站点综合组织

## 三、综合协调

### 1. 云端综合信息管理协调

我们以 BIM 360 中的 Document Management、Design Collaboration 来说明多个团队如何从云协作中获益（图 3-5-12）。

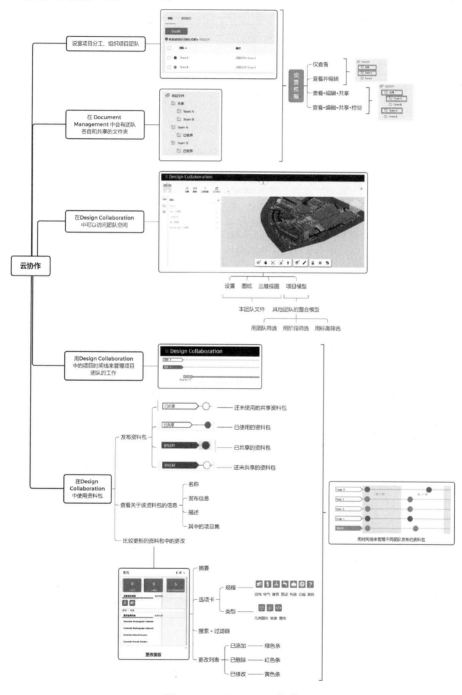

图 3-5-12　BIM360 云协作

273

当我们收到共享资料包的提示时，我们可以选择查看或者使用资料包（图 3-5-13）。

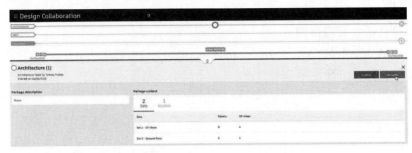

图 3-5-13

如果我们选择使用，会直接将资料包中的模型链接到我们正在工作的模型中，作为参照使用（图 3-5-14）。

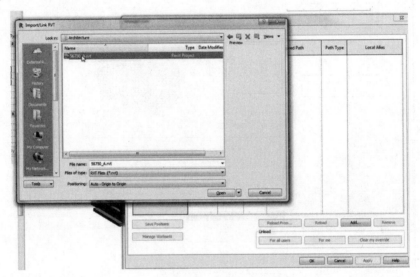

图 3-5-14

## 2. 云协作的信息协调优势

在上述资料共享的过程中，我们主要阐明了协同工作的信息传递的效率以及优势。在 Model Coordination 中还可以方便、灵活地拼合、观察、比较模型（图 3-5-15、图 3-5-16）。

图 3-5-15　在云中协调模型

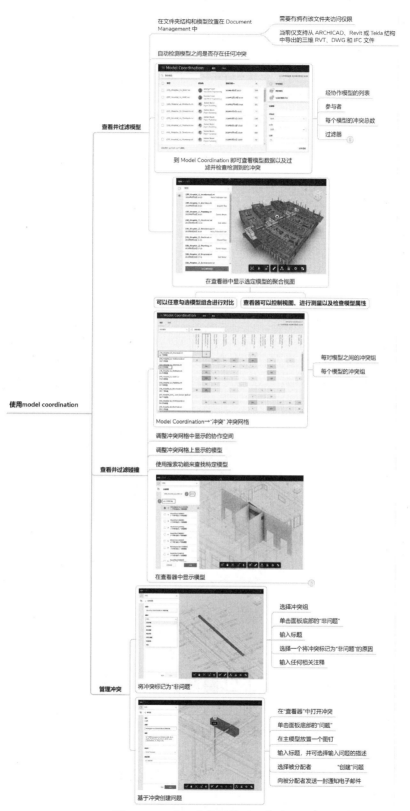

图 3-5-16 在云中协调模型工作流

## 四、建筑站点

在开始进行具体的工作之前，需要对团队成员的任务进行分工与权限设置（可以方便地在云端完成）。成员的权限根据其具体的分工而对应不同的情况——对成员自己设计的内容部分应该拥有最高的权限，即"编辑的权限"；对相关的信息内容有"使用的权限"；对没有保密或特殊规定的项目资料拥有"查看的权限"。这样的权限设置让所有的资料在可以被项目成员查看的基础上，只能被其所有人修改来保证建筑信息系统中信息的一惯性（图 3-5-17）。

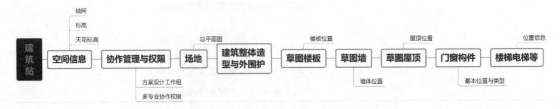

图 3-5-17　建筑站点

### 1. 场地

我们以在 Revit 中进行场地设计为例。可以直接在 Revit 中创建场地，也可以将 Civil 3D 的场地文件链接至 Revit 文件中用作场地。Revit 同 Civil 3D 的地形共享目前是基于 BIM 360 云平台共享实现的，通过云创建链接后在 Civil 3D 中更新并发布新的地形，在 Revit 中可以通过重新加载链接随之更新（图 3-5-18）。

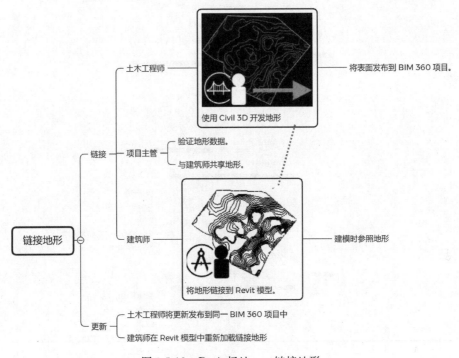

图 3-5-18　Revit 场地——链接地形

也可以直接在 Revit 中创建地形，如图 3-5-19 所示。

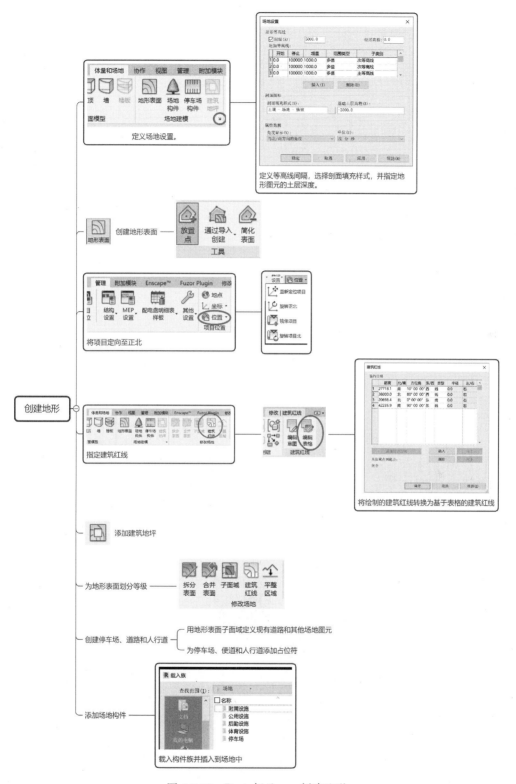

图 3-5-19　Revit 场地——创建地形

**2. 建筑外围护**

这里以幕墙为例简单进行介绍，如图 3-5-20 所示。

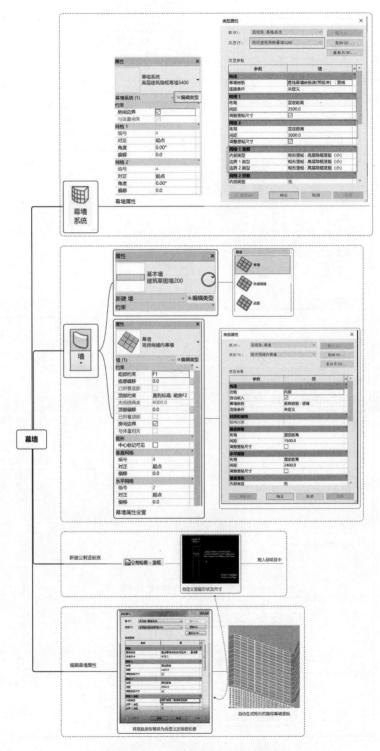

图 3-5-20　建筑外围护幕墙的创建

### 3. 水平分层——草图楼板、草图屋顶

前文在介绍概念体量的时候提到了根据标高生成的体量楼层。我们可以拾取体量楼层，运用面楼板或者面屋顶来生成对应的构件，或者通过绘制来创建楼板和屋顶（图 3-5-21）

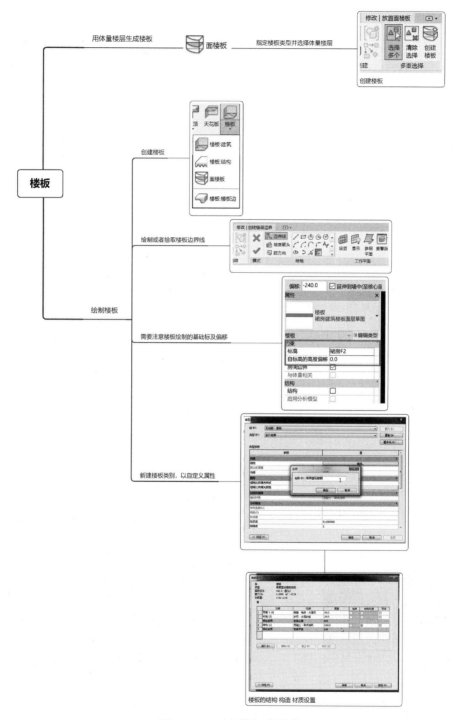

图 3-5-21　建筑楼板的创建

屋顶同楼板的操作相似，但是屋顶还涉及坡度的定义，和多种形式屋顶的拼接的问题（图 3-5-22）。

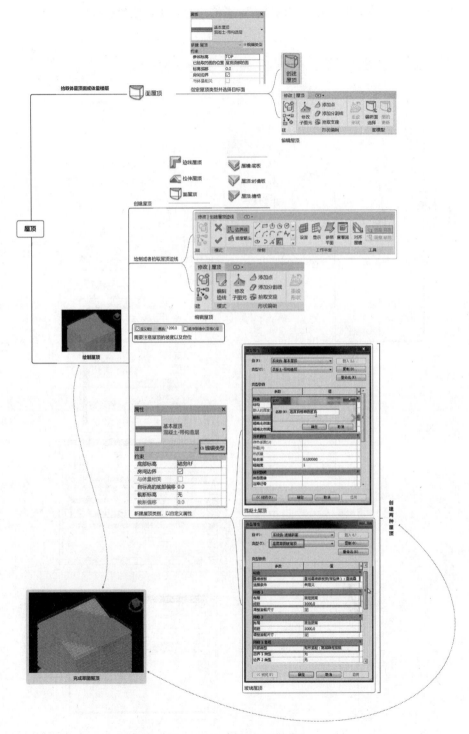

图 3-5-22  建筑屋顶的创建

## 4. 空间划分（建筑柱、草图墙，图 3-5-23）

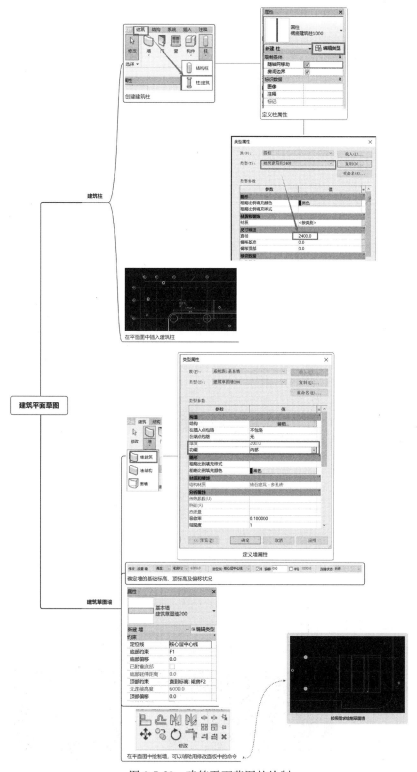

图 3-5-23　建筑平面草图的绘制

我们在完成建筑空间划分草图之后的模型深度大致如图 3-5-24 所示（图中隐藏了建筑外围护以方便观察）。

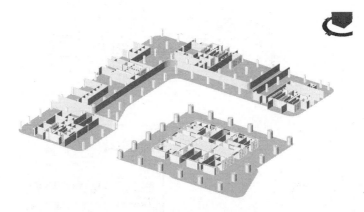

图 3-5-24　建筑空间划分模型深度示意

**5. 墙的附属信息**

一切在逻辑上需要依附于墙存在的建筑构件，都属于墙的附属信息。这里以在墙上增加附属于墙的室内门的流程为例，如图 3-5-25 所示。

我们可以从轴测图观察加入了门之后的建筑模型，如图 3-5-26 所示。

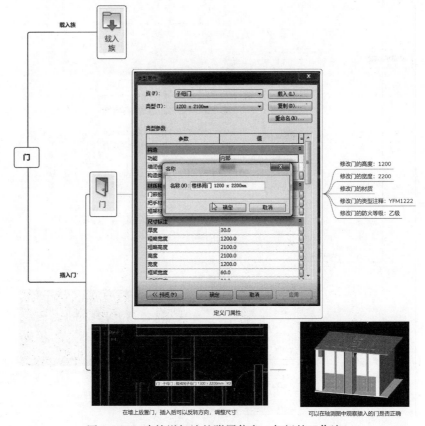

图 3-5-25　建筑增加墙的附属信息，如门的工作流

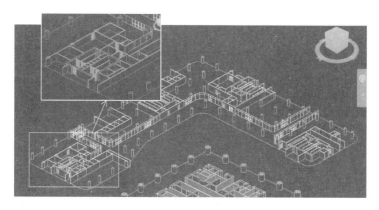

图 3-5-26 增加门后的模型

**6. 草图天花板**

这里需要先提醒读者一个新增的基本空间定位信息，即天花标高。在本节里所指的项目基本的准备信息工作，需要在项目团队成员进入工作流之前就完成的任务。轴网和标高我们在前文都已经提到过，需要特别提到的是由于在方案深化站点会进行多个专业的协同设计工作，所以需要为所有的楼层增加"天花标高"。一方面保证建筑空间的使用功能，另一方面也为各专业提供一个新的标准基础工作平面。

回到天花板，以 Revit 为例，可以在建筑面板中创建"天花板"，天花板可以根据闭合的房间自动创建，也可以手动绘制（图 3-5-27）。

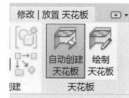

图 3-5-27

在绘制过程中需要注意的问题，首先是天花板的类别，我们在现阶段还没有进行具体的构造、材料的设计，暂且不涉及这部分内容；另一个就是天花的标高和自标高的偏移（图 3-5-28、图 3-5-29）。

图 3-5-28

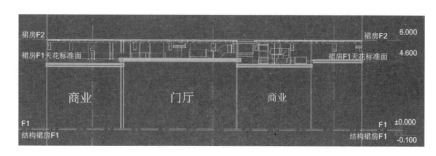

图 3-5-29

**7. 主要建筑构件——楼梯、电梯**

建筑的常用构件中，坡道、楼梯和栏杆扶手可以在建筑面板中直接建立（图 3-5-30）。

图 3-5-30

电梯、自动扶梯等可以通过载入族在建筑—专用设备中载入（图 3-5-31）。

图 3-5-31

然后在系统面板放置构件中使用，如图 3-5-32 所示。

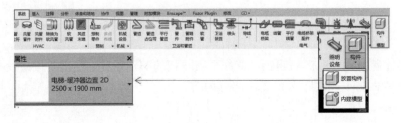

图 3-5-32

## 五、结构站点（图 3-5-33）

图 3-5-33　结构站点

**1. 空间信息、协作管理与权限、建筑整体造型与外围护**

这三部分信息基本上是从建筑专业传递的信息中直接继承的。结构专业需要建立结构标高用于工作，并且按照自己的结构设计人员构成和工作分配来限制文件和资料的权限（包括上传和下载两个方向）以及处理信息的权限，包括编辑、使用和查阅三种权限以及它们的组合。

**2. 结构柱（图 3-5-34）**

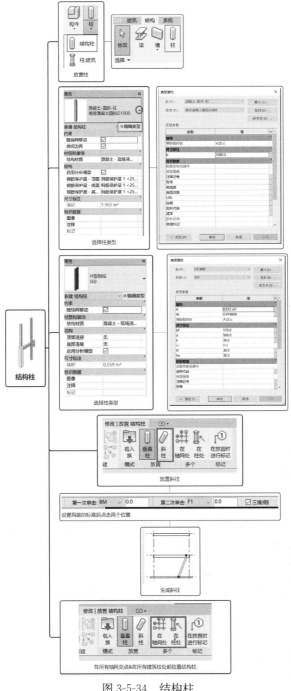

图 3-5-34　结构柱

**3. 结构墙（图 3-5-35）**

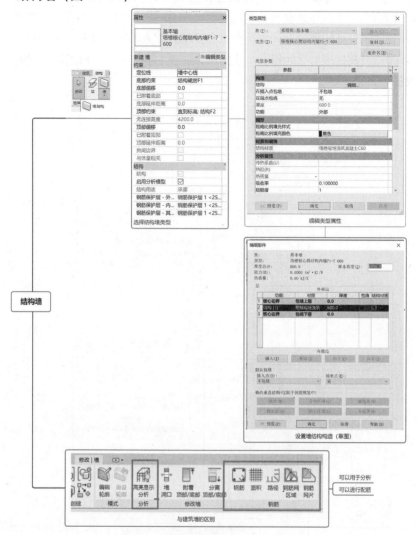

图 3-5-35　结构墙

绘制完结构柱和结构墙的平面图的深度如图 3-5-36 所示。

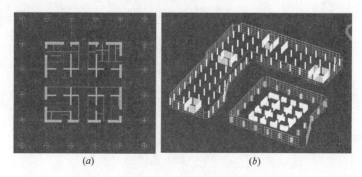

(a)　　　　　　　　　　　　(b)

图 3-5-36　平面图深度

（a）图纸深度；（b）模型深度

## 4. 结构梁

结构梁的创建和设置的基本流程可以如图 3-5-37 所示进行操作，同结构柱和结构墙相同，结构梁在创建后可以进行配筋（钢筋配置在建筑设计深化阶段会有详细的介绍）并且用于分析。

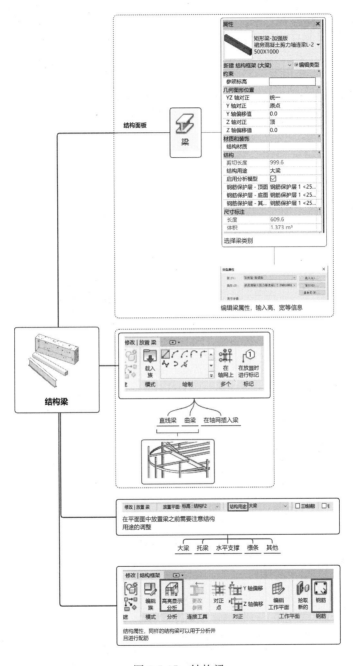

图 3-5-37 结构梁

结构柱、结构梁和结构墙完成之后我们再来观察我们的结构模型的深度，如图 3-5-38 所示。

### 5. 钢结构

在 Revit 中除了进行钢结构框架的绘制和模拟，还可以对钢结构的连接进行设置和查看，但是需要注意的是大量钢结构连接的计算会影响模型的工作速度，可以考虑在分工是将其单独分为一个文件而后链接进主文件的方式来处理。钢结构的相关信息化设计相对较为复杂，我们将在建筑设计深化阶段展开介绍。

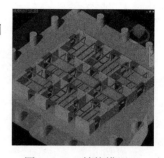

图 3-5-38　结构模型
深度示意

### 6. 结构基础

在结构→基础中可以找到三种类型的基础供选择使用，分别对应条形基础、独立基础和基础底板，可以根据实际的设计需要多种结合一起使用（图 3-5-39）。

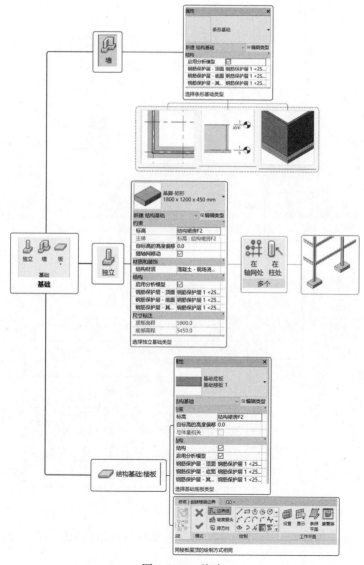

图 3-5-39　基础

### 7. 结构楼板

结构楼板同建筑楼板的操作相似，但是需要注意工作的平面需要在结构平面上进行，并且

图 3-5-40 暖通站点

注意楼板的偏移方向即可。关于结构楼板相关的细节会在建筑设计深化阶段展开。

## 六、暖通站点（图 3-5-40）

暖通站点在接收到建筑、结构以及建筑设计前期传递来的信息后进行整合与设计。首先要建立必要的系统，确定主要机房的位置、完成量的估算，并且完成干管的模拟走向以及管径，以便同其他专业进向吊顶走向的协调工作（图 3-5-41）。

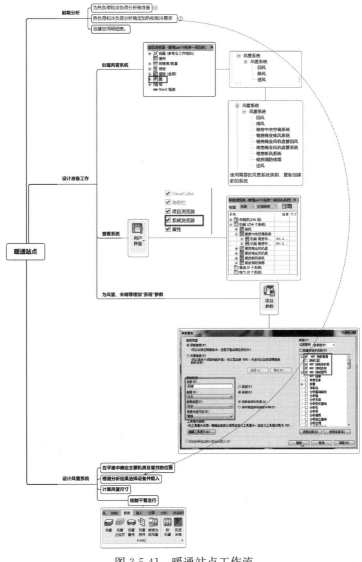

图 3-5-41 暖通站点工作流

　　MEP 专业的大量相关内容都是在下阶段的建筑设计深化站点创建的，详细的内容会在下一章展开叙述。

# 七、给水排水站点（图 3-5-42、图 3-5-43）

图 3-5-42　给水排水站点工作流

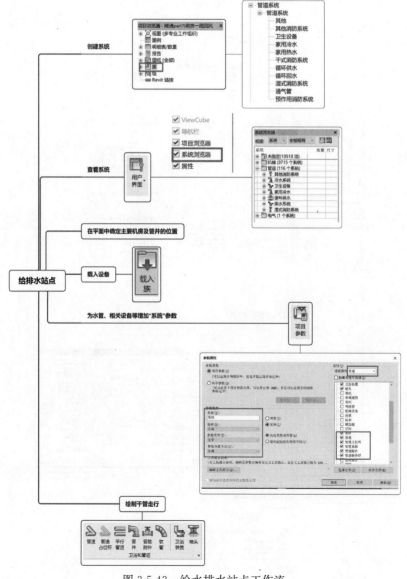

图 3-5-43　给水排水站点工作流

## 八、电气站点（图 3-5-44、图 3-5-45）

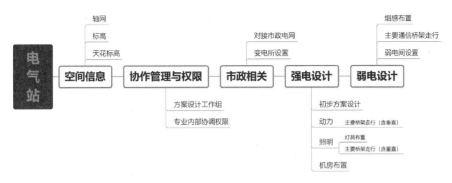

图 3-5-44　电气站点

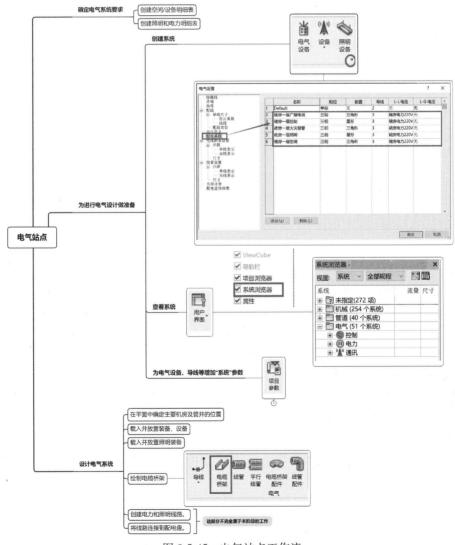

图 3-5-45　电气站点工作流

## 九、方案深化站点的信息成果输出与传递

本站点输出的信息成果仍然分为三部分：主动输出信息、被动输出信息和归档信息三大类（图 3-5-46）。

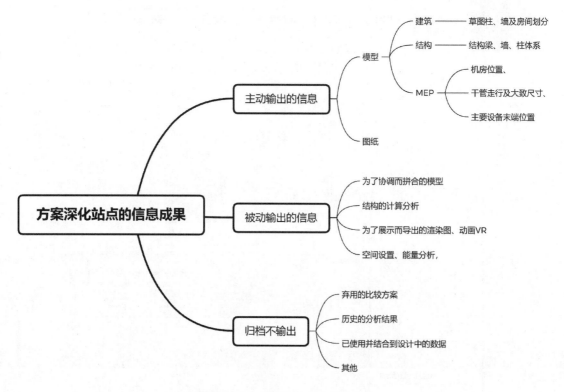

图 3-5-46 方案深化站点的信息成果

**1. 主动输出的信息成果**

模型所达到的建议深度——建筑和结构包括草图柱、墙及房间划分、基本的结构梁、墙、柱体系；MEP 水、暖、电应该包括主要机房位置、干管走行及大致尺寸、主要设备末端位置。具体三级信息站点的输出信息在第一章和第四章建筑设计深化站点的接收信息相关部分都有详细叙述，这里就不再赘述了。

**2. 被动输出的信息成果**

包括设备设计所进行的空间设置、能量分析，结构的计算分析、设计过程中为了协调而拼合的模型、为了展示而导出的渲染图、动画 VR 等。

**3. 归档的信息成果**

归档的信息包括弃用的比较方案、历史的分析结果、已使用并结合到设计中的数据等。

# 第四章

# 建筑设计深化阶段

**导言**

　　建筑设计深化阶段是建筑信息化设计全流程的最后一个阶段，在这个阶段里我们将最终完成建筑信息化生产中的设计阶段。

　　建筑设计深化阶段是一个非常重要的阶段，它是建筑信息化设计流程的出口，因此它牵扯大量的信息输出问题，以及如何完成符合之后的信息化施工要求的建筑信息模型。在整个建筑信息系统的建立过程中，建筑设计深化阶段也是非常重要的阶段，在这里我们最终完成整个信息模型的系统结构，为整个建筑信息系统在施工阶段和运维阶段的进一步深化和使用打下基础。

## 第一节　建筑设计深化阶段概述

### 一、建筑设计深化阶段的概念和范畴

建筑设计深化阶段，对于很多读者来说是一个陌生的名词。建筑设计深化阶段并不是传统的建筑设计深化，而是综合有传统的施工图设计和许多施工现场信息处理的阶段。原本的建筑设计流程因为受图纸和表达的限制，很多问题无法在设计阶段解决需要在现场进行解决，这除了降低现场的工作效率外，也会带来很大的代价和浪费。

当我们在现实中进行错误的修改时，往往会造成一定的损失。同时，因为对错误可能出现的担忧，很多工程需要按照固定的顺序进行施工，造成了无法最大化的合理安排现场的工作组织。

从建筑信息化数字技术诞生开始，它的一大优势就是可以极大地减少施工中的各种各样的问题，同时减少浪费，提高生产和组织效率。这种效果其实是将现场的很多问题用计算机模拟的方式预先解决的，其实是将本来会出现在现实空间中的问题，提前让它们出现在虚拟的建筑空间中，从而进行解决（图 4-1-1）。

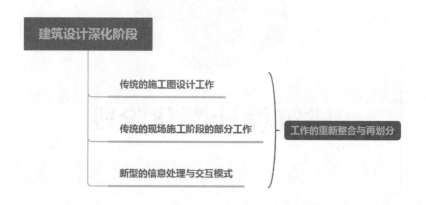

图 4-1-1

由此可见，在建筑信息化设计流程中，传统的一些现场工作已经大量地提前到工程施工开始之前，也就是进入建筑设计阶段，读者需要充分理解这一点。很多来自设计院的读者在几年、十几年甚至几十年的工作中已经习惯了自己处理问题的"量"，因此对于这个新增加的"工作量"有排斥心理，这是不对的。因为生产力的进步是不能阻止的，因此原本不合理的工作分配安排是一定会改变的，即使自己今天不主动接受，未来也会有一天要被迫地融入这种生产流程当中。

将很多施工现场的问题加入建筑设计阶段后，其实会让许多问题更好解决，使得整个工作的整体性更高。因此，在设计初期就对很多问题进行整体性的设置，从而避免了许多传统建筑施工问题的产生，同时信息的拓扑结构也增强了自动纠错的能力，避免原本因为个人修改部分的疏忽造成整体出现巨大问题的情况。

在新的建筑信息化设计流程中，这一融合了传统的施工图设计和许多传统的现场施工问题的设计阶段，就是建筑设计深化阶段。我们首先给出这个阶段的定义：

**建筑设计深化阶段：将已经分流进各大专业站的信息进一步处理深化，并进一步划分细化，形成满足施工需要的建筑信息模型细度，同时将模型整体的信息结构进行再次梳理，使得整个建筑信息模型可以方便地输出应用信息。**

在了解完建筑设计深化阶段的意义和基本概念之后，我们接下来要进一步学习的是建筑设计深化阶段信息的接收特点。

## 二、建筑设计深化阶段信息的接收

与前面的方案设计阶段不同，建筑设计深化阶段的信息接收有着自己的特色。无论是建筑设计前期还是方案设计阶段，作为整体的"一级信息站点"的信息接收都是整体的，接收完信息后，经过再次的辨认和分流，再进一步处理。简而言之，对于建筑设计前期和方案设计阶段来说，是作为一个"整体"去接收信息的。而建筑设计深化阶段的信息接收则完全不是这样。

在建筑设计深化阶段开始之前，方案设计阶段的方案深化站点（方案深化阶段）已经将建筑信息系统的逻辑层级结构建立到了分专业的三级站点程度。这时候的建筑信息系统已经相对复杂完整，而建筑设计深化阶段又是在这一基础上进一步完成整个信息系统的更深一级或者说更细节部分的构建。因此在建筑设计深化阶段，信息的接收是局部对局部的，或者说建筑设计深化阶段是方案深化阶段工作的自然细化和延伸。

在建筑信息设计全流程上，这一特点体现为专业站点之间点对点的信息传递。方案深化阶段的建筑站将信息传递给建筑设计深化阶段的建筑站，彼此的信息交接都是分专业进行的。

从整体上看，在方案设计阶段把建筑信息模型整体传递给了建筑设计深化阶段，但是这个过程其实是由各个专业分别传递完成的。

因此，建筑设计深化阶段的信息接收有一个非常明显的特点——很多信息都是直接传递，不需要专门的筛选和分流。

建筑设计深化阶段的信息接收模式：信息处理工作由方案深化站点的三级站点（各专业站点）直接传递给建筑设计深化阶段的二级站点（各专业站点），信息流的传递、权限和组织（协同工作部分）则在项目经理的工作中整体传递。

在实际的操作过程中，方案设计阶段传递给建筑设计深化阶段的是一个包含所有信息的中心模型文件，建筑设计深化阶段的各专业站分别与本专业的工作部分对接，建立自己的本地副本。

如果中心文件的位置在云端，则是云协作，可以配合许多云的工作分配功能，将协同工作信息一起传递下去。

如果中心文件的位置在本地服务器，则是局域网本地协作，这样就无法直接传递工作分配，需要对传递的工作分配信息进行重新的整合筛选分流，再建立起新的协同工作组织（图 4-1-2）。

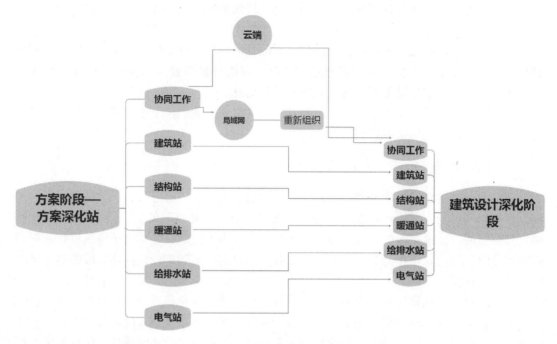

图 4-1-2　信息的接收

## 三、建筑设计深化阶段的主要信息处理内容和工具

　　建筑设计深化阶段的信息处理主要集中在各个专业站内，因此在信息的处理细节上与方案设计阶段有着很大的不同，但在信息的从属和分类上是一致的（图 4-1-3）。

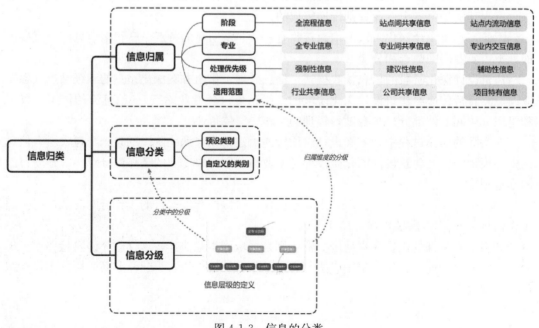

图 4-1-3　信息的分类

在建筑设计深化阶段，我们主要处理的信息大部分集中在信息归属范围内的二级和三级信息层级上，如图 4-1-4 所示。

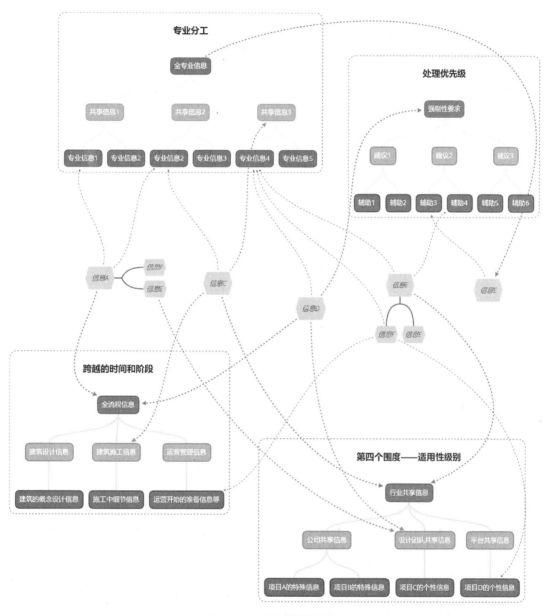

图 4-1-4 信息的网状结构

在信息的分级中，所处理的信息维度也大多是三级信息或者更细致的信息，因为建筑信息系统的大框架是在方案设计阶段搭建完成的，所以在建筑设计深化阶段一般不会牵扯整体方面的信息处理，即使各种各样的跨专业信息交流和协调比以往任何阶段都要复杂，那也是因为触及的信息量急剧扩大，从而产生的交叉拓扑关系极具上升，并非属于整体信息的范畴。

在建筑设计深化阶段，各二级站处理的主要信息如图 4-1-5～图 4-1-9 所示。

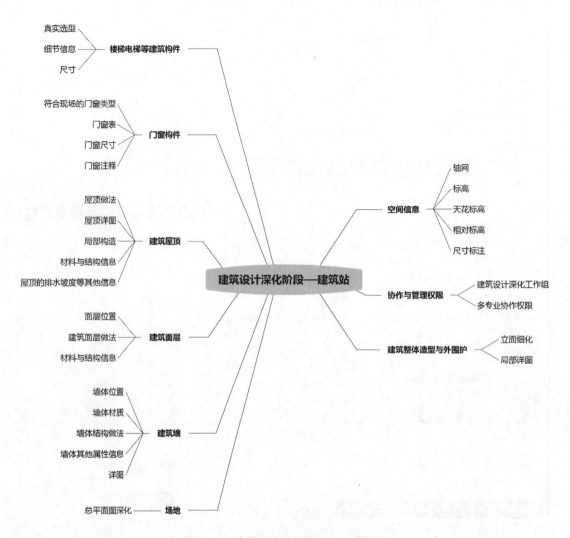

图 4-1-5　建筑设计深化阶段——建筑站

在建筑设计深化阶段，主要的信息处理工具和方案设计阶段一致，在现有的技术条件下，我们主要是采取 BIM 建筑设计软件与可视化编程技术相结合的信息处理方式，同时结合云技术对整体的协同信息进行更高效的处理。

结合本章讲解的实际内容，为保证工作流程展示顺畅清晰。我们主要采取的软件工具为欧特克公司的 Revit 软件，可视化编程工具为欧特克公司的 Dynamo，云技术为欧特克公司的 BIM 360。

图 4-1-6　建筑设计深化阶段——结构站

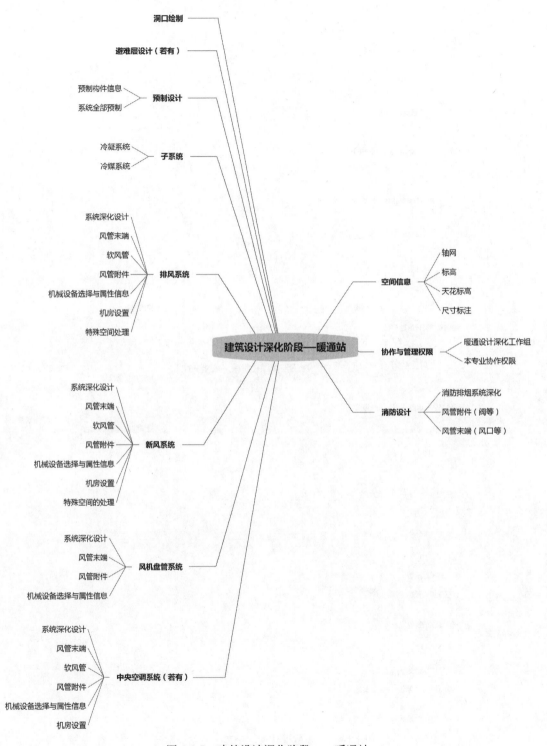

图 4-1-7　建筑设计深化阶段——暖通站

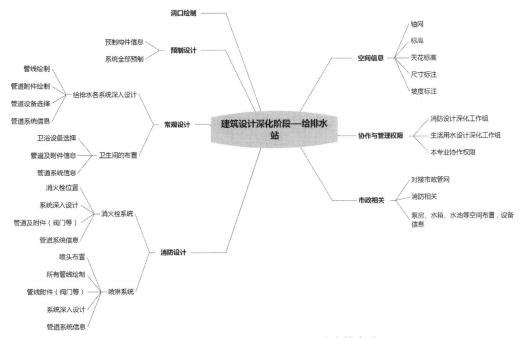

图 4-1-8 建筑设计深化阶段——给水排水站

图 4-1-9 建筑设计深化阶段——电气站

301

# 第二节　信息的接收与多专业协同工作

## 一、建筑设计深化阶段信息接收的主要载体——信息母本（中心）文件

建筑设计深化阶段的信息接收是在各专业站进行的，但信息的传递却是依托一个完整的信息载体，或者说以完整的信息系统的方式从上游的方案设计阶段传递过来的，这个完整的信息载体就是母本（中心）文件。

在一般的建筑信息化设计流程中，协同组织工作最迟在方案设计阶段就已经展开了，因此母本（中心）文件在这一时期已经是全部信息的载体。

这里我们要解决大部分读者的一个疑问，像传统工作模式一样，将自己的成果拷贝传递给下一个阶段工作的人员不可以吗？答案是不可以的。因为这意味着我们的工作流程在方案设计阶段是没有经过多专业信息整合的，这也就意味着在方案设计阶段后期的方案深化站点，所有专业的相关信息不是拓扑的，因为彼此都独立地存在于一个本地文件之中，它们之间的联系还是要靠人为来进行的。

况且这种模式传递的建筑信息，无法有效地在建筑设计深化阶段进行协同统一。因为前置工作没有进行联系，并没有建立在一个信息系统中，后续的工作要么是将前面的工作重新建立起联系，但这无异于推倒重来；要么是放弃信息化协作，这样的工作对比传统工作来说建筑信息化的许多优势就不能发挥出来，也不能起到减小误差提高效率的作用，更没有办法给下一阶段的施工提供一个可以方便使用的建筑信息模型。

这也是很多单位与个人在尝试了 BIM 技术之后，没有感受到太大作用的原因，用传统的流程来使用新的技术，那新技术真的就变成了"学一个新软件"，然后具备一些三维上的优势。但这种优势似乎用其他的三维非信息化软件也可以代替（如草图大师），于是便觉得 BIM "只是一个噱头"。

由此可见，是否采用新的流程才是关键，而非采用什么工具。

因此，为了发挥出建筑信息化设计应有的巨大优势，我们是需要按照信息系统的客观规律，即逻辑层级结构的拓扑信息关系来创建我们的信息模型，组织我们的工作的。在方案设计阶段使用母本信息（中心文件）这种方式进行协作，不是一个"好不好"的问题，而是一个"应该"或者说"必要"的事情。

在之前的篇章中，对于中心文件我们已经有过介绍，这里就不再过多地介绍了。在这一章我们主要讲的是建筑设计深化阶段如何接收中心文件并在此基础上开展工作（图 4-2-1）。

将从方案设计阶段最终的方案深化站点输出的包含全部信息和系统结构的母本（中心）文件接收过来，并且每个专业、各个工作人员都建立本地副本之后，就可以开始建筑设计深化阶段的信息处理工作分配了。为了方便继续学习，以及加深之前的学习印象，我们这里再次复习一下本地副本的概念：

信息模型的本地副本：信息母本（中心）文件的本地拷贝，可以通过与母本（中心）文件同步来将本地修改信息上传至母本（中心）文件，并且将母本（中心）文件中的新信息下载到本地。所有的本地文件都是母本（中心）文件的"镜像"，它们和母本（中心）

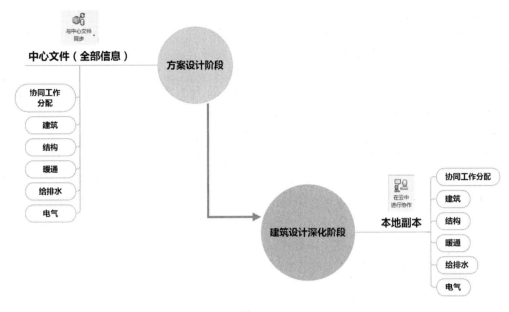

图 4-2-1

文件直接联系，而彼此之间没有直接信息联系。

　　本地副本存在的意义是设计人员可以在本地进行大量的个性化设置，进而避免影响到其他人的工作，同时，大量的信息在本地加工处理完毕之后再和母本（中心）文件进行信息交互，避免了多人、多专业同时在一个母本（中心）文件工作造成的巨大计算机处理压力。本地副本的存在其实是将信息处理的压力分摊到个人 PC 上，而母本（中心）文件则只需一段时间和本地文件交换一次信息即可。

　　即使在不依赖个人 PC 的云工作上，母本（中心）文件依然等于将本来需要共同处理的建筑信息模型的信息处理工作"拆分"出来，进到许多个体处理中，同样减轻了集中数据运算处理的压力，因此这种协作工作模式是非常高效合理的。

## 二、各专业内部分工与信息处理细化

　　在建筑设计深化阶段，我们的工作分配从各专业接收上一阶段的专业站的信息开始，按照各专业在本阶段应该完成的信息处理工作进行分配。

　　这里我们以一般的高层办公楼为例，讲解普遍的分配方式，读者可以根据自己项目的具体情况进行相应的灵活调整。

　　在分专业站讲解之前，有一些信息是这一阶段所有专业各站都需要处理的信息，即空间定位信息。也就是精确的尺寸标注，这包括各构件相对关系的标注，准确详细的轴网标高，和建筑整体的各种标注，自然也包含坡度、符号等。这是所有专业涉及的所有空间构件的信息都是在这一阶段深化的一个部分，从而保证所有的建筑构件都包含准确的空间定位信息。

　　接下来我们就按照专业站的方式来讲解，这里我们还是用信息站点的概念代替以往的工作范畴概念。

**1. 建筑站**

在方案设计阶段，建筑的空间设计部分基本全部完成。在建筑设计深化阶段，我们主要是对建筑专业范围内的各种构件信息进行进一步的细化，将建筑信息系统的丰度增至可以指导施工的程度，而对于各类信息所要完成的最终深度，则和具体项目的要求有关，有些项目需要完成至具备各种最终细节信息（装修深度），大部分项目则只需要完成一般的土建施工深度。但对于具体的项目，譬如我们举例的高层办公楼，其架空地板虽然属于室内装修，但却对建筑设计有着很大的影响，这类在设计阶段需要考虑的装饰问题（如大堂的环境），可能会受到土建施工巨大影响的部分信息，也需要在建筑设计深化阶段完成。

在这里我们以高层办公楼的普遍完成深度为例，读者在实际工作中需灵活应变。但无论怎样的项目情况，往往都是需要多增添信息，最基本的土建施工深度都是必须具备的。这里我们依然用信息站的概念代替以往的工作范畴概念。

建筑站主要的信息处理三级信息子站：

（1）建筑整体造型与外围护（图 4-2-2）

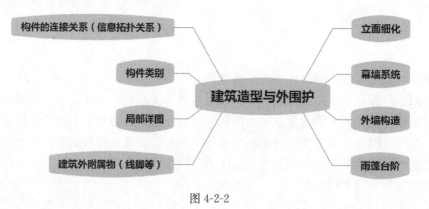

图 4-2-2

（2）场地

（3）建筑墙

在这一阶段，墙体整体作为一个信息单元，需要具备的丰度如图 4-2-3 所示。

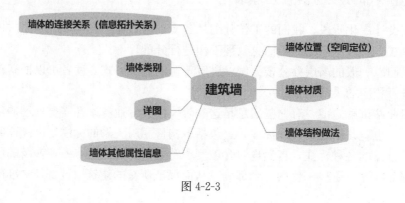

图 4-2-3

（4）（楼板的）建筑面层

这一阶段，建筑面层作为整体的信息类型，需要具备的丰度如图 4-2-4 所示。

（5）建筑屋顶

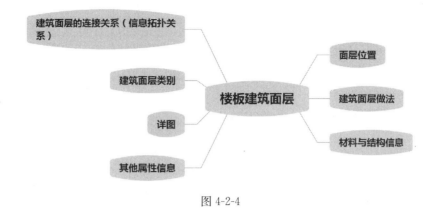

图 4-2-4

在这一阶段，建筑屋顶作为整体的类型，需要达到的信息丰度如图 4-2-5 所示。

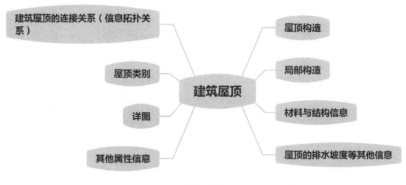

图 4-2-5

（6）门窗构件

门窗阶段需要完成的信息丰度如图 4-2-6 所示。

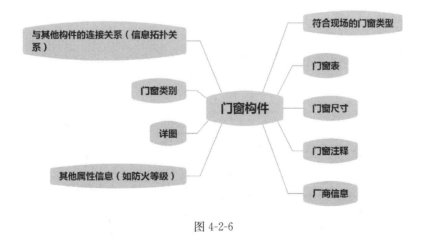

图 4-2-6

（7）电梯楼梯等其他建筑构件

建筑的构件类型非常的多，除了上面提到的，还有天花板、楼梯、电梯、栏杆扶手等，这些信息都需要我们针对项目的具体要求深化至相应的丰富，因篇幅问题，在这里就

305

不一一叙述了。

**2. 结构站**

与建筑专业不同，结构专业绝大部分情况（除特殊的对结构有特别要求的建筑类型，如体育馆等）是在方案设计阶段进入到最后的方案深化站点才开始进入建筑信息化设计工作流的。所以，结构专业在建筑设计深化阶段完成的信息并非像建筑一样是各子系统的深化，而是在大致的结构信息的关系基础上，建立完善细致的结构专业信息，用以指导施工现场的施工。

许多重要的结构信息都是在这一阶段进入建筑信息系统的，所以结构专业在建筑设计深化阶段还有着大量的构思与设计内容，有许多需要完成的信息创建工作。

结构站主要的信息处理三级子站。

（1）建筑整体造型与外围护（图 4-2-7）

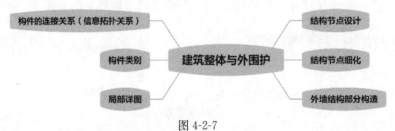

图 4-2-7

（2）结构基础（图 4-2-8）

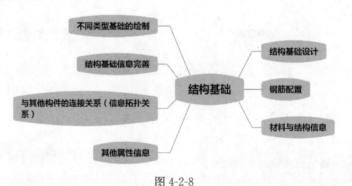

图 4-2-8

（3）结构楼板（图 4-2-9）

图 4-2-9

（4）结构柱（图 4-2-10）

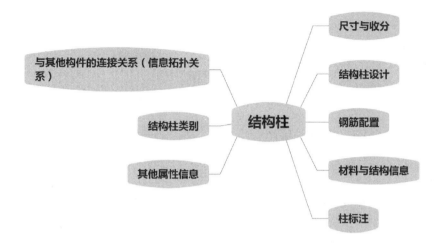

图 4-2-10

（5）结构梁（图 4-2-11）

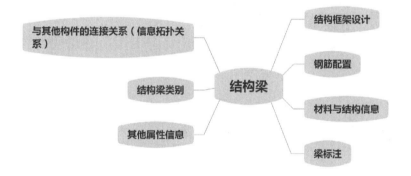

图 4-2-11

（6）结构墙（图 4-2-12）

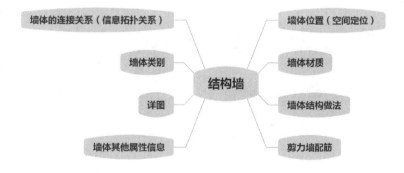

图 4-2-12

（7）结构屋顶（图 4-2-13）

图 4-2-13

（8）地下室结构设计（图 4-2-14）

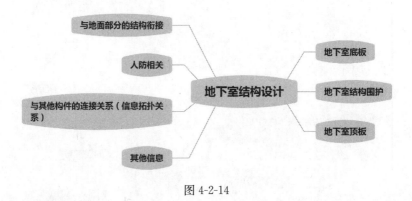

图 4-2-14

（9）钢结构（图 4-2-15）

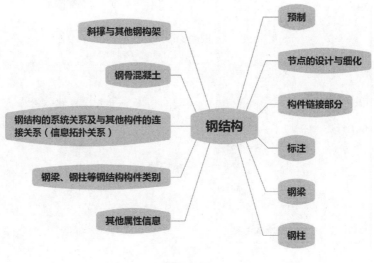

图 4-2-15

（10）其他的结构信息（图 4-2-16）

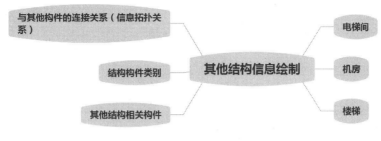

图 4-2-16

### 3. 暖通站

和结构站类似，暖通专业的大部分工作也是在建筑设计深化阶段完成的。三个设备站与结构站及建筑站最大的信息处理不同是需要在这一阶段处理机械设备的信息化问题。

在建筑信息化设计中，机械设备不再是一个简单的空间形状，而是真正的"虚拟设备"，有耗能、有功能输出。通过这些虚拟设备，可以让设备专业进行各自系统的虚拟运作模拟，从而调整系统的很多细节使得整个系统更加合理。

除此之外，三个设备站的另外一个特色信息处理问题就是各种构件的预制，建筑信息化设计流程可以更好地对接数字化生产，将数字工厂的各种数字化构件信息引入建筑信息系统，从而完成整个系统的预制设计，极大地提高了现场施工的速度与准确性。

而且，对于大型复杂的建筑项目，设备站的工作可能会变得非常的繁琐复杂，其项目特异性很强。

暖通站的主要信息处理三级子站：

（1）消防设计站（图 4-2-17）

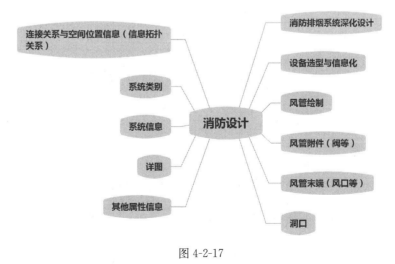

图 4-2-17

（2）中央空调系统（图 4-2-18）

（3）新风系统（图 4-2-19）

（4）排风系统（图 4-2-20）

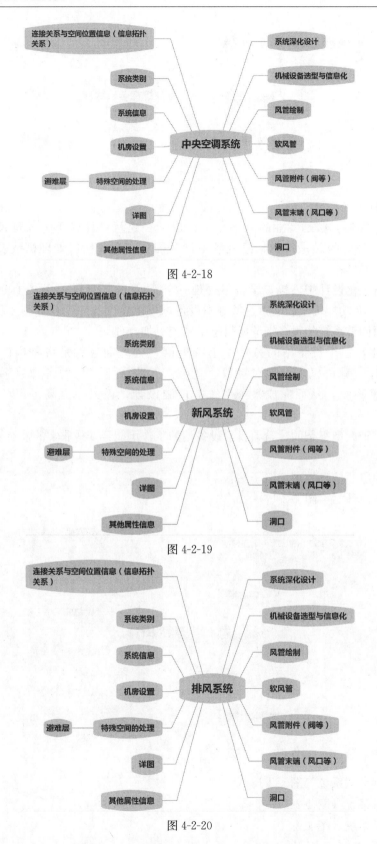

图 4-2-18

图 4-2-19

图 4-2-20

（5）风机盘管系统（图 4-2-21）

图 4-2-21

（6）附属子系统（图 4-2-22）

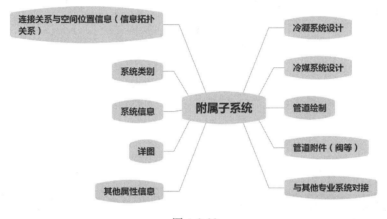

图 4-2-22

（7）预制设计（图 4-2-23）

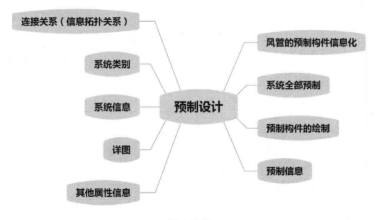

图 4-2-23

**4. 给水排水站**

给水排水站的基本情况与暖通站相似，不同的是给水排水站还存在大量和市政的各种管网系统对接的问题，在建筑信息设计全流程的前期，很多引入的城市市政信息将直接流入这一阶段使用，而建筑信息化设计完成后也将可以与数字城市相关信息联动。

给水排水站的主要三级信息处理子站：

（1）市政相关设计（图 4-2-24）

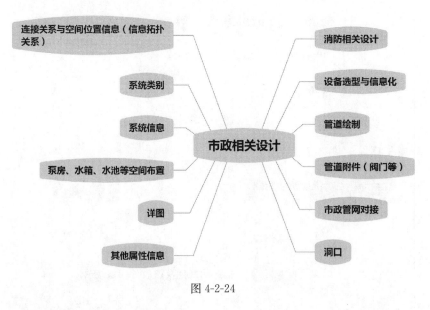

图 4-2-24

（2）消火栓系统（图 4-2-25）

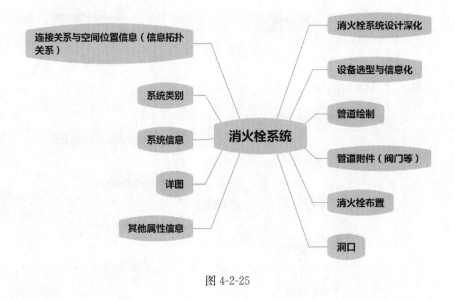

图 4-2-25

（3）喷淋系统（图 4-2-26）

（4）常规设计（图 4-2-27）

（5）预制设计（图 4-2-28）

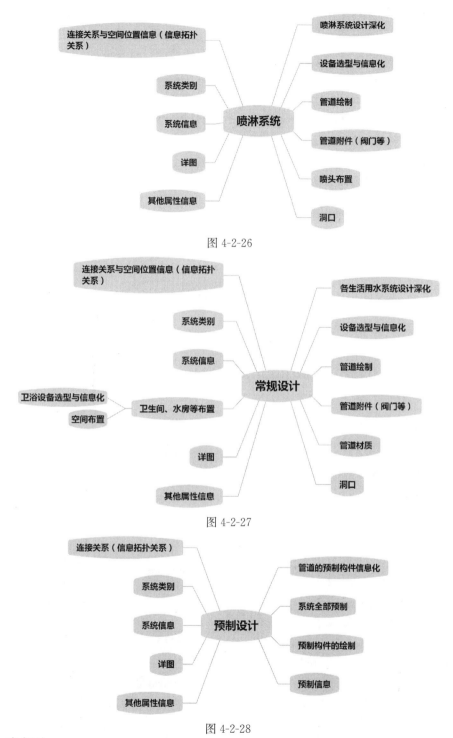

图 4-2-26

图 4-2-27

图 4-2-28

### 5. 电气站

电气站的工作在设备三个站之中最为繁琐复杂，电气站主要分强电和弱电两个部分。在建筑信息化流程中，我们不再设置强电、弱电站，因为这样的话，电气站的子站分配就过于复杂。在建筑信息化设计流程中，我们将电气的三级子站分别属于强电、弱电范畴，然后各级子站的分配由实际设计工作组的组成和建筑的复杂性决定。各种大型设备都需要电力和控制，因此电气站与其他设备专业的信息交互非常的频繁紧密，这也是电气站的一个特点。

在建筑信息模型中，照明是由具备真实选型与属性的灯具完成的，所以电气站还兼顾室内效果的部分，这与传统的效果图专门制作有着非常大的区别。

虽然设备专业在当前的技术基础上，往往都需要多种软件共同协作完成信息化设计。电气站的工作相对来说更加繁复，有些电气系统的设计部分甚至需要在施工信息模型的时候才能整合进来，这也是电气站的一个特点。

电气站的主要处理信息子站设置（强弱电范畴）：

（1）市政相关（图 4-2-29）

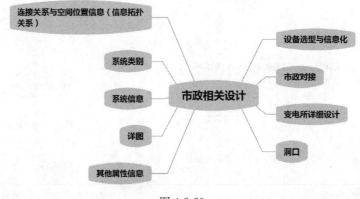

图 4-2-29

（2）强电设计（图 4-2-30）

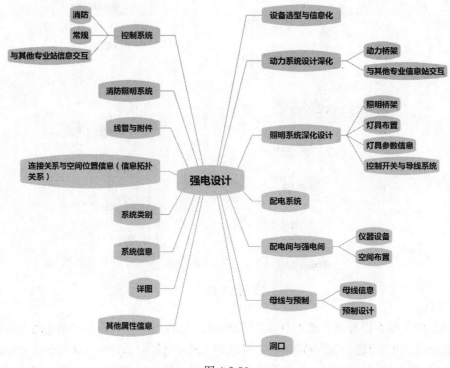

图 4-2-30

（3）弱电设计（图 4-2-31）

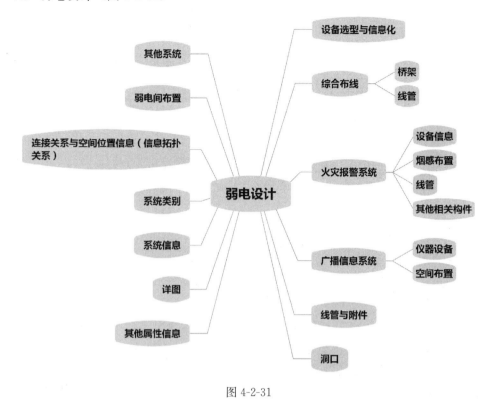

图 4-2-31

（4）预制设计（图 4-2-32）

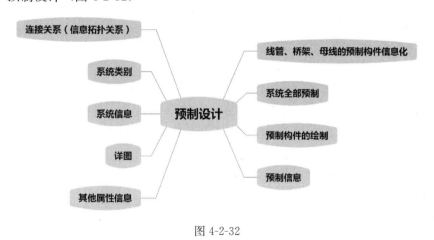

图 4-2-32

## 三、协同与工作分配

在了解了中心文件传递信息的方式和各专业站的主要工作之后，我们就不难理解专业之间如何进行协同工作了。

首先，我们先来复习一下建筑设计深化阶段在整个建筑信息化设计流程中的位置关系（图 4-2-33）。

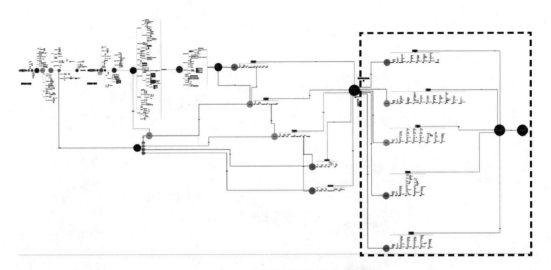

图 4-2-33　建筑设计深化阶段位置

　　由上图我们可以发现，建筑设计深化阶段的各专业站相互关系与方案深化站点后期工作的各专业站关系是几乎一致的。从方案设计阶段的后期，也就是方案深化站点的后半程（全专业子站建立完毕）之后，我们的协同工作模式基本上就是以一个信息系统母本文件（中心文件）作为信息的共享、交互终端进行协作的。

　　建筑设计深化阶段因为信息子站的设置模式与方案深化阶段后期的设置模式几乎一致，各站之间的信息交互关系也一致，因此主要的组织协作模式也是一致的。所不同的只是处理建筑信息的类型和量的不同。与方案设计阶段不同，在建筑深化设计阶段，我们会处理大量的深化建筑信息。因此在协同的构架和权限模式上虽然与方案深化站点后期一致，但是在专业内的协作分工却并不完全相同。

　　在建筑设计深化阶段，我们将信息按照之前三级信息子站的类别进行分类，以此为基础进行相应的工作组织分配。

　　而在协同工作上，不论是云端协作还是本地协作，都继承了方案设计阶段的权限与工作分配，只是在这个基础上进一步细化而已。

　　所以，建筑设计深化阶段的协同工作与方案深化站点后期的工作是"方法相同，处理的信息不同"。

　　在这里我们以云端协作模式为例，简单地再次讲解下该阶段的协同组织工作方式，并同时对第三章的内容进行复习。

Model Coordination 的云端协作

　　我们以 BIM360 云中的 Model Coordination 的云协作方式进行讲解，虽然本地协作或者更换软件可能带来操作上的不同，但是协作的模式是没有变化的，协作的重点也没有变化。在这里我们依然以介绍各种协作的要点和关节点为主，而非介绍软件功能的使用。

　　因为在正确的建筑信息化设计过程中，在方案深化站点我们已经创建了云端的协作框架和权限设置，因此建筑设计深化阶段我们将略过这一段，再次讲解下如何处理信息协作。

### 1. 接收云端协作信息

进行协作之前，首先需要做的是接收上一个阶段的云端协作框架和信息，并且根据本阶段加入新的信息，例如新加入人员的权限（图 4-2-34）。

图 4-2-34　接收云端信息

### 2. 查看并过滤模型

在构建好建筑设计深化阶段的协作权限与框架之后，项目的各级管理者可以根据权限在整个设计的进行期间对设计的整体情况进行查看，这种查看是具有选择性的，管理者可以按照构想组合云端的所有现有信息，形成各种各样的信息模型结果供自己查看以及及时发现问题（图 4-2-35）。

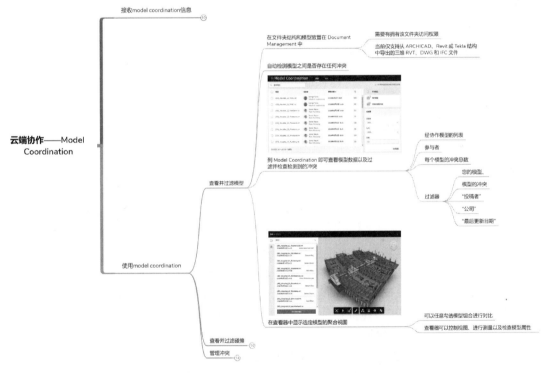

图 4-2-35

在这一阶段，所有的工作在被上传至云端的时候都会有一个专门记录工作的"信息包"，并将上传信息包这一信息同时交互到所有相关合作人员。

在建筑设计深化阶段除了原本的各专业之间的信息综合交互外，因为专业内容的细化，信息处理量急剧增加，因此要设置新的专业内负责人权限，专门负责一个范畴的工作。并且在云端负责协调查看这部分工作的情况,同时专业总负责人和项目负责人则可以对各层级人员的工作进行相应的查看筛选。

**3. 查看并过滤碰撞**

发现并及时地调整各专业之间产生的协作问题是信息化协作管理的最大优势,在云端协作过程中,管理者可以实时地对各专业之间、专业内部之间的各种协作碰撞问题及时查看,并且实时与设计师进行互动,通过这种模式极大地减少设计产生的协作问题(图4-2-36)。

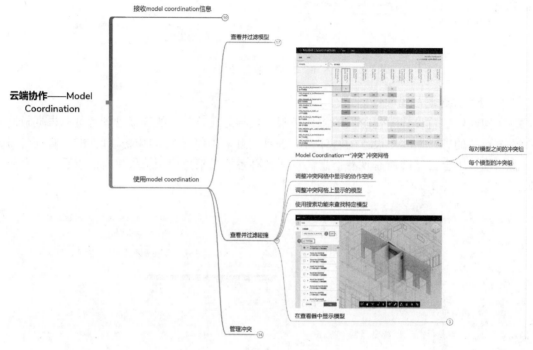

图 4-2-36

这种模式相比于以往的 BIM 模型完成之后进行的管线碰撞检查,可以更充分地发挥信息化设计的优势,减少大量修改工作,同时可以使管理者更加有效地掌控整个项目。

**4. 管理冲突**

在建筑设计信息化流程中,管理者不但可以方便地发现各种协作问题(第 3 点陈述),而且也可以方便地对这些冲突进行管理,管理者可以依据项目自身的特点和本身的经验对冲突进行不同的处理,从而将自身的经验带入建筑设计的方方面面,有效地消除建筑设计中经常出现的"木桶效应",使得各种经验的工作人员最终完成的建筑信息化设计成果可以保持一个统一的、非常高的技术水准(图 4-2-37)。

**5. 新生产模式下的全新挑战——信息化组织与设计管理**

在建筑设计深化阶段,因为信息的细化造成信息量的急剧扩大,也造成了信息的交互与产生的问题急剧上升。作为优秀的建筑信息化设计管理者,需要在设计的整个过程中不断地把控与调整信息设计的各种问题,最终完成一个原生产模式下无法想象的高质量、低错误率的设计成果。

这要求设计的管理者要掌握建筑信息系统的客观原理、系统组织方式以及协同组织方法。一个好的设计管理者可以依据现有的工具条件,通过自身对建筑信息系统的信息关系

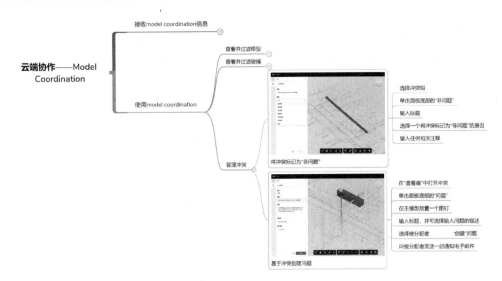

图 4-2-37

解读，为企业和不同项目设置最适合的建筑信息化设计流程与协同组织方式，这是一个好的设计管理者最大的价值所在。

设计的信息化管理是建筑信息设计生产方式与传统的设计模式以及原本的 BIM 设计最大的区别之一，也是对建筑设计管理人员提出的一项全新的挑战。

# 第三节　建　筑　站　点

从建筑站开始，我们开始对建筑设计深化阶段的各专业站工作流程与主要内容进行分别讲解，读者需要注意的是，讲解的顺序并非各站工作的开展顺序，事实上在这一阶段，所有工作都是平行开展的，在时间上，建筑站的工作与其他站点是平行进行，并实时进行信息交互。

建筑设计深化阶段建筑站在整个建筑信息化设计流程中的位置（图 4-3-1）。

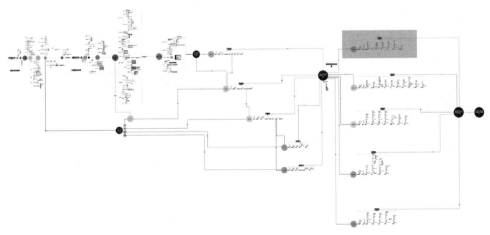

图 4-3-1　建筑站在系统中的位置

## 一、本地信息文件副本的建立与信息的接收

在进行信息处理工作之前，我们需要先将上一个阶段传递的信息母本（中心）文件中的相关信息接收，并且与中心文件建立起这个阶段的信息联系。这是通过建立一个中心文件在本地PC（云端个人工作区）的镜像副本来完成的，镜像副本拥有中心文件的所有信息及系统关系，并且作为中心文件的"影子"依附于中心文件存在，建立稳固信息联系（图 4-3-2）。

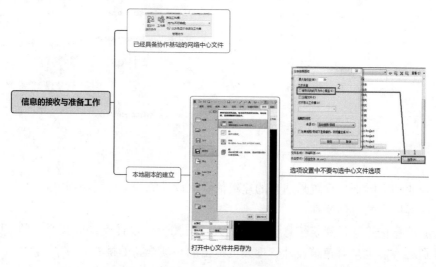

图 4-3-2　信息的接收

如果需要重新的建立中心文件，则在上图的过程中勾选中心文件选项，就可以在一个新的位置建立一个新的中心文件。这里需要注意的是，本地的信息镜像文件是与建立它所使用的中心文件相联系的。在需要的时候，本地文件可以实时地与中心文件进行高效的信息交互（图 4-3-3）。

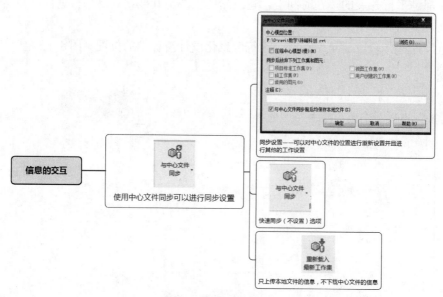

图 4-3-3　信息的交互

在前面的一节中，我们讲解了在云中进行工作的分配和协作。与此同时，数字设计软件往往提供在本地的协同与工作分配权限，配合云端的工作。在本地的工作接收与分配主要以工作集的方式进行（Revit），如图 4-3-4 所示。

图 4-3-4　工作集

在 Revit 软件中，信息是归属于特定的工作集的，这是协作的一个特征。因此上一阶段的所有建筑专业信息，都属于不同的建筑专业工作集。在建筑设计深化阶段，建筑专业在接收了上一阶段的模型中本专业的工作集后，将这些工作集进行重新分配组织，就可以继续进行进一步的深化工作。

在进行具体的信息系统深化工作前，我们再次复习下建筑站所接收的信息和需要处理完善的信息（图 4-3-5）。

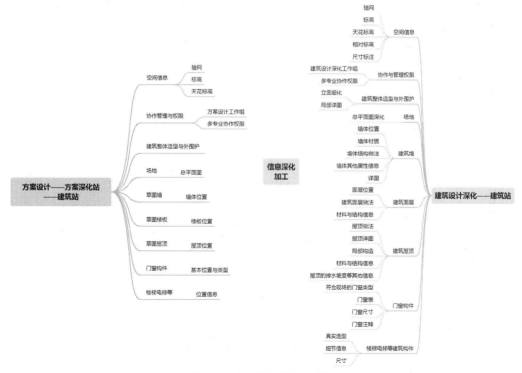

图 4-3-5　建筑站的信息处理

接下来我们将按照第一节中介绍的建筑站需要完成的信息处理工作，重点进行展开讲解。

## 二、建筑墙

墙体是主要的建筑组成部分，是建筑的空间重要的空间划分构件。墙体的信息总量在一个建筑中是十分巨大的，而且墙体的信息多种多样，本身属性复杂，是极具代表性的建筑信息构件。

从方案设计阶段接收的草图墙，已经包含了位置与类型信息，位置就是墙体的空间定位，类型就是墙体的名称和分类以及与其他构件的连接。这其实已经完成了墙体的总体系统构建工作，确定了每一片墙这一信息单元与其他信息单元之间唯一的拓扑关系。

在建筑设计深化阶段，我们主要是对墙体的信息进一步进行细化，让信息丰度达到可以施工的程度。

深入处理的墙体可以加入阶段化的选项，使得后续施工可以进行复杂的时间构建模拟（图 4-3-6）。

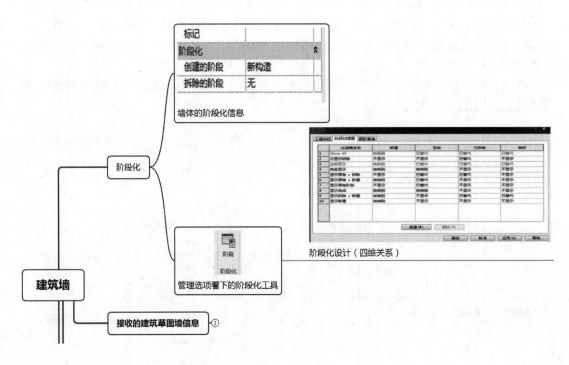

图 4-3-6　建筑信息的阶段化（四维）

建筑墙的信息处理步骤如图 4-3-7 所示。

在建筑墙的编辑上，我们可以使用可视化编程技术（Dynamo）快速地提取和修改建筑墙的属性参数（图 4-3-8）。

在方案设计阶段，我们主要使用可视化编程工具进行信息的创建，而在建筑设计深化阶段，我们则主要使用该技术进行信息的批量化处理。

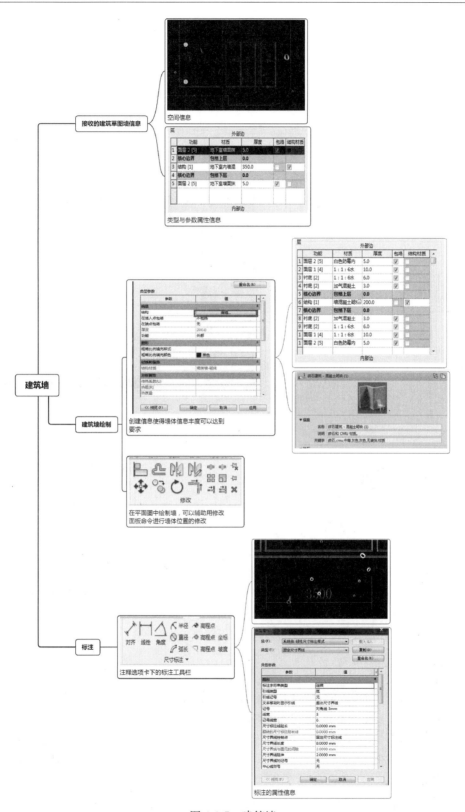

图 4-3-7　建筑墙

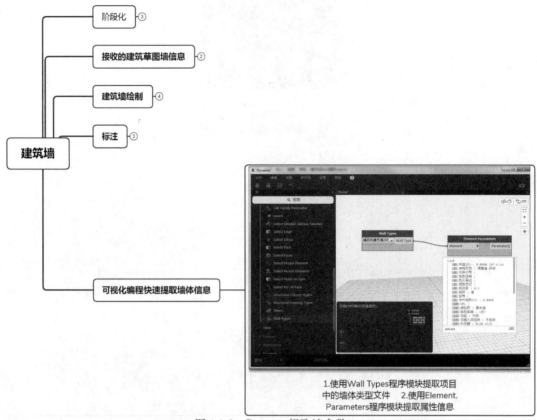

图 4-3-8 Dynamo 提取墙参数

## 三、建筑面层（建筑楼板）

建筑面层就是信息模型中的建筑楼板，因为楼板事实上在模型中是唯一的（并没有建筑楼板，只有楼板，而且是结构专业范围内为主体），所以在方案设计阶段的建筑楼板在建筑设计深化阶段将彻底转化为楼板的面层，也就是建筑面层。

不要小看建筑面层、架空地板等复杂的地面做法在信息模型中都是包含在建筑面层的信息里的。因此建筑面层可能会包含大量的复杂信息，以及相应的细节详图，同时，复杂面层的施工往往需要和其他设计领域（室内设计）工艺相配合，因此在建筑面层中准备足够丰度的信息是十分重要的（图 4-3-9、图 4-3-10）。

## 四、建筑屋顶

建筑屋顶的情况与楼板的建筑面层相似，方案阶段的草图屋顶在建筑设计深化阶段会被分解为结构屋顶（属于结构站）和屋顶的建筑面层。

在现代建筑中，屋顶经常会有屋顶花园以及屋顶餐厅或是观景平台等作用，有时候还有和景观等专业做细化的配合工作，所以屋顶的建筑面层也是现代建筑中信息非常丰富的一个构造部分。

从方案设计阶段接收的草图屋顶已经包含了屋顶的具体位置以及屋顶的形式、屋顶的连接关系等信息。

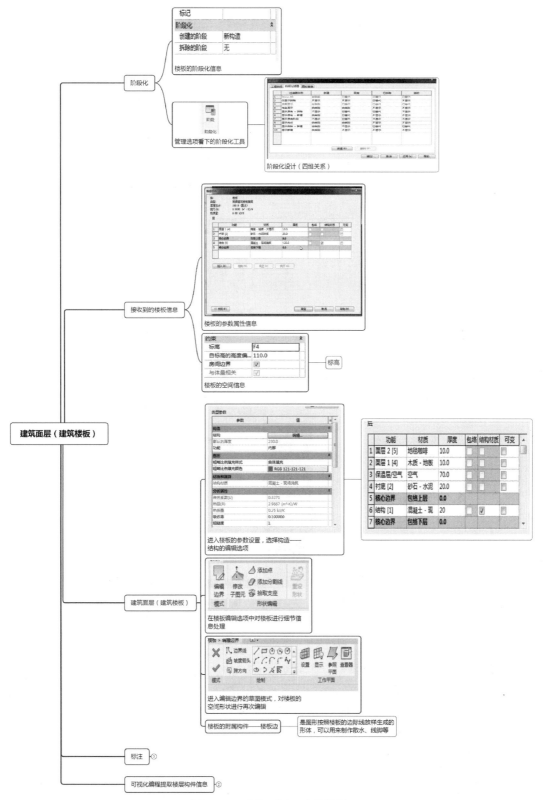

图 4-3-9　建筑面层（建筑楼板）

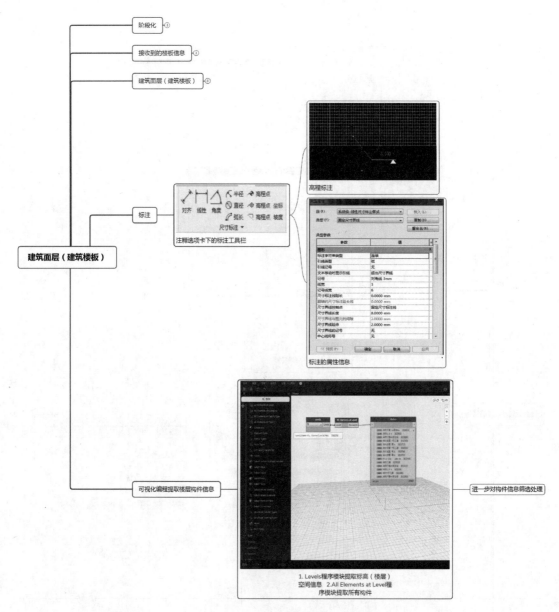

图 4-3-10　建筑楼板（建筑面层）

　　在建筑设计深化阶段，建筑专业要将屋顶面层部分深化至可以进行施工的程度，复杂的屋顶做法往往包含许多信息（图 4-3-11、图 4-3-12）。

## 五、门窗构件

　　门窗是建筑的重要构件，本身就有很多种类型。在建筑设计深化阶段，要根据上一阶段门窗的位置信息将门窗信息完善至可以进行施工指导。同时，可以输出各种关于门窗的相关信息应用，如门窗表。

　　在方案阶段，往往门窗只有位置以及粗略的大小，这样的信息丰度是不能指导建筑信

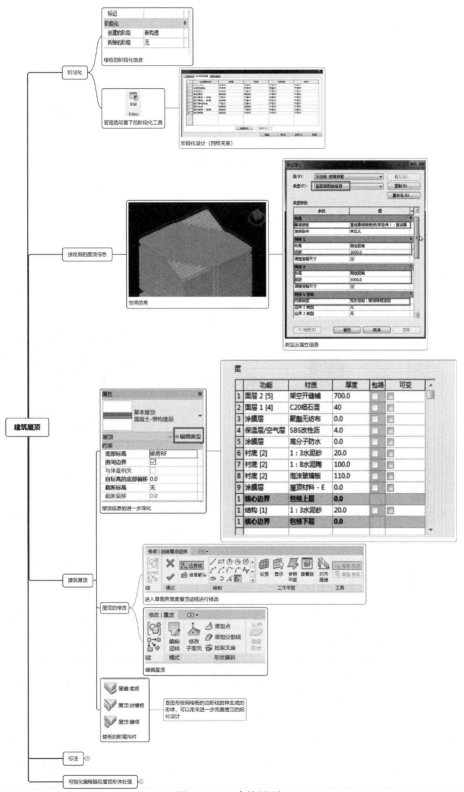

图 4-3-11　建筑屋顶 a

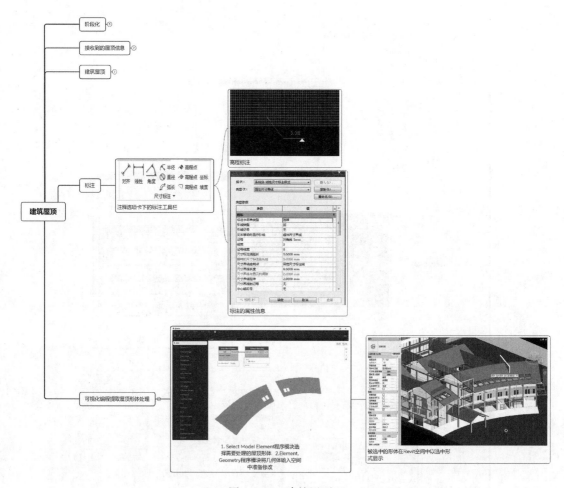

图 4-3-12　建筑屋顶 b

息化施工的。在建筑设计深化阶段，我们除了要给门窗加上必要的属性外，还可以个性化地对门窗的属性进行修改与定制，最大限度地还原真实的构件状态（图 4-3-13、图4-3-14）。

## 六、建筑的整体造型与外围护

　　主要负责处理建筑的立面与外围护部分，作为先进的建筑信息化设计流程，拓扑的信息关系让我们在最终时刻依然可以对建筑的整体形象进行相对较大的调整。

　　今天建筑的外立面构件越来越复杂，建筑形体也越来越多样，外围护结构的很多空间与构造细节都是建筑施工的难点，也是建筑信息化设计（含过去 BIM 设计）最大的优势之一。

　　复杂的幕墙系统处理也会在这一阶段进入建筑信息系统中，在外围护信息站点，建筑师还需要处理相应的信息输出和系统外信息输入（如幕墙），建筑师需要与外围护相关的工艺工作人员及制造人员进行数据信息交换，进一步完善建筑信息系统的细节信息。

　　因篇幅有限，在这里我们仅以幕墙系统为例，讲解如何丰富建筑外围护的信息以及智能地调整建筑外围护形体（图 4-3-15、图 4-3-16）。

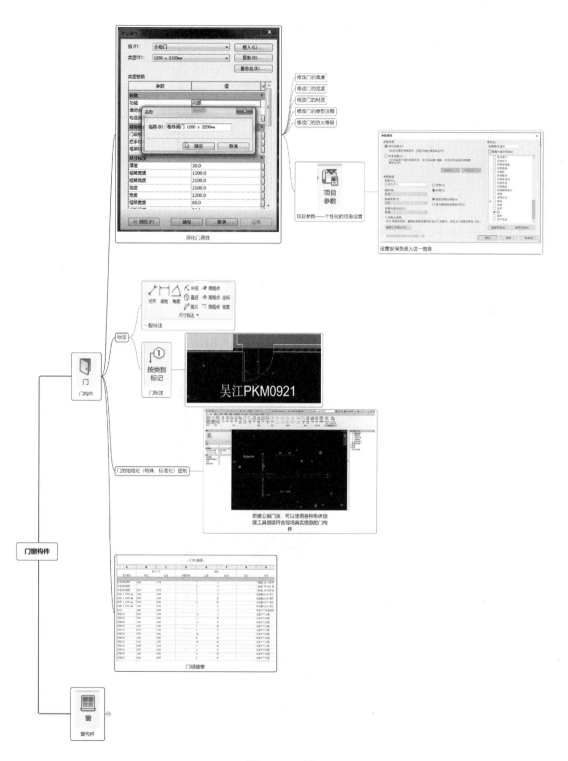

图 4-3-13　门

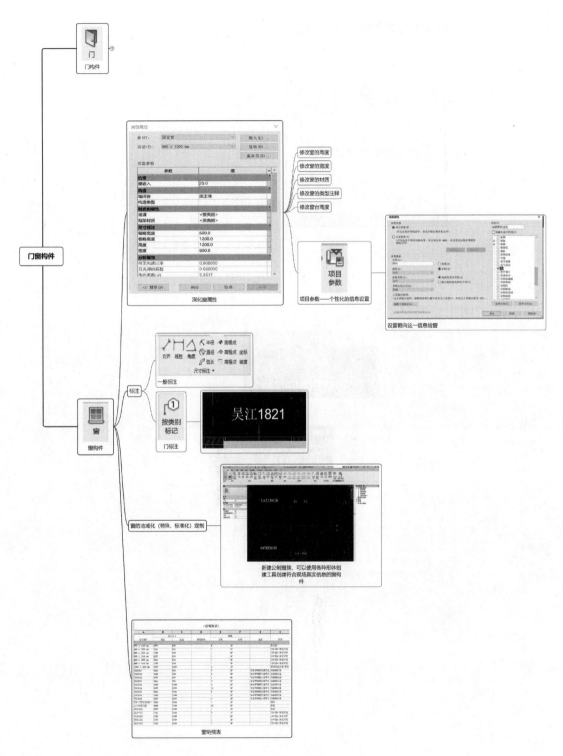

图 4-3-14　窗

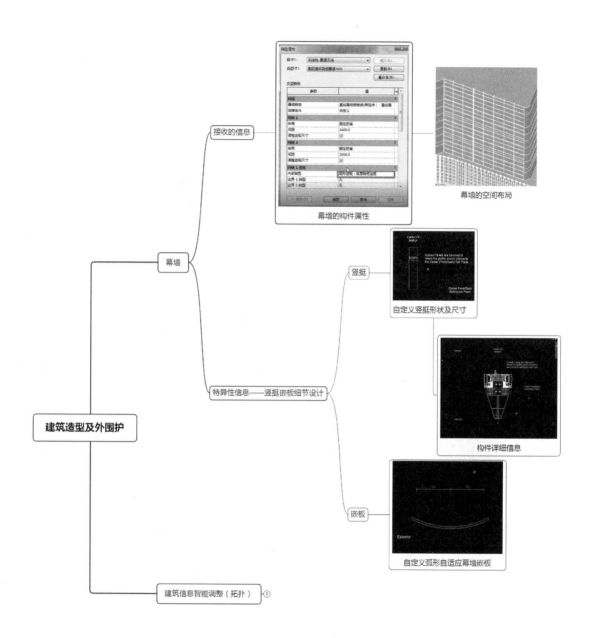

图 4-3-15  建筑造型及外围护 a

　　上图中的幕墙信息只是建筑信息化设计流程中所能达到的信息丰度，在幕墙的具体设计时，设计师还需要与专门的幕墙工艺相关人员进行沟通，进行信息的传递。

　　全局参数是 Revit 软件提供的一种空间信息联系关系建立方式，可以用来帮助构建建筑信息系统的逻辑层级与拓扑关系。该功能还有很多相关的用法，但根本的目的都是在信息与信息之间建立拓扑联系，这样就可以做到全局联动操作。

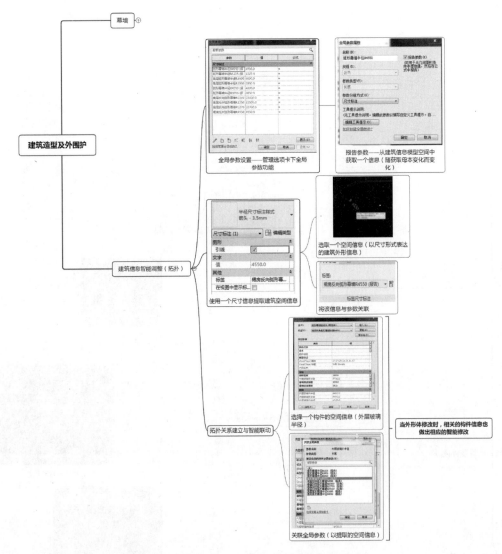

图 4-3-16　建筑造型及外围护 b

## 七、场地

　　场地的主要工作是将方案设计阶段的三维场地进一步丰富细节。需要注意的是在信息模型中，总平面并非和原本那样是一张"平面图纸"，它也是拓扑的建筑信息系统的一部分。譬如有地下室的建筑，其总平面与地下室顶板之间的关系，以及车库的入口，都是有着信息关系的，而不再是原本的表示方位。可以说，建筑信息模型的总平面场地是一个包含各种信息的立体的"场地三维模型"。

　　因此在进行场地信息处理时，切不可单纯追求"平面构图好看"，作为真实的建筑信息的一部分，场地的信息会时时刻刻地影响其中的建筑，因此必须符合最终完成的真实状况。如果为了单纯的"好看"而弄虚作假，可能会对整个信息系统产生极为不利的影响，甚至让很多信息数据在不经意间发生改变（信息的拓扑联动性），最终造成大量的修改工作。

建筑设计深化阶段场地的信息处理方式与方案设计阶段几乎是一致的,信息丰度的增加方式也是原有工作模式继续处理,因此我们在这里就不再赘述,具体的操作方式读者可以翻阅第三章相关部分。

## 八、楼梯电梯家具等建筑的其他构件

建筑的构件种类繁多,除了上面具体提到的之外,还有天花板、楼梯、栏杆扶手等多种构件,有许多信息。这些构件信息虽然都是建筑信息系统的重要构成部分,但因为是处于建筑专业内部的细节信息,对于整个建筑信息化设计流程和信息系统的构建影响不大,所牵扯的也大多是数字软件的具体操作问题,而非信息化设计流程的主要内容,因此我们就不再一一赘述了。

至此,建筑站的主要信息处理流程与工作分配、信息处理要点我们已经为大家讲解完毕。这其中有许多细节的部分还需要读者自身多加练习。对于建筑信息化设计来说,知道"应该做什么"是最重要的,而"如何做"则是工具的选择和学习,因此读者在初学时应尽可能地将注意力放在设计流程这个问题上,而非具体的软件使用。当对整个流程了解之后,便可以有针对性地根据自身的工作特点和企业特色确定自己要学习的软件以及相应的数字工具的部分,到时候自然是事半功倍。

# 第四节　结　构　站　点

建筑设计深化阶段结构站在整个建筑信息化设计流程中的位置,如图 4-4-1 所示。

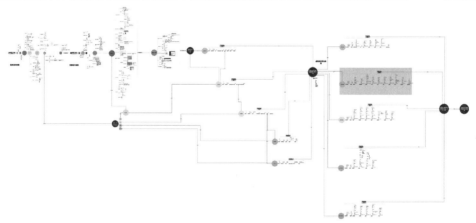

图 4-4-1　结构站在系统中的位置

在建筑设计深化阶段,结构站处理信息的模式与建筑站基本一致。区别是相对于建筑站的大量深化工作,结构站则有很多新的信息问题需要处理。

## 一、本地信息文件副本的建立与信息的接收

在建筑信息化设计工作流上,信息的接收是所有这一阶段专业站需要面对的第一个问题。结构站接收信息的模式与建筑站几乎一致,在这里我们简单复习一下(详细可参考建筑站第一部分),如图 4-4-2~图 4-4-4 所示。

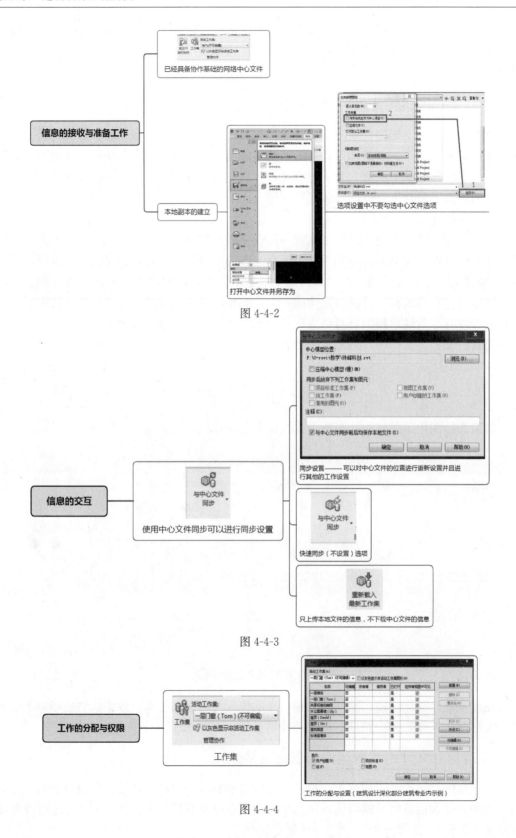

图 4-4-2

图 4-4-3

图 4-4-4

在展开具体叙述之前，我们先来复习一下结构站需要接收和处理的信息（图 4-4-5）。

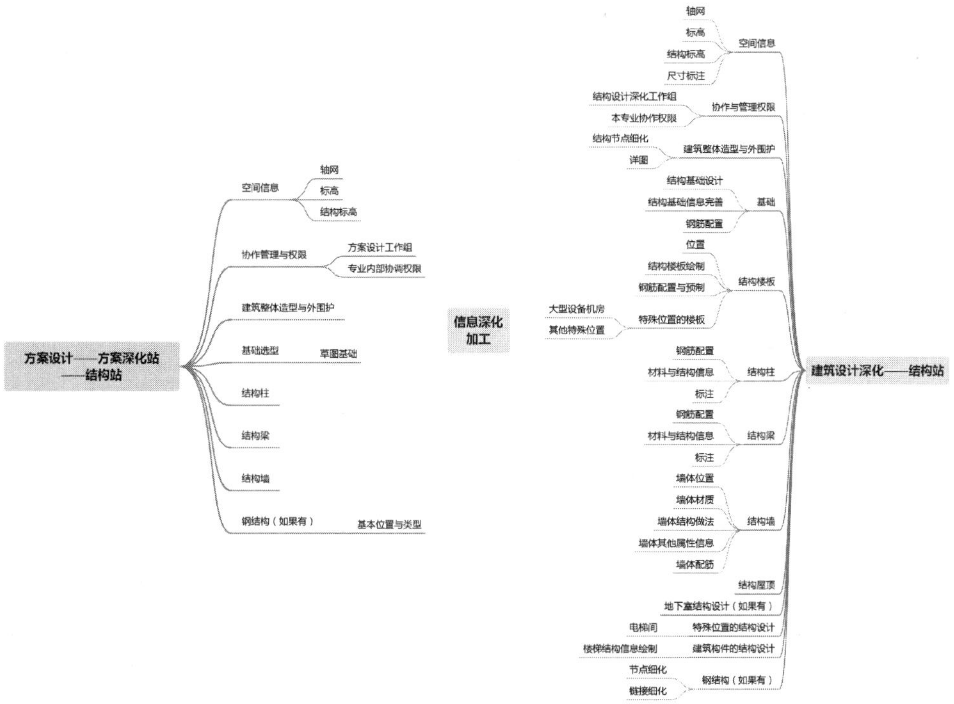

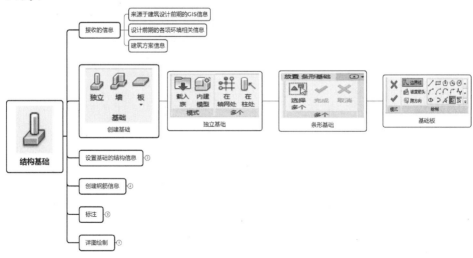

图 4-4-5　结构站需要处理的信息范畴

## 二、结构基础

在方案设计阶段，大部分时候完成的都是草图基础，即简易的表达，有时候甚至并没有基础相关的信息。

因此在建筑设计深化阶段，很多时候要完成基础的设计与信息创建工作（图 4-4-6、图 4-4-7）。

图 4-4-6　结构基础 a

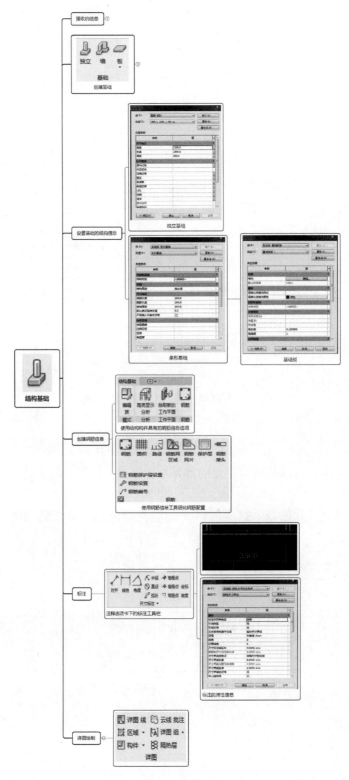

图 4-4-7 结构基础 b

# 三、结构柱

结构柱是重要的结构支撑构件，方案设计阶段的草图柱一般只有空间的基本信息（位置、大小），这对于结构的施工是远远不够的，在建筑设计深化阶段，我们需要将包括配筋在内的所有结构需要的信息增添到信息系统中，同时增加大量的辅助信息（标注等），最终达到可以对接信息化施工生产的信息丰度（图 4-4-8、图 4-4-9）。

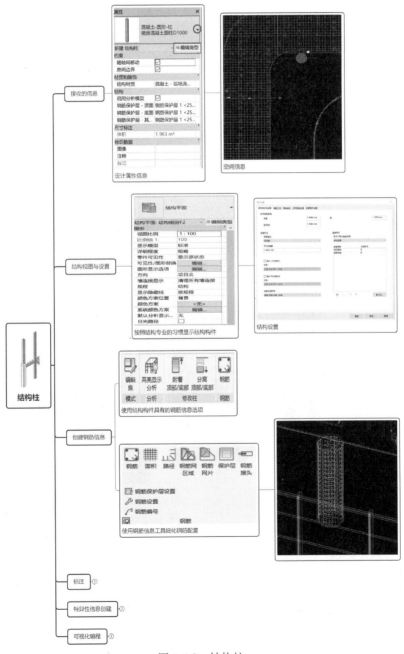

图 4-4-8　结构柱 a

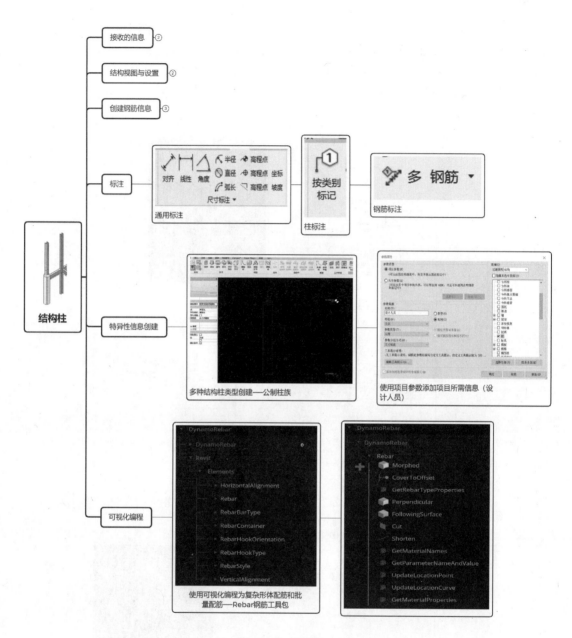

图 4-4-9 结构柱 b

## 四、结构梁

与结构柱一样，梁也是重要的结构支撑构件。在方案设计阶段，一般工作流程只会创建梁的空间信息，因此在本阶段结构梁与结构柱一样，需要将信息丰度创建至可以适应信息化施工生产的程度（图 4-4-10）。

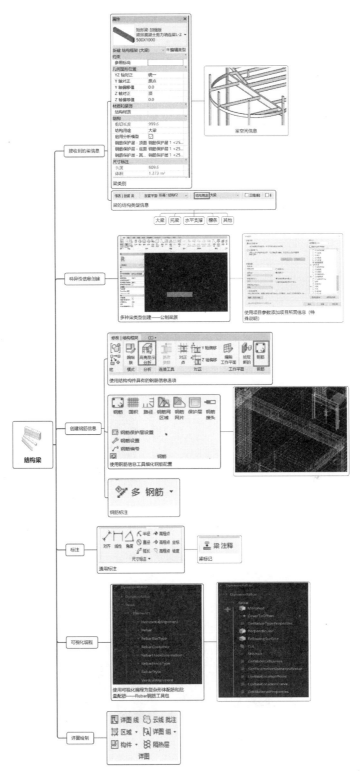

图 4-4-10 结构梁

## 五、结构墙

相对于结构柱和结构梁，在方案设计阶段结构墙除了空间信息外还创建了墙体本身的许多构造信息，这些信息都被传递到了建筑设计深化阶段。因此在这一阶段，结构墙的信息创建主要集中在一些细节的结构信息上，譬如钢筋等。除此之外，结构墙的深化方式大多和建筑墙类似，因此我们在这里只列举属于结构专业的特别信息处理类别，一般性的墙体信息处理可以参照建筑墙部分（图 4-4-11）。

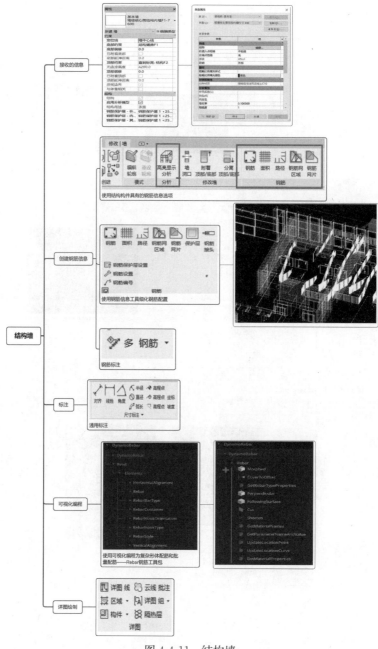

图 4-4-11　结构墙

## 六、钢结构

牵扯钢结构的信息化设计，一般在方案阶段都只是示意，主要的工作则是在建筑设计深化阶段完成。目前主要的钢结构设计深化设计软件是 Tekla。虽然 Revit 在钢结构的设计上越来越完善，但是复杂的钢结构还是要多种软件共同配合完成。在建筑信息化设计流程上，这等于钢结构信息站点中分成多种软件的子站，它们之间的信息交互和协作是通过互相传递信息模型文件实现的。

本书主要聚焦于建筑信息系统的整体建立和流程，因此对于钢结构的各种软件没有篇幅进行详细地展开，在这里则是以 Revit 信息空间为主体，通过可视化编程插件 Dynamo 与 Tekla 的联系来进行钢结构的信息丰富（图 4-4-12、图 4-4-13）。

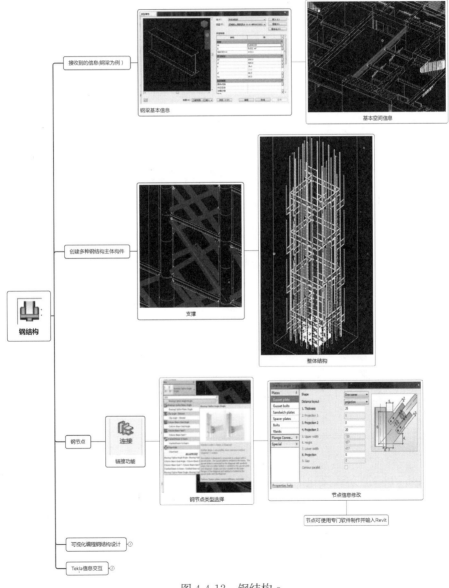

图 4-4-12 钢结构 a

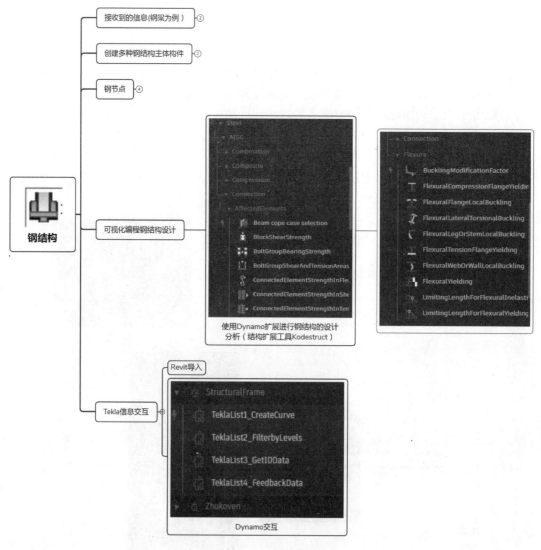

图 4-4-13 钢结构 b

钢结构的信息详细设计是一个牵扯信息化制造生产的复杂流程，也是一个建筑信息系统与外界进行信息交互的过程，其展开叙述可以专门形成一套书籍，这里篇幅有限，读者可以根据自身需求和兴趣去翻阅上面提到的相关软件及钢结构设计书籍。

## 七、结构楼板

结构楼板是在建筑设计深化阶段新增的信息系统单元，在方案设计阶段，楼板由建筑的草图楼板表示空间位置。进入深化阶段后，结构专业接收建筑专业的草图楼板信息，确定结构标高之后，绘制包含结构信息的结构楼板。结构楼板是非常重要的结构构件，其功能多种多样。例如在 Revit 系统中，许多建筑屋顶下的结构屋顶部分也是由楼板来完成的（Revit 并没有结构屋顶，因此屋顶构件不能配置钢筋，其结构部分要么以空间结构构件实现，要么使用结构楼板实现），如图 4-4-14、图 4-4-15 所示。

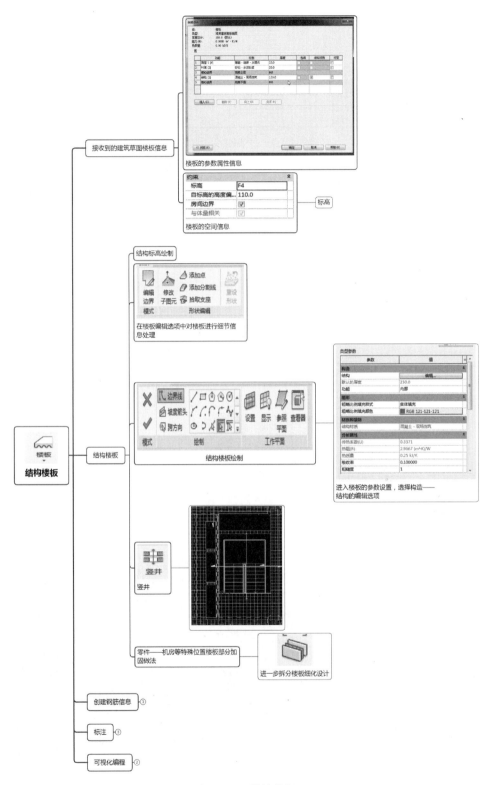

图 4-4-14　结构楼板 a

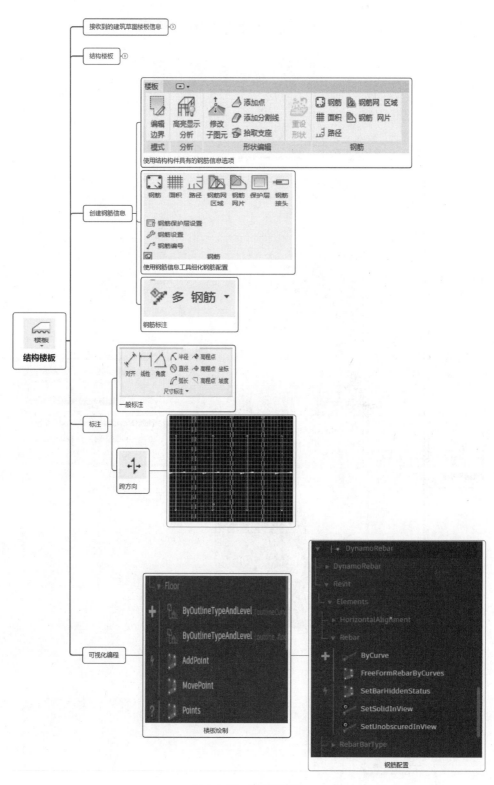

图 4-4-15　结构楼板 b

## 八、其他结构问题

许多结构问题如地下室设计、特殊空间（电梯间、机房等）的设计本身是设计不同，信息的创建方式和关系并没有不同，因此在这里不加赘述。一些构件的结构信息创建也是如此（如楼梯）。而大空间结构、特殊造型的结构设计往往需要各种空间建模工具，对于异性的空间结构信息创建与分析工作 Revit 的可视化编程插件 Dynamo 可以完成，Grasshopper 也可以完成。空间结构是一类专门的复杂问题，其复杂原因并非在信息的丰度上，而是信息处理的工具上，因此对建筑信息系统和流程并没有什么直接的影响，在这里因为篇幅所限就不再展开叙述。

至此，结构站的主要信息处理流程与工作分配、信息处理要点我们已经为大家介绍完毕。这其中有许多细节的部分还需要读者自身多加练习。对于建筑信息化设计中的结构部分，读者应该发现其数字软件的整合工作没有建筑专业做得好，很多时候需要使用多种软件配合完成工作。这对于流程的把握要求高一些，因为只有知道整体的流程，才知道什么时候应该将一些专业软件的信息导入多专业共同协作建立建筑信息系统的主平台里面，从而使得其他专业在设计进行时不至于出现与结构的冲突。与此同时，软件的选择反过来也要求结构专业对于建筑信息系统的构成有着深入的了解，这样才能制定即满足信息化生产、又符合自己的软件学习与选择策略（也就是自身工作的信息创建流程）。

# 第五节　暖　通　站

建筑设计深化阶段暖通站在整个建筑信息化设计流程中的位置，如图 4-5-1 所示。

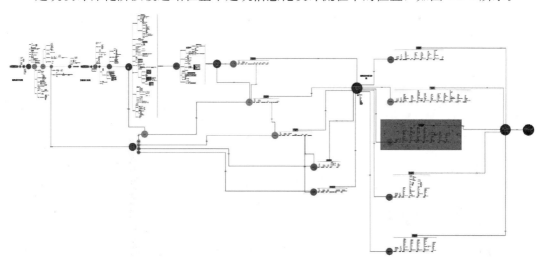

图 4-5-1　暖通站在整个系统中的位置

在建筑设计深化阶段，设备专业站处理信息的模式与建筑站和结构站是一致的，不同的是，设备站有大量的信息创建工作和设计工作是在建筑设计深化阶段完成的，可以说建筑设计深化阶段是设备专业信息化工作的最主要阶段。

## 一、本地信息文件副本的建立与信息接收

　　信息文件的副本建立与信息接收是十分重要的部分，尤其对于暖通专业来说，具有多种系统，自身的工作分配和协调都十分重要，而且暖通专业在设计中要不断地和建筑、结构专业新产生的信息进行协调，因此信息接收工作十分重要。该部分工作的具体操作与建筑站与结构站几乎完全相同，读者可以翻阅建筑站相关部分，这里不再赘述。

　　如图 4-5-2 所示，我们不难发现，暖通专业的大部分信息创建内容都要在建筑设计深化阶段完成，这是暖通系统在建筑信息系统中的位置决定的。

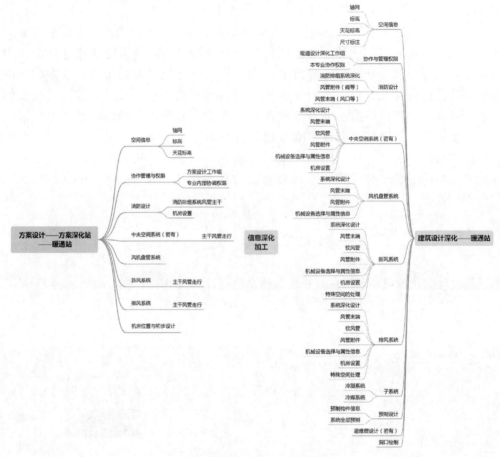

图 4-5-2　暖通站的信息处理内容

## 二、风管系统的信息化设计

　　与建筑和结构站不同，虽然暖通的各种系统的功能大不相同，但是这些系统的构成确是几乎相同的，都是风管系统。因此，这些系统的信息化设计方式几乎都是一致的，所不同的就是接收的信息不同。

　　譬如消防排烟系统和新风系统，功能完全不同，但却都是由机械、管道、管道上的各种设备附件和管道末端的风口等组成的。二者的主要区别在于功能设计，而非构件系统的信息化。因此在信息化的绘制过程中，二者并无多大区别，只是在风管系统的设置上有所不同。

　　即使是一个风机盘管，也是由机械设备、风管、附件、风管末端组成，与大型的中央空调系统相比，虽然信息量有非常巨大的差距，但是信息的构成与结构却是完全相同的。

　　这也是设备专业共通的一个特点。因此从暖通站开始，我们将先介绍通用的系统信息创建，而不按照信息系统的子站点设置方式去讲解，避免出现大量的重复内容。

　　风管系统的信息化设计，如图 4-5-3～图 4-5-5 所示。

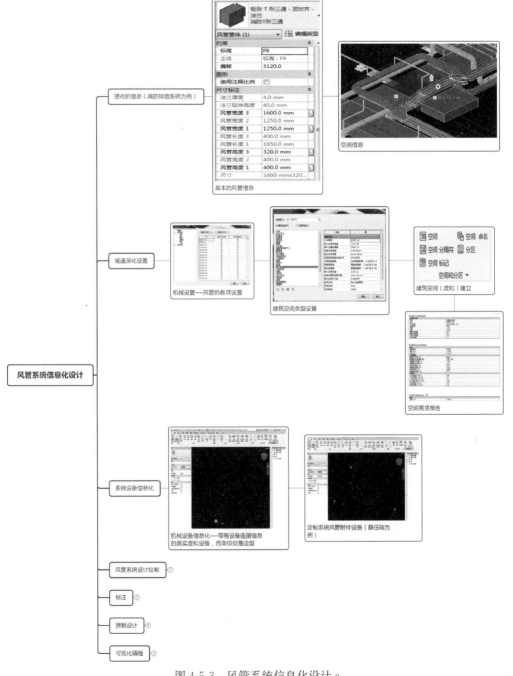

图 4-5-3　风管系统信息化设计 a

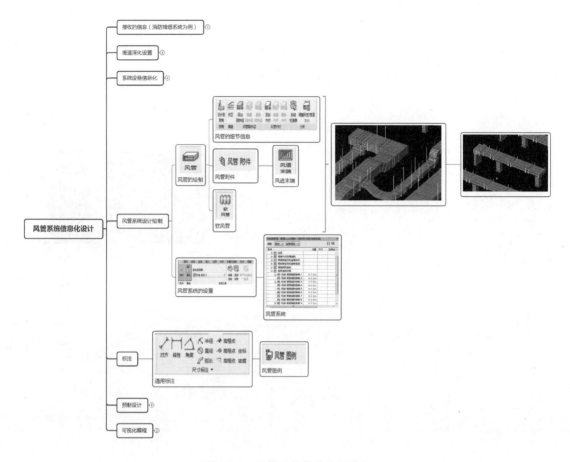

图 4-5-4　风管系统信息化设计 b

## 三、多种系统设计

在掌握了风管系统的信息化设计方式之后，就可以将暖通的各子站处理的系统，如消防排烟系统、风机盘管系统、中央空调系统、新风系统、排风系统等顺利地加以信息化。需要注意的是，这些子系统的信息站才是建筑信息系统的构成部分，而非之前讲解的风管系统。风管系统信息化设计只是将这些子站的工作方式统一进行了讲解，并非是分工方式，具体在分工的时候还要按照前面篇章相关的暖通部分来进行。

对于各种系统来说，除了通用的信息化工具外，不同的主要就是各自的系统设置工作，可以在 Revit 中直接设置，也可以借助可视化编程工具进行（图 4-5-6）。

除了风管系统外，暖通专业还有冷凝和冷媒子系统，这两个系统的相关信息化方式与给水排水专业的管道处理方式有很大的重叠部分，因此我们将在给水排水站中进行详细介绍。读者可以在给水排水站中了解相应的管道信息化方式。

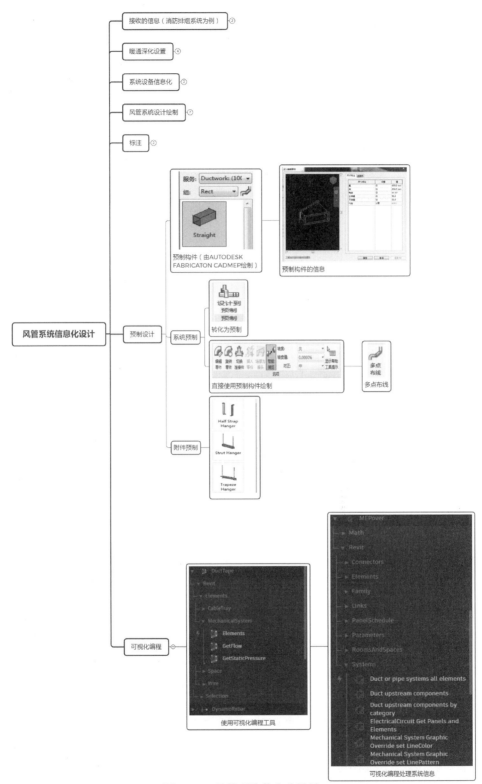

图 4-5-5　风管系统信息化设计 c

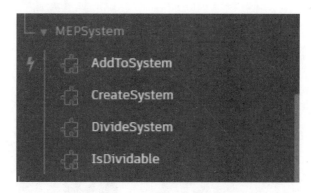

图 4-5-6　可视化编程系统处理

# 第六节　给水排水站

建筑设计深化阶段给水排水站在整个建筑信息化设计流程中的位置（图 4-6-1）。

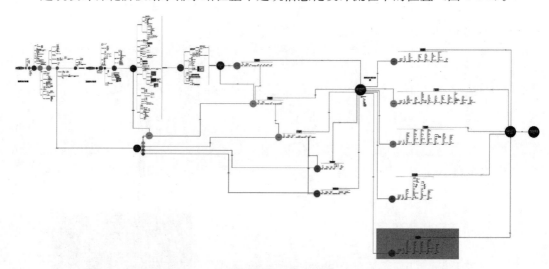

图 4-6-1　给水排水站在信息系统中的位置

与暖通站一样，建筑设计深化阶段的给水排水站将完成给水排水专业的大量信息化设计工作。略有不同的是，给水排水站需要处理和市政的信息系统的对接问题（图 4-6-2）。

## 一、本地信息文件副本的建立与信息接收

信息文件的副本建立与信息接收是十分重要的部分，尤其对于给水排水专业来说，不但自身有多种系统，还有与市政对接的问题，而且也需要时时刻刻和建筑、结构、暖通进行信息协调工作。

给水排水站的信息接收与建筑站相似的地方这里也不再赘述。除了传统的信息接收之外，给水排水专业还可以使用可视化编程工具和多种设计前期的市政、地理数据对接（图 4-6-3）。

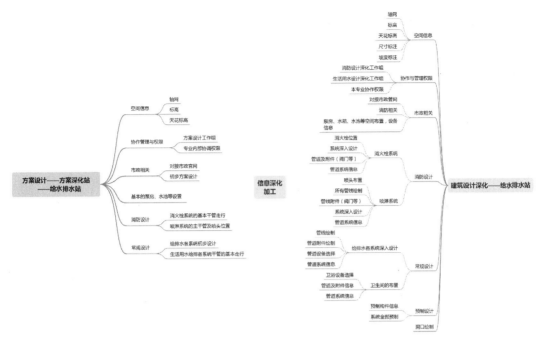

图 4-6-2　给水排水站的信息处理内容

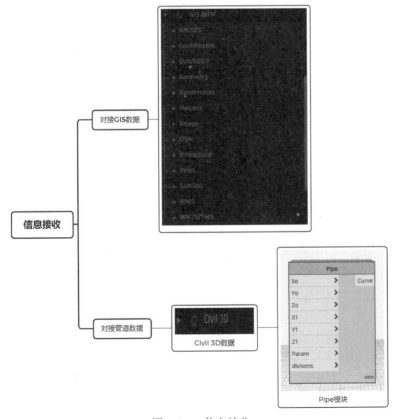

图 4-6-3　信息接收

## 二、管道系统的信息化设计

　　与暖通站的情况类似，给水排水站的多种系统在信息化的处理上采用的方法和工具是几乎一致的（都是管道、设备、管道附件），所以我们对给水排水站的讲解也和暖通站一样，将信息化处理的方式统一进行解析（图 4-6-4～图 4-6-6）。

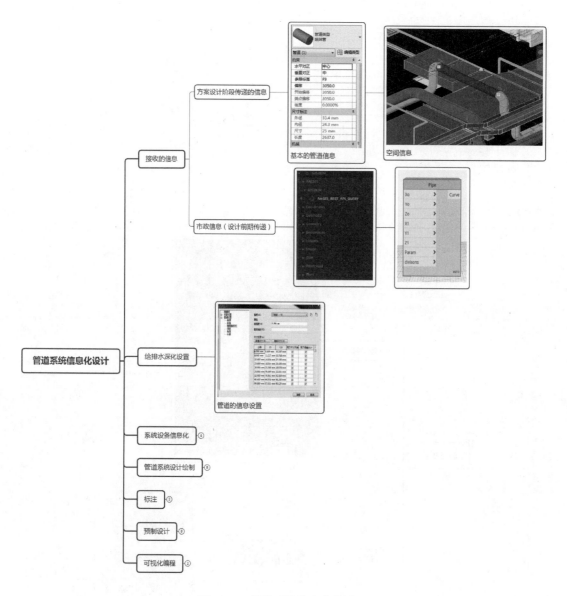

图 4-6-4　管道系统信息化设计 a

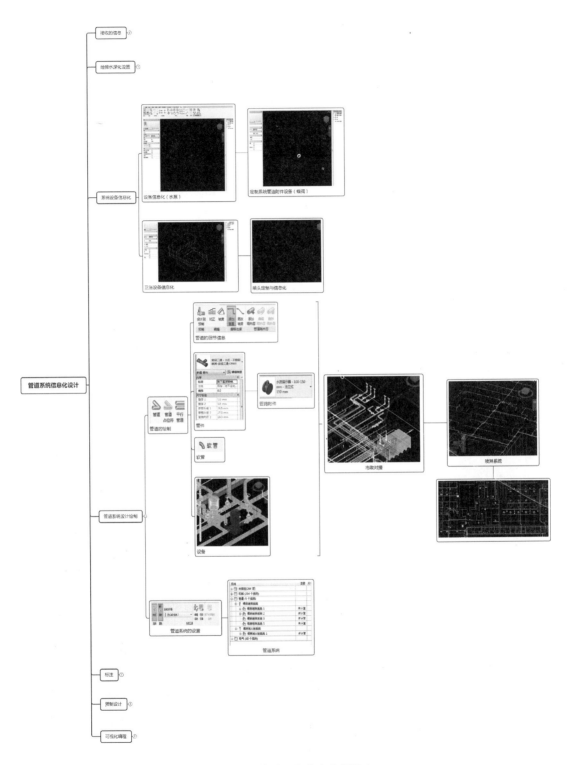

图 4-6-5 管道系统信息化设计 b

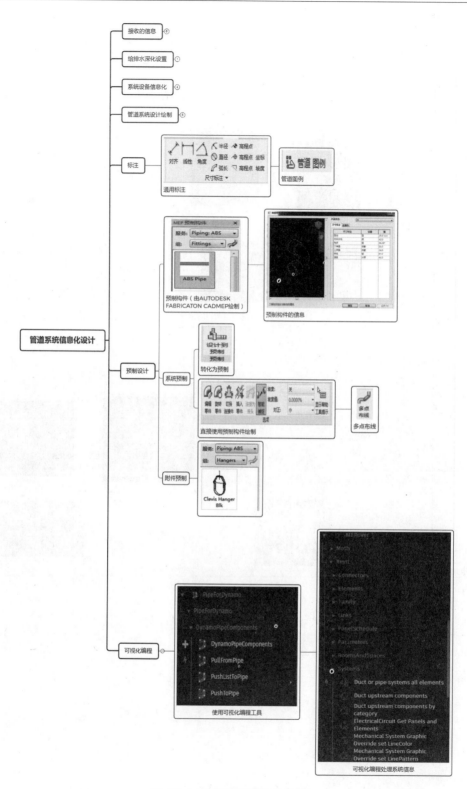

图 4-6-6 管道系统信息化设计 c

# 第七节 电 气 站

建筑设计深化阶段电气站在建筑设计信息化流程中的位置，如图 4-7-1 所示。

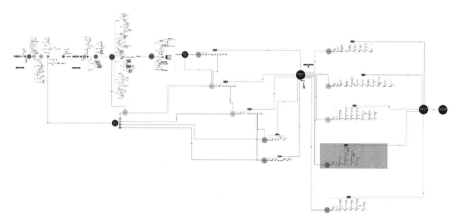

图 4-7-1 电气站在建筑信息化设计流程中的位置

与暖通站和给水排水站一样，建筑设计深化阶段的电气站将完成电气专业的大部分信息创建。与前两个设备站不同的是，电气站并非所有系统的信息创建逻辑与工具都相似，各电气信息子站之间有的差别非常巨大。在这里我们将以动力与配电系统、照明系统、综合布线与广播信息系统、火灾报警系统为基本信息站来进行详细介绍（图 4-7-2）。

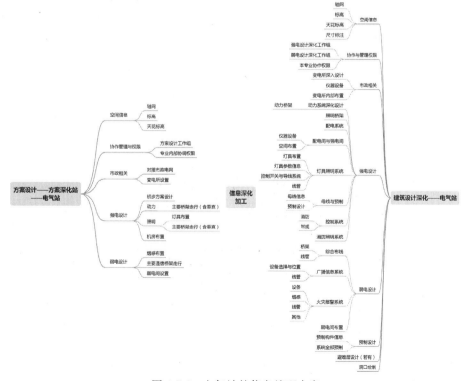

图 4-7-2 电气站的信息处理内容

## 一、本地信息文件副本的建立与信息的接收

电气站在信息接收上没有特殊的地方，只是在协作上要注意区分好消防部分和常规设计部分，具体的操作读者可以参照建筑站的对应部分，这里不再进行赘述。

## 二、动力与配电系统

电气设计本身包含很多专业复杂的内容，现有的 BIM 软件与可视化编程软件综合信息平台并不能囊括电气设计的全部内容。但对于电气设计中空间信息和系统关系，以及设备、构件信息则已经相当完备（如照明设计已经相对完善）。因此在现有的 BIM 平台上，可以完成电气设计的大量工作，对于特殊的要求则需要使用多种软件结合。

动力与配电系统是强电的重要系统，其构件空间占用范围大，因此我们最先进行这部分的讲解（图 4-7-3～图 4-7-5）。

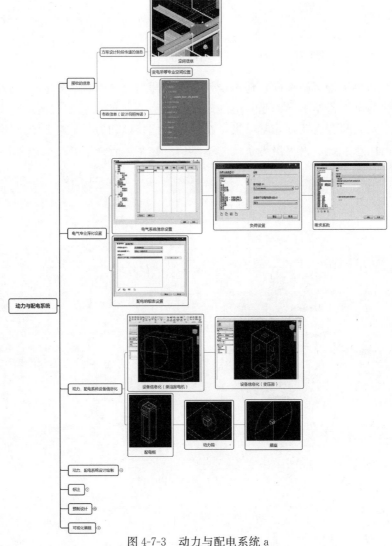

图 4-7-3　动力与配电系统 a

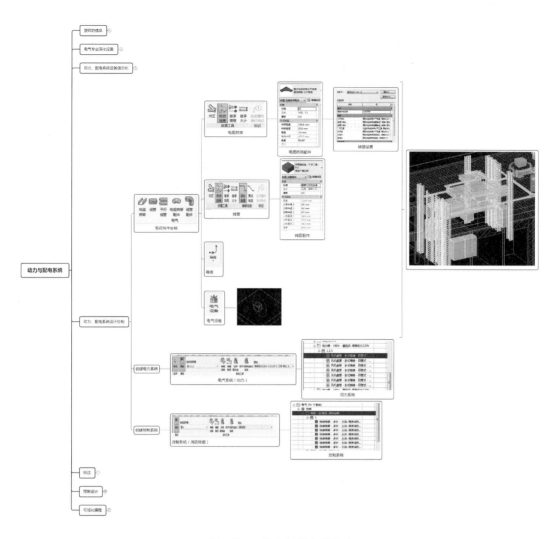

图 4-7-4　动力与配电系统 b

## 三、照明系统

照明系统是电气范畴内的一个大系统，照明系统有着自己很多信息创建的特别之处，主要有母线和照明设备的信息化。照明系统分为消防和常规两部分，主要是线路设计和照明设备的区别，在信息化的模式上并无区别，在此就不再分开叙述了。

在这里需要再次向读者强调，建筑信息化设计中的所有设备信息都是真实的，并非只是一个空间形状的模型。灯具都是有真实的物理属性的，建筑最终的环境效果模拟以及负荷都是需要这些数据的，这些数据与实际采用的灯具设备的数据一致比造型上的一致重要得多。这些数据不但会传递给信息化施工，也会传递给建筑智能运维。因此在进行设备的信息化时，切不可只注意三维造型，而忽视这些更为重要的信息。

照明系统的信息化，如图 4-7-6～图 4-7-8 所示。

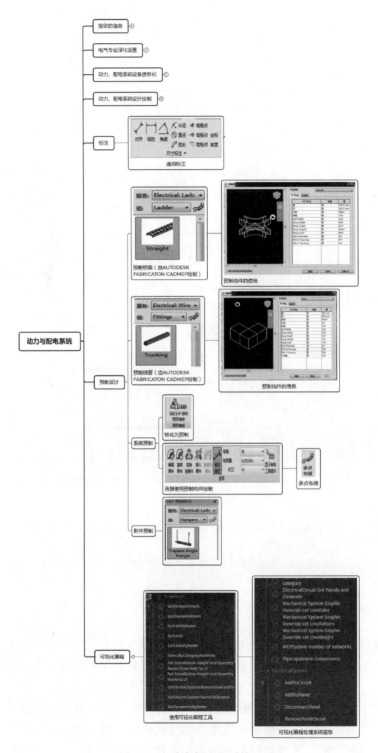

图 4-7-5　动力与配电系统 c

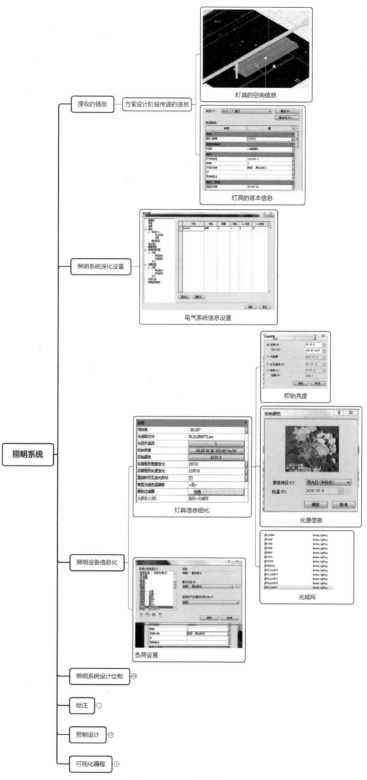

图 4-7-6　照明系统 a

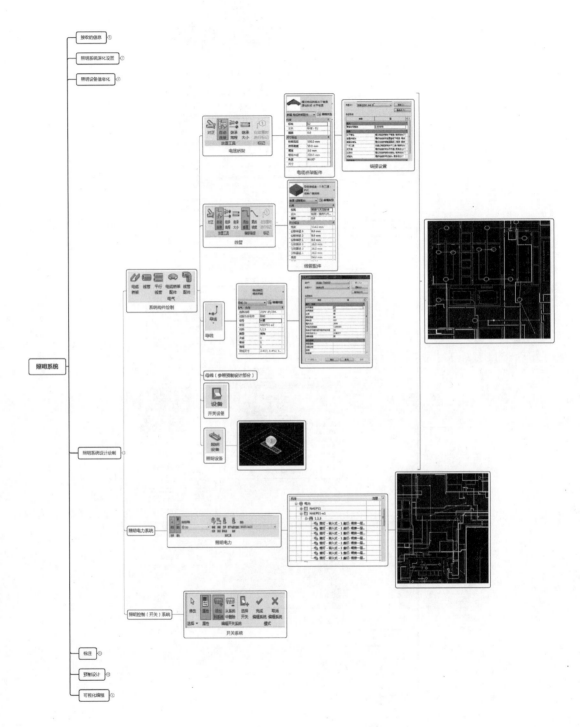

图 4-7-7　照明系统 b

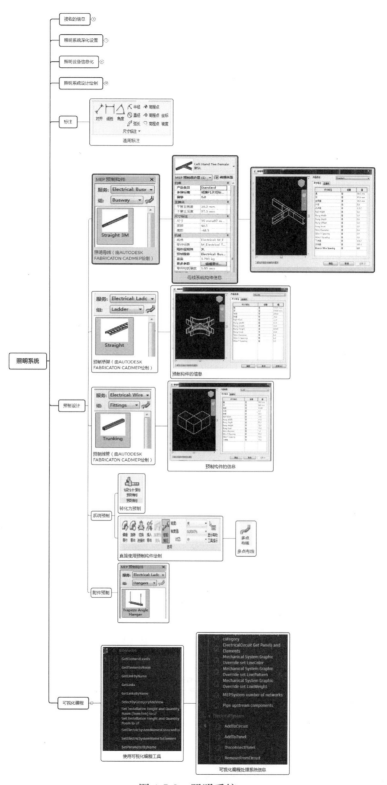

图 4-7-8　照明系统 c

## 四、综合布线与广播信号系统

综合布线与广播信号系统是弱电范畴内的重要系统，虽然其信息化的基本工具与强电专业一致，但是内容和系统设置却完全不同，牵扯大量的不同设备信息。多种系统及专用设备的信息化也是弱电部分最大的难点，读者需要格外注意。

综合布线与广播信号系统的信息化，如图 4-7-9～图 4-7-11 所示。

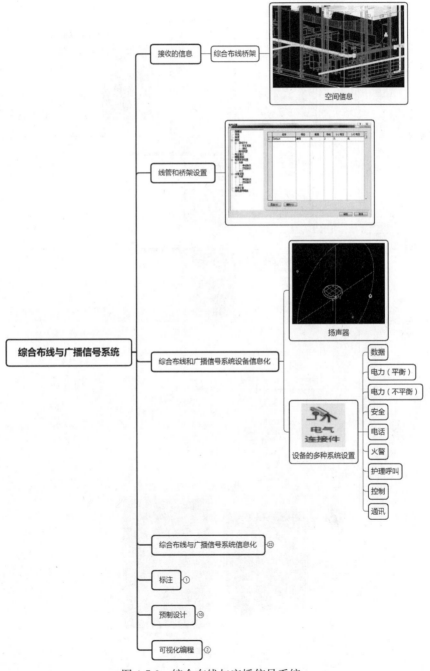

图 4-7-9　综合布线与广播信号系统 a

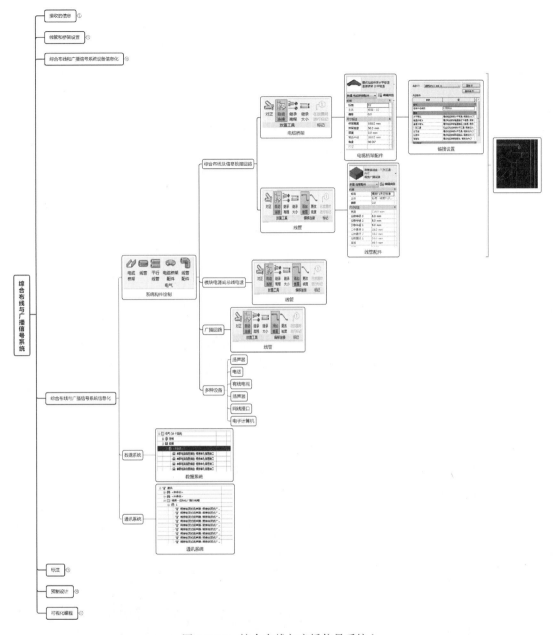

图 4-7-10　综合布线与广播信号系统 b

## 五、火灾报警系统

　　火灾报警系统是弱电的重要系统，其中牵扯大量的火警专用设备，但其信息系统的构成模式与广播电视回路等没有太大的差别。只是在各种设备的选择、设备和线管的材质选择上需要进行特别的设置，且系统的设置上需要特殊注意。但这些依然是对线管、设备等信息化过程的信息细节调整，因此这里我们仅做简单的介绍。

　　火灾报警系统的信息化，如图 4-7-12 所示。

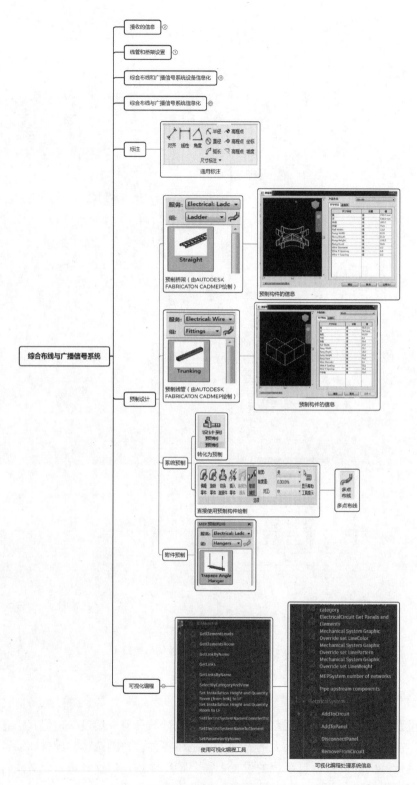

图 4-7-11 综合布线与广播信号系统 c

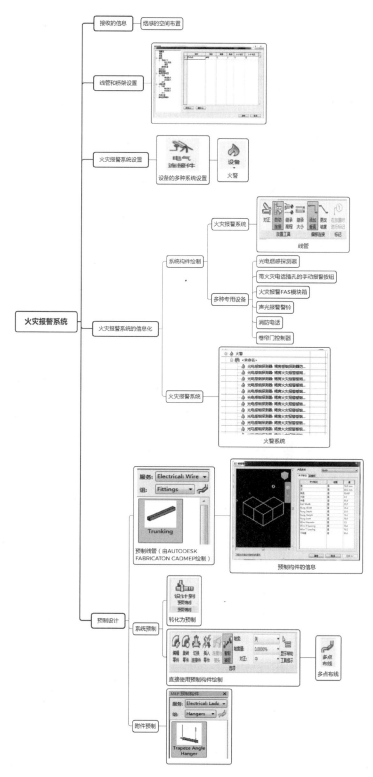

图 4-7-12　火灾报警系统

# 小　结

　　至此，我们已经完成了建筑设计深化阶段所有专业的信息子站的信息创建、处理、交流讲解。建筑设计深化阶段是建筑信息化设计的信息整体输出阶段，输出的建筑信息系统直接与信息化施工相连接，而且这一阶段的建筑信息系统细节丰富，可以输出多种数据，同时有着十分强大的应用数据输出能力。同时这一阶段又牵扯很多与其他相关专业工种的配合问题，这些内容混杂在信息处理和创建中进行讲解容易造成混淆，因此我们将单独在第五章介绍建筑信息化设计的信息传递与应用。

# 建筑信息应用与传递

**导言**

　　通过之前的章节，读者应该已经掌握了建筑信息化设计的流程与重点知识。在本章，我们将介绍建筑信息化设计中的部分信息应用以及信息的进一步传递。并且在此基础上对目前建筑信息化发展的前沿做简单的介绍与展望。

# 第一节　信息的应用

在本节中我们将介绍一些建筑信息化设计中信息应用的例子，帮助读者进一步理解建筑信息化设计的强大优势。我们将从本地和云端两个大方面来向读者介绍建筑信息化设计中信息成果的输出与应用

## 一、交流、展示成果输出（本地）

建筑信息模型除了可以方便地输出原本的图纸信息之外，因为信息丰度与结构的优势，还可以方便地输出许多展示成果文件，配合一些插件更是可以实现诸如 VR 等数字展示文件的输出。

### 1. 传统的图纸文件

建筑信息化设计使用现有的 BIM 数字软件可以很方便地将信息以传统的二维图纸方式输出，许多 BIM 软件都可以导出传统格式（如 AutoCAD 的 dwg 格式）的二维数字图纸。除此之外基于信息模型丰富的信息量，这些软件往往都可以对图纸进行深入的加工处理（如 Revit 的图纸相关功能）。

### 2. 渲染与漫游动画

在我国传统的建筑设计生产流程中，渲染与漫游动画的制作往往是独立于建筑设计过程外的、需要专门的人员进行处理而完成的。而在建筑信息化设计中，因为本身的信息丰度优势，渲染与漫游动画可以在建筑信息化设计过程中随时、随地、按照设计师的想法"随意"的输出（图 5-1-1、图 5-1-2）。

### 3. VR 展示与输出

配合一些二次开发的软件，建筑信息模型可以很容易地实现 VR 功能，只要建筑信息模型的信息丰度达到满足 VR 的基本需求，设计师与工程师就可以方便地实时使用 VR 进行相关的展示、分析工作。

以 Aurodesk 公司的 Revit 为例，可以在本地实现 VR 功能的软件有 Enscape、Fuzor 等，其中 Fuzor 还能提供一些信息化施工相关功能。

这部分主要是相关的 VR 二次开发软件的使用，与建筑信息化设计本身关系不大，因此在这里不再赘述。

## 二、信息的综合与输出（本地）

具有系统结构的建筑信息模型中的信息都是存在相互关系的，因此可以很方便地对建筑信息进行综合的处理与分析，从而进一步优化设计。除了在之前章节中反复出现的三维可视化带来的处理信息能力的提升、信息化生产流程带来的工业化预制能力这些在建筑信息设计过程中展现的信息综合处理的优势之外，利用信息模型中已有的信息进行综合与输出也可以极大提升我们对于建筑设计这一过程的整体把控力。

### 1. 碰撞检查

建筑构件的碰撞检查可能是许多人接触 BIM 的第一印象，其实这是建筑信息系统信息之间相互关联和丰富达到一定程度之后，使用信息综合可以简单实现的功能。不止碰撞

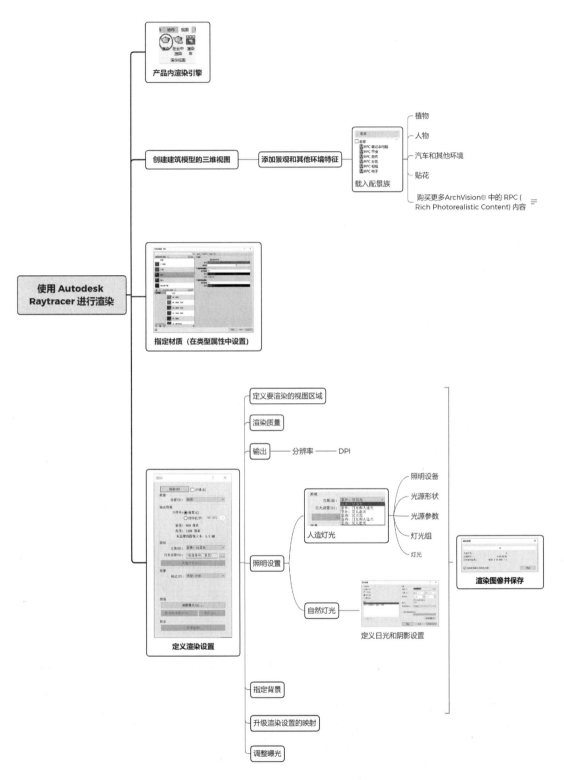

图 5-1-1　Autodesk Raytracer 渲染

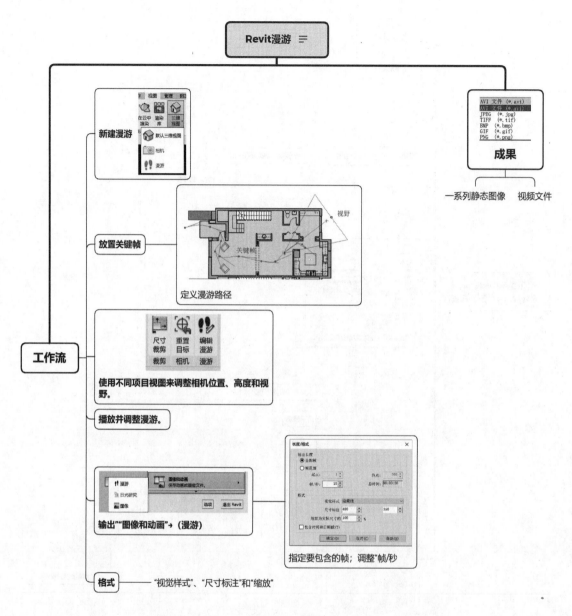

图 5-1-2　漫游

检查，其实我们在第二章和第三章中提到的方案对比、模型分析等功能都是系统的信息综合应用的结果（图 5-1-3）。

**2. 信息的综合输出——报告与明细表**

建筑信息模型可以将包含的信息进行多种综合输出，从而帮助工程师与管理人员以及相关经济人员更好地完成工作（如造价预算），也极大地减轻了许多专业人工重复繁琐的工作（如门窗表等）。

（1）管线信息表（图 5-1-4）

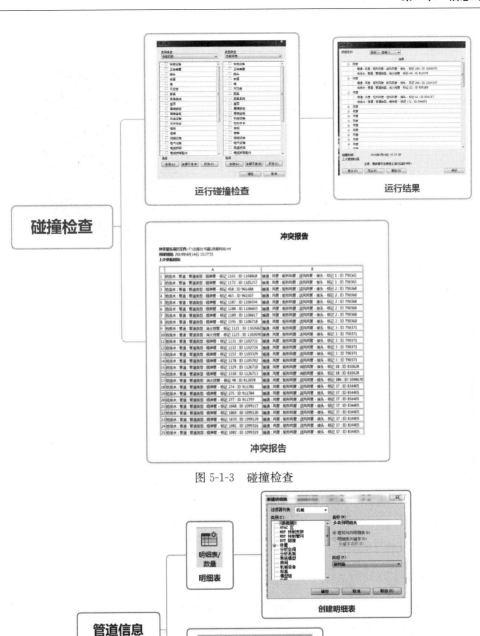

图 5-1-3　碰撞检查

图 5-1-4　管道明细表

（2）房间面积报告（图 5-1-5）

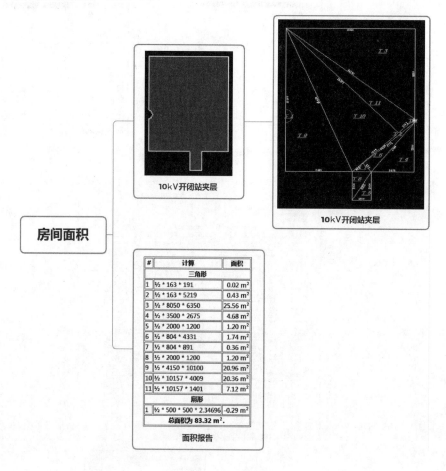

图 5-1-5　房间面积

## 三、云端信息综合处理与输出

建筑信息化设计是 BIM 技术、可视化编程技术和云技术的结合，其中云技术更是在这个过程中发挥着重要的作用。

目前为止，已经有大量的信息综合处理与输出功能可以依托云技术完成，相对于本地信息处理，云技术不但处理信息的速度更快、广度更大，还可以带来许多因为云端综合与合作而产生的新的信息处理方式。

**1. Model Coordination 信息综合处理（图 5-1-6）**

**2. 云端渲染与 VR（图 5-1-7、图 5-1-8）**

建筑信息设计中可以输出的信息多种多样，这些输出与利用信息的方法与工具可以极大地提高对建筑设计的把控、分析以及多专业的信息交流能力。因篇幅所限，我们无法为读者在这里一一穷尽，只列举了几项目前应用比较广泛的热点技术实例，感兴趣的读者可以自己进行深入了解。

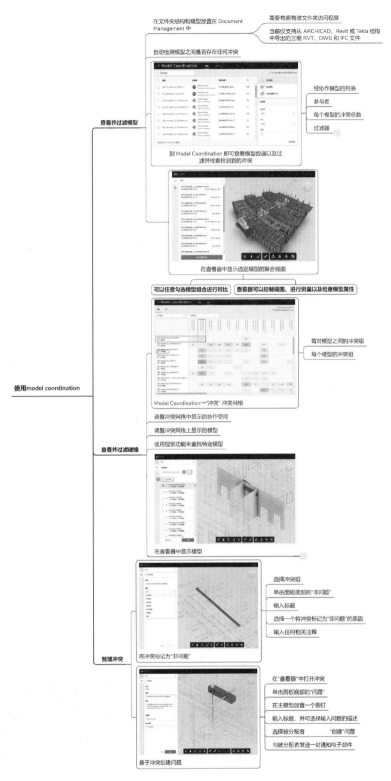

图 5-1-6 在云中协调模型工作流

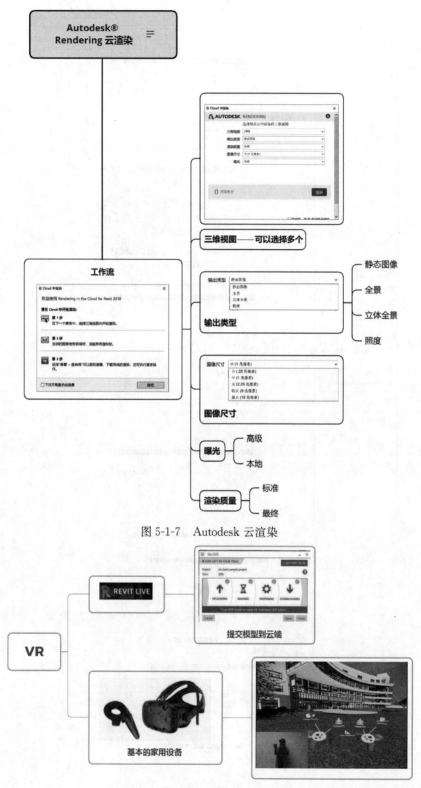

图 5-1-7　Autodesk 云渲染

图 5-1-8　VR 展示

# 第二节　信息的传递

建筑生产是多专业与多阶段的复杂配合过程，也正因为此信息的传递对于建筑生产是十分重要的。在传统的建筑生产中，信息以特殊的规则编码（二维图纸的制图规则）进行传递和解读，并以语言说明和人为传达（口述与现场指导）作为辅助。这种信息传递的模式不但传递效率低，而且容易出现误差和错误。

在建筑信息化生产过程中，信息系统的一致性（规则、结构、关系）保证了建筑信息在产生伊始到建筑最终拆除整个建筑生命周期之中传递的畅通性。这一点在云技术上体现得最为明显，通过云技术，建筑信息可以真正做到连续、不间断地在建筑生命周期中传递，形成一个完整的流畅过程。

因为今天云技术并未完全普及，因此在这里我们也将向大家介绍建筑信息的本地传递方式。即使是本地传递方式——虽然也不可避免地存在信息的打包与解包过程（本地文件的传递）——建筑信息化设计的信息传递也比传统模式更加高效、误差更小，这不仅体现在信息传递的量上，也体现在信息传递的质上。

## 一、信息的云端传递

信息的云端传递是建筑信息化设计最高效的传递方式，云端信息的传递本质上模糊了"设计""施工""运维"之间的界限，而将整个建筑生命周期的信息融合为一个大的信息系统，这更加符合建筑信息系统的特点，因此最高效。

信息的云端处理符合信息化社会发展的趋势，也是建筑未来对接入信息化社会的通道，因此在未来会成为建筑信息传递的主要模式。

如图 5-2-1 所示，上图是欧特克现有的 BIM360 云服务的基本板块，这些板块覆盖了建筑从设计前期至施工完成的所有阶段工作。建筑信息化设计如果依托云平台进行的话，那么建筑信息在这些阶段之间的传递都是自然而无需额外的信息处理的。只是在生产工作进行的过程中开放和关闭一些信息处理功能模块，其实就相当于云端的"信息站点"（图5-2-2）。

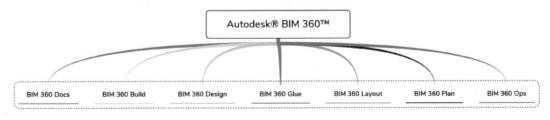

图 5-2-1　BIM360

不只是在建筑生产的时间上，在空间上，云端集成的建筑信息也可以方便地在不同的配合团队之间流动（图 5-2-3）

通过上面的例子不难发现，采用云技术可以使信息更好、更通畅地流通，具体如何在建筑信息化设计中的各个阶段使用云技术进行信息间的协作，读者可以参照之前章节的相关部分，这里就不再进行多余的叙述了。

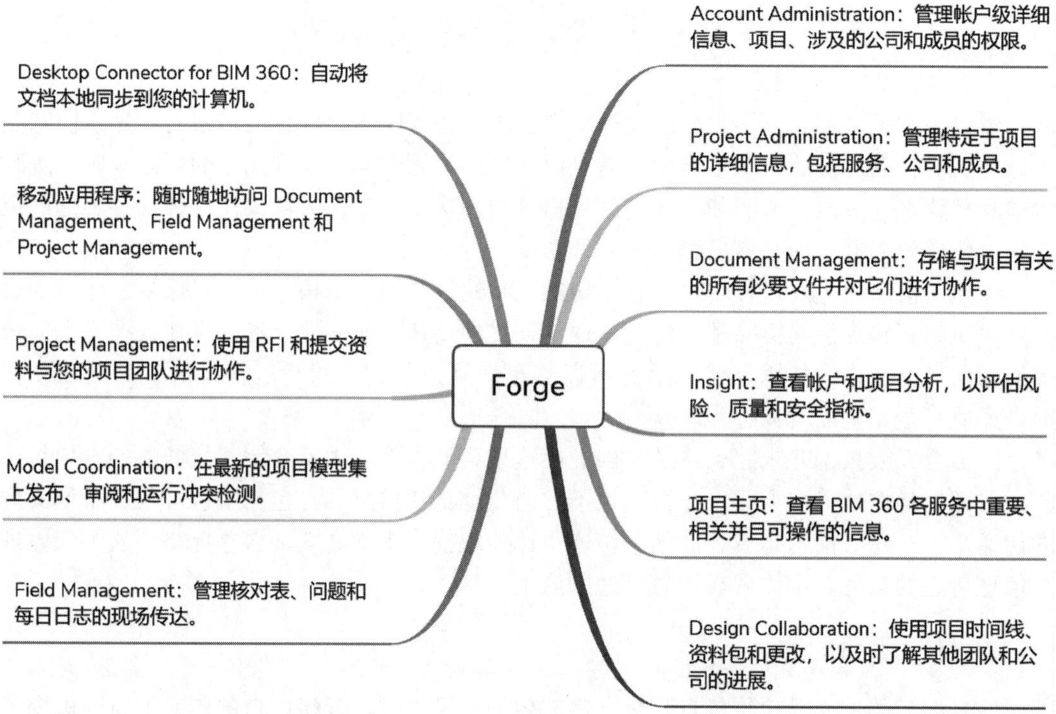

Desktop Connector for BIM 360：自动将文档本地同步到您的计算机。

移动应用程序：随时随地访问 Document Management、Field Management 和 Project Management。

Project Management：使用 RFI 和提交资料与您的项目团队进行协作。

Model Coordination：在最新的项目模型集上发布、审阅和运行冲突检测。

Field Management：管理核对表、问题和每日日志的现场传达。

Forge

Account Administration：管理帐户级详细信息、项目、涉及的公司和成员的权限。

Project Administration：管理特定于项目的详细信息，包括服务、公司和成员。

Document Management：存储与项目有关的所有必要文件并对它们进行协作。

Insight：查看帐户和项目分析，以评估风险、质量和安全指标。

项目主页：查看 BIM 360 各服务中重要、相关并且可操作的信息。

Design Collaboration：使用项目时间线、资料包和更改，以及时了解其他团队和公司的进展。

图 5-2-2　Forge

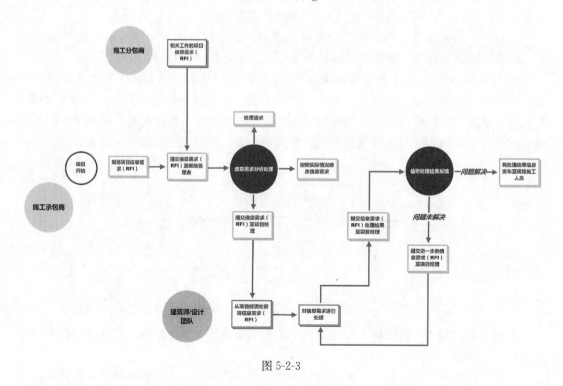

图 5-2-3

## 二、信息的本地传递

在信息的本地传递中，信息传递需要经过归档整合，以一个整体的、可被接收方识别、解析、还原的形式传递下去。这个过程用简单的话来说，就是我们日常生产中经常面对的一个问题——文件的格式。

建筑信息既可以以整体的形式传递，也可以将其中的部分信息传递，譬如某层平面这一二维信息单独以工程图纸的方式进行传递。

将建筑信息的部分传递其实就是我们在第一节中提到的建筑信息的输出，可以以图纸、表格等各种形式将建筑信息模型的部分信息输出，满足传统生产流程的一些软件和工序要求。这里需要注意的是，当建筑信息模型不以整体的形式进行输出的时候，其信息之间的系统关系也会丧失，成为单独、孤立的信息。

如果希望建筑信息模型中蕴含的建筑信息系统关系也可以被传递下去，最大限度地保证建筑信息化生产流程中各阶段的工作衔接，就要采用整体的形式进行建筑信息的传递。建筑信息的整体传递主要分为同公司平台传递和跨平台传递两种。

在同公司平台间进行传递，因为软件本身的兼容性，一般都不需要进行信息归档方式（文件格式）的转化，这种传递方式可以最大限度地保证信息传递的完整性与流畅性。如Autodesk公司的Revit文件就可以方便地传递给信息化施工的综合平台Navisworks，后者不但完美地兼容前者的文件格式（不用重新归档），而且还可以与前者的信息系统建立完整的联系（链接联动），当Revit的建筑信息被修改时，Navisworks文件中的相应信息也会自动修改。

在跨平台传递的时候，分为兼容原格式与不兼容，如果兼容原本的文件格式，则可以不经过信息重新归档在新的平台打开；如果不兼容原本的格式，就需要将信息重新归档为新的通用格式，如国际通用的模型交互格式IFC文件。无论上面的哪个过程，都存在信息的重新组织（兼容就相当于新平台可以将原文件转译编码成自身的格式，在这个过程中，会伴随着不同程度的信息关系丢失，甚至是完全丢失，变成孤立的信息），这样可能会破坏已有的建筑信息系统间信息的逻辑，造成很多信息与信息的关系在新的平台上无法使用。

对于建筑信息化生产，信息间的关系、信息系统的逻辑构成都是非常重要的，其重要程度甚至超过信息本身。因此，当系统的逻辑和信息的关系这部分"关键信息"丢失之后，建筑信息模型将失去其本身的"灵魂"，仅变成一个三维的信息的集合。

所以，我们在这里建议读者最好使用云端的信息传递，即使现有的技术和环境不能满足，也尽量采用同公司之间的平台进行传递，即使不得不在不同平台间进行信息的本地传递，也应该尽可能减少次数。尤其切忌在建筑信息化设计的过程中进行反复的不同格式的归档、转存、导入工作，这样会造成信息构成的混乱，最终影响到整个生产。

# 第三节 建筑信息化技术未来展望

建筑信息化技术是未来建筑业面向信息化社会生产的必然趋势，随着社会信息化程度的进一步提高，相关技术的进一步成熟，建筑的全生命周期信息化更是一个不可避免的趋势。在建筑信息化技术的未来发展中，云技术的发展将给整个建筑生命周期带来最大的变革。

在自然界中，云朵是千变万化的，可以根据周围的环境因素变化出各种的形状。而在信息技术中，这朵技术的"云"也具有这一特点，它是一个千变万化的、有无限潜能的技术。当信息上传入云端进行信息的综合分析与整合，在这个统一的规则下，云技术可以将信息综合处理的优势发挥到最大。这就类似于手机的 app 开发，建立在统一的信息交互规则下的大规模信息综合处理模式就是会产生这样的新的生产力。当规则统一、信息集成处理之后，在这个基础上的相关开发将变得和今天的手机应用一样，这种能力使得我们的建筑业也可以方便地进行"私人订制"。从欧特克公司最新的云产品 Forge 上我们已经可以发现这一点——在云上的分块功能区域中有着各种各样的功能区域，使用者可以根据自己的需求组合出符合自己生产的云的"形状"来为自己进行服务，而在遇到新的问题时可以在这个平台上进行相应的开发，从而定制自己的"云"服务。

在自然界中，云朵可以在天空中与其他的云朵融合成新的云朵，如果一个云朵与一个积雨云融合，它将成为积雨云的一部分，未来会带来雨水；如果一个云朵和雷云融合，它将可以释放雷电。我们的信息云同样具有这样强大的能力。作为建筑云，我们无法在上面实现所有想要的功能，但是一旦成为云、成为信息交互的集中体，符合了大数据信息社会的云技术的一般规则，建筑云就可以与其他云"融合"从而获得所需要的能力。

当我们的云与一个可以进行人工智能相关服务的云对接融合后，我们就可以调用上面的人工智能相关的工具与我们本身的建筑云服务结合去处理建筑信息问题；当我们的云与一个可以进行超级计算的计算云融合，我们的建筑信息处理速度就可以飞速提升，应对超级大型复杂的项目。这样的过程就好像我们借由雷云获得了闪电的力量，借由雨云获得了下雨的功能一样。

这是信息化生产为整个社会带来的巨大优势，它能最大限度地调动和使用全社会各行业的技术发展成果，组合交叉之后，形成对各种行业的再次巨大推动。这种因为信息交互而产生的巨大生产力对于我们来说其实一点也不陌生，它与我们已经提出了很多年的"学科交叉融合"其实在本质上是一致的，越多的信息越广泛而畅通的交互，就能产生出意想不到的巨大生产力。

最近，欧特克公司的 BIM360 云和微软公司的 Azure 云尝试进行合作，通过结合 Azure 云上的相关人工智能与机械学习技术，可以赋予建筑信息化生产、施工与运维更广泛和更强大的能力，这就好比将建筑信息系统置于一个更强大的处理工具中，从而可以发挥出建筑信息系统的更大能量（读者感兴趣的可以去欧特克网站搜索专门的专题）。

建筑信息化是未来，是不可避免的生产力发展趋势。

# 参 考 文 献

［1］ 邓聚龙. 灰色控制系统. 湖北：华中科技大学出版社，1993.

［2］ 邓聚龙. 灰理论基础. 湖北：华中科技大学出版社，2002.

［3］ 杰里·莱瑟琳. BIM 的历史. 建筑创作. 2011，6.

［4］ 查理·艾特斯曼. 使用计算机来替代建筑设计中的手绘.

［5］ Van Meregen，Van Dissel. Bouw Informatie Models.

［6］ M. A. Armstrong. 基础拓扑学. 北京：北京大学出版社，1991.

［7］ 欧特克（Autodesk）公司提供的公开网络资料、技术简介与相应课程。

［8］ 图软（GraphiSoft）公司提供的公开网络资料、技术简介与相应课程。

［9］ 奔特利（Bentley）公司提供的公开网络资料、技术简介与相应课程。

［10］ Robert McNeel 公司提供的公开网络资料、技术简介与相应课程。

［11］ 《Architectural System of Systems》，《Grey Adaptable Architecture System》，《Information embedded in Architecture System》，以上三篇论文为张秦女士尚未正式发表与出版的建筑信息系统研究论文。